TRIÁNGULO AMOROSO

TRIÁNGULO AMOROSO

LA MAGIA
- de la -
TRIGONOMETRÍA
QUE TRANSFORMARÁ
TU VIDA

MATT PARKER

Traducción de Vanesa Fusco

TENDENCIAS

Argentina – Chile – Colombia – España
Estados Unidos – México – Perú – Uruguay

Título original: *Love Triangle*
Editor original: Michael Joseph
Traducción: Vanesa Fusco

1.ª edición: septiembre 2025

ISBN: 978-84-92917-39-6
E-ISBN: 979-13-87557-51-5
Depósito legal: M-13.776-2025

Fotocomposición: Urano World Spain, S.A.U.
Impreso por: Liberdúplex, S.L.
Ctra. BV 2249 Km 7,4 – Polígono Industrial Torrentfondo
08791 Sant Llorenç d'Hortons (Barcelona)

Impreso en España – *Printed in Spain*

Dedicado a mis padres, Brad y Judy Parker,
que me enseñaron a amar los triángulos.

Índice

Cero

INTRODUCCIÓN

En febrero de 2021, un hombre intentaba justificarse ante la Corte Suprema de Australia del Sur para no pagar una multa por exceso de velocidad. Unos años antes, en marzo de 2019, lo habían encontrado conduciendo su Mitsubishi Magna a 68 km/h en una zona de 60 km/h. Había impugnado la multa en un tribunal inferior, que falló en su contra, pero continuó apelando hasta llegar a la corte suprema del estado.

¿Qué argumentaba? Que le había puesto llantas más grandes al coche, por lo que había aumentado el diámetro de la rueda y el velocímetro ya no marcaba la velocidad con precisión. Increíble.

«Ya lo expliqué: física y Pitágoras. Un círculo pequeño gira más rápido que uno grande. ¿Qué pruebas voy a necesitar? Es matemática pura —le explicó al tribunal. Cuando le preguntaron por qué no había presentado cálculos hechos por un perito, declaró—: No voy a pagar ocho mil para que venga un perito», lo que me hace pensar que estoy cobrando muy poco por dar mi opinión como especialista en matemáticas (suelo darla gratis, sin que nadie me la pida).

Y en mi opinión, la defensa de este hombre tenía potencial. En cierto sentido, sí, «un círculo pequeño gira más rápido que uno grande» cuando hablamos de rodar. El diámetro de una rueda pequeña es, bueno, más pequeño, así que tiene que rotar más veces para cubrir la misma distancia que una rueda más grande. Si el velocímetro del Mitsubishi Magna deduce la velocidad del coche en función de la rotación del eje, indicaría la velocidad incorrecta si estuviera calibrado con otro tamaño de rueda. Y todo eso debería estar respaldado por cálculos.

Pero el demandado no los tenía. No parece que hubiera argumentado muy bien su caso. Además, ya tenía un historial de exceso de velocidad y había impugnado doce multas por distintos motivos en un período de cinco años. El tribunal falló en su contra.

Sin embargo, lo que más me llamó la atención fue que el demandado usara la palabra «Pitágoras» en su alegato. En realidad, la situación no tenía nada que ver con Pitágoras. Este fue un filósofo y matemático griego conocido por su obsesión con los triángulos, no los círculos. Parece que el oportunista quería sonar más matemático al tratar de engatusar al tribunal para salvarse de pagar una multa por exceso de velocidad, invocando al misterioso «Pitágoras» como una especie de comodín divino de las matemáticas.

Mi teoría es que el teorema de Pitágoras es el concepto matemático más avanzado que casi todos debemos aprender en la escuela. Por lo tanto, Pitágoras se ha convertido en una especie de símbolo de las matemáticas rebuscadas y poco útiles. Se nota que algo está grabado en el inconsciente colectivo cuando se menciona tanto en episodios de *Inspector Morse* como de *Padre de familia*.

Me parece una pena que haberse aburrido con Pitágoras sea lo que casi todos recuerdan de los triángulos. ¡A mí me encantan los triángulos! Todos dependemos de los triángulos para que el mundo moderno siga su marcha. Afirmaría (como de hecho demuestro en el libro que tienes en tus manos) que los triángulos nos revelan algunos de los saberes más fundamentales que ha descubierto el ser humano. Nos abren la puerta a los mundos de la geometría y la trigonometría. Nos ayudan en nuestra vida diaria y hacen posible la civilización. Además, me parece que están buenísimos.

Muchas personas se olvidan de los triángulos en cuanto han terminado las clases obligatorias sobre Pitágoras, geometría y trigonometría, pero de repente vuelven a reencontrarse con ellos cuando comienzan su vida profesional. Desde luego, algunos caminos en la vida nos llevarán a estar en contacto directo con los triángulos. Mi propia experiencia de ser profesor de matemáticas y autor de libros sobre el tema sirve de ejemplo. Otros caminos son mucho menos evidentes. Cada vez que aparece una publicación en redes sociales sobre lo inútiles que son las matemáticas, recibe comentarios de distintas personas que contradicen esa idea con historias sobre lo mucho que les sirven a ellas. Los que más me han gustado son los que hizo un perforador petrolero que declaró: «Empecé y terminé el día con geometría», y la publicación que realizó un operario que intervino diciendo: «Uso trigonometría todos y cada uno de mis días».

El perforador petrolero incluso explicó la sorpresa que se llevó al ver que las matemáticas eran cruciales para su profesión. «Algo que aprendí enseguida fue que las habilidades matemáticas o, mejor dicho, la aptitud, determina cuánto puedes avanzar en este sector». Necesitaba aprender geometría para poder pasar de ser encuellador (la persona que carga los segmentos de tuberías) a ser el perforador a cargo del proceso.

El ser humano también ha estado usando triángulos desde hace mucho tiempo para construir el mundo que nos rodea. Vivo en las afueras de Londres, que alguna vez fue la antigua ciudad romana de Londinium. En el siglo I a. C., los romanos decidieron construir una calzada para comunicar Londinium con un pueblo cerca de la costa sur de Inglaterra llamado Noviomagus, conocido como Chichester en la actualidad. Es sabido que los romanos construían calzadas rectas, para lo que se necesitaban conocimientos sólidos de topografía y geometría, pero en este caso, esa trazada no sería posible.

Entre Londres y Chichester se encuentran las colinas Surrey Hills, con un tramo impresionante llamado las North Downs, que es lo más cercano a una cordillera monumental que puede llegar a tener Inglaterra.

También es ahí donde vivo, y puedo decir que caminar y montar en bicicleta por esas colinas es pintoresco pero agotador. Si bien los romanos no sabían que ese sería mi futuro hogar, sí sabían que las North Downs y las South Downs subsiguientes eran colinas muy pronunciadas que dificultarían la construcción de calzadas. Aunque consiguieran trazar una calzada recta por las colinas, no podría circular nada por ser muy empinada. Así que descartaron la posibilidad de hacer un camino recto entre Londres y Chichester y optaron por usar sus conocimientos de ingeniería y trigonometría para idear una calzada menos directa conformada por varios tramos rectos y que ahora se conoce como Stane Street.

Para ver por dónde habría pasado la calzada recta, tracé en Google Maps una línea recta entre el Puente de Londres moderno (donde los romanos construyeron el primer puente permanente sobre el río Támesis) y el sitio donde habría estado la puerta este de Noviomagus en Chichester. Según el mapa, la distancia era de 88,6 kilómetros y, cuando recorrí la línea con la mirada, noté que coincidía a la perfección con un tramo de la carretera A3 de hoy en día. La A3 doblaba hacia el sur de Londres, pero después la línea virtual parecía quedar directamente encima de un tramo recto de la A24. En el mapa de la Londres moderna, dos carreteras principales seguían la línea recta que conectaba el Puente de Londres con Chichester.

No es raro que las carreteras y autopistas de Inglaterra sigan el camino de calles antiguas, y las carreteras sospechosamente rectas sin duda indican que eran rutas romanas. La huella de la ingeniería romana sigue viva en el sistema de carreteras de la actualidad. Estos tramos de la A3 y la A24 son restos fosilizados de donde los romanos habían trazado la calle Stane. Estos comenzaron a construir la calzada directamente hacia Chichester los primeros 20 kilómetros, y después se desviaron hacia el este para esquivar las North Downs. Pero lo que me impresionó fue que la calzada nunca retoma esa traza. Los tramos rectos rodean y atraviesan la ciudad actual de Dorking y después llegan al lado este de Chichester, pero la calzada nunca vuelve a seguir la línea recta original.

No podía creerlo. Los romanos habían hecho los cálculos geométricos necesarios para que la calzada apuntara directamente a su destino a 88 kilómetros de distancia, pero solo a lo largo de los primeros 20 kilómetros. Para eso, habrían medido toda la distancia en línea recta (a través de dos sistemas de colinas) solo para verificar que coincidiera el primer cuarto de la calzada. Habría sido una calzada más corta y directa si hubieran apuntado de forma directa al paso que atraviesa las North Downs, pero no, primero apuntaron a Chichester e invirtieron una inconcebible cantidad de tiempo, esfuerzo y cálculos, midiendo triángulos en un terreno complejo, solo para presumir. O bien, como me gusta creer a mí, para celebrar la maravilla de medir distancias y ángulos mediante triángulos.

Si se sabe dónde mirar, podrán verse indicios de triángulos y de geometría en general que hacen posible nuestra vida prácticamente en todos lados. La mayoría son invisibles y funcionan sin que nadie los vea gracias a un ejército de habilidosos especialistas en matemáticas, pero de tanto en tanto, los simples mortales vemos indicios del mundo secreto de los triángulos. A veces eso se debe a que, como los romanos, alguien quería presumir.

Creo que es hora de que más personas sepan lo fascinantes que son los triángulos, junto con toda la geometría y la trigonometría que hacen posible. ¡Esta indiferencia hacia los triángulos no puede continuar!

Veamos esta caja de galletas. Una galleta con ocho lados claramente marcados se llama «hexagonal». ¡Una figura de ocho lados es un octógono! ¿Y si a los fabricantes de esta caja se les escapara otro error mayúsculo, como un error de ortografía o un ingrediente mal identificado?

Qué tal una empresa llamada Octagon Timber Flooring (Pisos de Madera Octágono), que en lugar de tener un octágono como logotipo tiene una figura tridimensional: el icosaedro. A mí me encantan los icosaedros (al fin y al cabo, están hechos de veinte triángulos), pero no son octágonos. Lo único que nos falta ahora es un tercer producto u otra empresa que se llame Icosaedro pero que, en realidad, sea un hexágono, y así cerraremos este ciclo de caos.

Eso es algo difícil de digerir.

¿Se puede confiar en esta gente para que mida el piso de una sala?

Estas otras figuras son tan importantes como los triángulos. Como explicaré más adelante, todas las figuras son, a fin de cuentas, un conjunto de triángulos. Pero más allá de eso, estas situaciones revelan lo increíblemente relajados que somos como sociedad cuando se trata de precisión geométrica. Creo que es un síntoma de que la gente ve la geometría como una de las cosas intrascendentes que tuvieron que aprender en la escuela, cuyas particularidades ahora son libres de olvidar. Con este libro, espero que esos días terminen pronto.

Ya contamos con el apoyo de muchos, tanto entusiastas de los triángulos como personas que usan los triángulos en su vida profesional. Algunas personas a las que les gustan los triángulos, les gustan en serio. Sé que al menos dos de mis amigos se han tatuado un triángulo. Además de los prácticos, nos rodean triángulos divertidos: el símbolo omnipresente de «play» es un triángulo, el mejor instrumento de una orquesta es el triángulo, la forma por excelencia para cortar un sándwich es la de un triángulo. ¡Los triángulos son geniales!

Mientras escribía este libro con el título tentativo de *Triángulo amoroso*, el fantástico comediante de *stand-up*, James Acaster, estrenó un programa especial en Netflix titulado *Repertoire: Recognise*, en el que hizo un chiste que decía: «Todo triángulo es un triángulo amoroso para quien ama los triángulos». Estoy totalmente de acuerdo. Quiero que todo el mundo ame a los amorosos triángulos. ¿Y a qué matemático le atribuyó Acaster el eslogan matemático ficticio? A Pitágoras, por supuesto.

Así que tracemos un camino por el mundo de la geometría y la trigonometría para celebrar todo lo relacionado con los triángulos. No será recto, sino un camino que siga una ruta más conveniente por los pasos de las North Downs y por sitios llenos de imbéciles. Estés donde estés en el espectro que va desde «menos mal que no uso más la geometría» hasta «amo los triángulos», espero poder mostrarte los aspectos útiles, fundamentales e inservibles de estas figuras.

Los triángulos son todo y todo está hecho de triángulos.

Uno

GANAR DISTANCIA

«Es la primera vez en más de veinte años de profesión que
he tenido que recurrir a un especialista en matemáticas,
y no creo que sea la última».

—El abogado de los cerdos

Vistos de lejos, los globos aerostáticos son un medio de transporte aéreo de lo más sereno. Flotan despacio y en silencio por el cielo y, además, son coloridos. Pero de cerca, son parrillas a gas furiosas y descontroladas, sujetas a miles de metros cuadrados de tela y un canasto de pícnic fundamental para conservar la vida. La forma más segura de disfrutar de un paseo en globo es desde el suelo, a una distancia prudencial. En concreto, a medio kilómetro de distancia.

Dado que los quemadores hacen un ruido muy fuerte y espantoso al encenderse, la Autoridad de Aviación Civil del Reino Unido impone restricciones respecto a desde dónde pueden volar los globos aerostáticos para que no pasen cerca de granjas y los animales no se asusten con una orbe chillona en el cielo. Haciendo caso omiso a esas zonas prohibidas, en abril de 2012, un globo de Go Ballooning voló por encima de la granja Low Moor Farm en el condado de North Yorkshire, encendió los quemadores y provocó una estampida de cerdos.

Me voy a guardar los detalles escabrosos, pero basta con decir que ese día la granja perdió a muchos cerdos, incluidas hembras preñadas. Como esa temporada tendrían 800 crías menos, los dueños de la granja decidieron demandar por daños y perjuicios a la empresa de vuelos en globo. Go Ballooning insistía en que los datos de su GPS indicaban que el globo nunca bajó a menos de 750 metros de altura. Pero la pila de cerdos muertos insinuaba que se había acercado mucho más. Además, si bien los dueños de la granja no tenían pruebas, sí tenían ayuda de las buenas.

La mejor prueba que consiguieron que no tenía que ver con los cerdos era una foto tomada por un vecino, que estaba a suficiente distancia del globo aerostático como para clasificarlo como «sereno». Desde esa posición, el globo parecía muy tranquilo (la masacre de cerdos había quedado oculta detrás de unos árboles), y por eso el vecino tomó una foto. Además de la imagen, los dueños contaban con el poder de las matemáticas. Y no de un concepto matemático cualquiera, sino de los triángulos.

El abogado de la granja se comunicó con el Departamento de Matemáticas de la Universidad de York, y el profesor Chris Fewster aceptó el caso. El área de investigación real de Fewster no es el cálculo de la altitud de globos aerostáticos, sino la teoría cuántica de campos y la curvatura del espacio-tiempo. Así que podría decirse que está capacitado para medir globos de varios años luz de tamaño. Como mínimo, sabía usar un par de triángulos. Cuando le consulté a Chris acerca de esta tarea, me dijo que para calcular la altitud del globo solo necesitó «poco más que trigonometría y cierto conocimiento de cómo funciona una cámara».

Fewster pudo determinar la altura a la que estaba el globo a partir de una simple foto porque los triángulos son los «sudokus de la naturaleza», esperando a que alguien los resuelva. De hecho, se parecen más a una serie de sudokus interconectados en los que cada uno aporta pistas para resolver el siguiente. Lo único que debía hacer Fewster era identificar una serie de triángulos en la foto y empezar a resolverlos. A veces, la única diferencia entre aplicar la geometría para fines prácticos y aplicarla por diversión es el contexto de los triángulos.

Cerdonometría

Fewster tenía algunos datos acerca de la foto: sabía dónde se había tomado y qué tamaño tenía el globo. También se alcanzaba a ver algunos árboles en la imagen, de los cuales él sabía la ubicación y la altura, ya que regresó a la escena del vuelo y los midió con un telémetro láser de golf (me sorprendió que el golf se hubiera vuelto tan tecnológico). Esas medidas eran las pistas disponibles en el sudoku y, gracias a los triángulos, Fewster pudo completar todos los números que faltaban.

El superpoder de los triángulos, que los hace muy útiles aquí y en muchas otras aplicaciones prácticas, es que son fáciles de descifrar. Todos los triángulos consisten en tres lados y tres ángulos. Y si se conoce tan solo la mitad de esas medidas, enseguida se puede calcular el resto. ¿Solo se sabe la longitud de los tres lados de un triángulo? No hay problema: con unos cálculos trigonométricos se puede hallar el tamaño exacto de los tres ángulos en un santiamén. ¿Solo se puede medir un lado y dos ángulos? *Zas*. Con eso ya se consiguen las longitudes de lado y el tamaño de los ángulos sin levantar un dedo (salvo para usar la calculadora). De hecho, me gustaría corregir mi analogía. Los triángulos son como un crucigrama facilísimo en el que ya figuran la mitad de las letras y la respuesta es siempre «triángulo».

Usé ese mismo truquillo de los triángulos cuando en 2015 la NASA publicó esta foto de la Luna delante de la Tierra. La tomó el satélite Observatorio Climático del Espacio Profundo, que tenía el Sol detrás y apuntaba directo a la Luna, que estaba delante de la Tierra. Es una foto fascinante, donde se ve el poco conocido «lado oscuro de la Luna» iluminado por completo por el Sol, con la Tierra de fondo. Creo que la imagen hizo que muchas personas se dieran cuenta de que al otro lado de la Luna se le dice «oscuro» porque nunca podemos verlo desde nuestro punto de vista en la Tierra, no porque el Sol nunca lo ilumine. Lo primero que pensé, solo porque quería un motivo para tratar de resolverlo, fue: «¿A qué distancia de la Tierra estará ese satélite?».

Si se miden los tamaños relativos de la Tierra y de la Luna en esta foto, la Luna mide un 36,6 por ciento del ancho de la Tierra. ¡Y eso es demasiado! En realidad, la Luna mide solo un 27,2 por ciento del ancho de la Tierra. En la foto, la Luna se ve más grande de lo que es porque está más cerca de la cámara que la Tierra, lo cual tiene sentido: en promedio, la Luna se mantiene a 384.400 kilómetros de distancia de la Tierra.

Calculé que, para que la Luna pareciera más grande en esa cantidad específica, debería estar a un 74,3 por ciento de la distancia entre el satélite y la Tierra. Sabía que el resto de la distancia entre la Luna y la Tierra era de 384.400 kilómetros, así que bastó con un poco de álgebra para calcular la distancia total entre la Tierra y el satélite. Y creo que todos sabemos ya que eso fue lo que hice. A continuación, detallo todo por si alguien gusta verificar mis cálculos.

Con mis rudimentarios cálculos, obtuve una distancia de alrededor de 1,5 millones de kilómetros, lo que equivale a unas 930.000 millas. En el comunicado de prensa de la NASA que acompañaba a la imagen, se indicaba que el satélite había tomado la foto «a un millón de millas de distancia». Parece que tanto la NASA como yo estamos dando respuestas aproximadas. Y si bien mis cálculos no tuvieron en cuenta todos los pormenores de la óptica de la cámara espacial y se basaron en unos triángulos trazados sin mucho detalle, me atrevo a decir que yo estoy más cerca de la respuesta correcta.

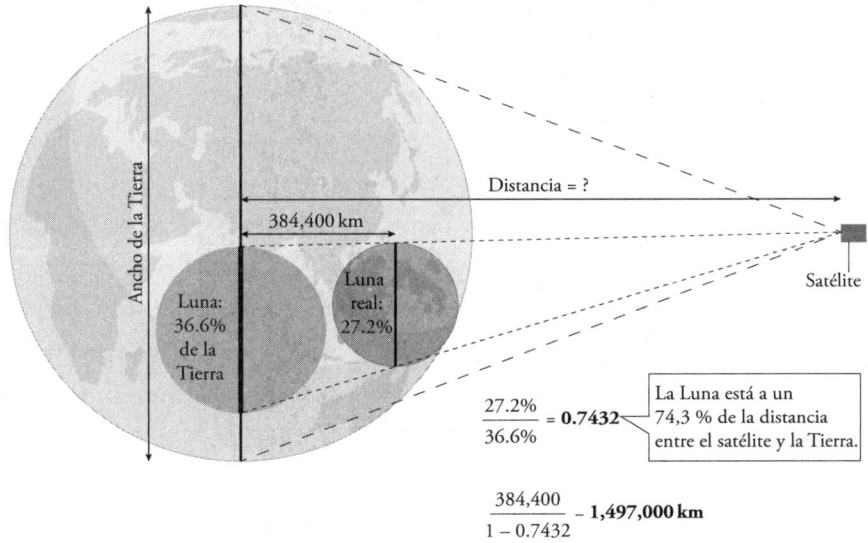

Chris Fewster no podía darse el lujo de obviar la óptica de la cámara con la que se tomó la foto del globo aerostático. Incluso tuvo en cuenta el ángulo en el que habría apuntado la cámara al tomarse la fotografía. Fewster pudo resolver todos los triángulos y calculó que el globo estaba a una distancia de entre 750 y 760 metros de la cámara, por lo que se encontraba a unos 300 metros de los cerdos. Mucho más cerca de lo que afirmaban los operadores del globo. Podría decirse que jugaron sucio como cerdos. Gracias a los conocimientos matemáticos de Fewster, los dueños de la granja obtuvieron una buena cantidad de dinero. Cuando le consulté acerca del incidente, Fewster dijo que le alegraba haber dado «un buen ejemplo de cómo incluso unos cálculos básicos podían marcar la diferencia».

Un paso molesto

El único problema de resolver triángulos es que hace falta saber al menos una longitud de lado. Anteriormente, cuando dije que se podían resolver todos los valores de un triángulo (los tres lados y los tres ángulos) con «tan solo» la mitad de las medidas, me estaba cubriendo porque al menos una de esas medidas tiene que ser una longitud. Puede que esto parezca obvio, pero si no se sabe cuán grande es un triángulo, podría ser de cualquier tamaño.

Dos triángulos podrían tener todos los ángulos iguales, pero ser de tamaños muy diferentes. Imagina que ves a un triángulo acercarse. Con suerte, viene con buenas intenciones. Mientras te preguntas qué habrás hecho para atraer la atención del triángulo, puede que también notes que, aunque se vea cada vez más grande, los ángulos se mantienen iguales. Es como lo que pasa cuando te alejas de un reloj y las manecillas se ven más pequeñas pero la hora no cambia (bueno, según cuánto tardes en caminar). Lo que quiero decir es que, si se usan triángulos para calcular una distancia, no habrá triángulo que sirva salvo que también se mida al menos un lado de un triángulo.

Cuando mi amiga Hannah Fry y yo necesitábamos saber la altura del Shard (el edificio más alto de Londres, ubicado junto al Puente de Londres), lo hicimos con triángulos. Sí, podríamos haber buscado la altura y ya, pero eso iba en contra de lo que queríamos lograr. Queríamos recrear una de las formas más primitivas de medir el tamaño de la Tierra, basada en una montaña. Por desgracia, Londres está desprovista de montañas, así que en lugar de eso usamos un rascacielos y, fieles al ejercicio, calculamos la altura nosotros. Las matemáticas enseguida pueden convertirse en un ejercicio de cálculos fríos en un papel, pero queríamos la experiencia de hacer todo el trabajo de cero.

Fabriqué un transportador gigante, que usamos para medir el ángulo desde el suelo hasta la cima del edificio en dos sitios distintos. Aunque eso habría sido en vano si no hubiéramos sabido una distancia. Por suerte, también había hecho unos accesorios para mi calzado que medían 50 centímetros exactos, y caminé 100 metros entre las dos mediciones de ángulos de 22,9° y 20°. Unos cálculos rápidos más tarde y ya teníamos la altura de 263 metros, que está razonablemente cerca de la altura oficial del mirador, que está a 244 metros. Nada mal para un transportador casero y calzado de payaso bien calibrado.

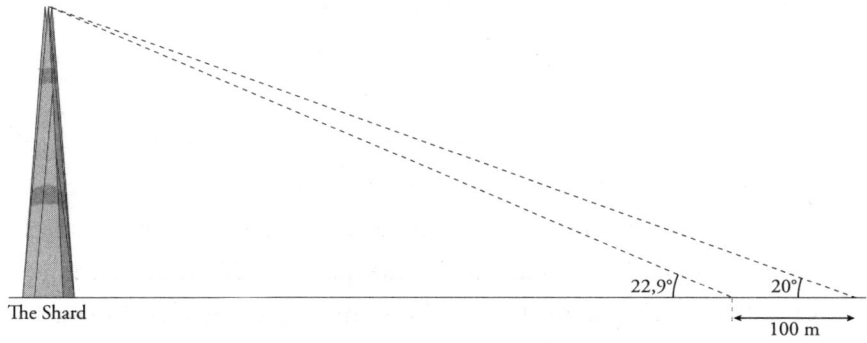

The Shard

22,9° 20°

100 m

100 m = 200 pasos de payaso.

Pero dar pasos de exactamente 50 centímetros mientras una amiga hace como que no te conoce no es la única opción. En un viaje a Japón, me enteré de que Tokio tenía la torre más alta del mundo: la Tokyo Skytree. Tokio procura especificar «torre» porque hay otros dos edificios que son más altos: el Burj Khalifa en los Emiratos Árabes Unidos y el Merdeka 118 en Malasia. Al parecer, los edificios pueden usarse para fines residenciales o comerciales, mientras que una torre es tan inútil como delgada.

La Tokyo Skytree, pura torre, es la más alta. Pero te estarás preguntando, ¿qué altura tiene? Yo me pregunté lo mismo. Así que la medí con una regla.

Si dos triángulos tienen ángulos idénticos, se dice que son «semejantes». Esto quiere decir que son el mismo triángulo pero ampliado o reducido. De ahí que, si se sabe la longitud de cualquier lado de cualquier triángulo y la escala entre ellos, se pueden obtener todas las longitudes. Así que tomé un mapa de Tokio. ¿Acaso un mapa no es más que un modelo a escala de la ciudad que representa? El mejor mapa físico que pude conseguir tenía una escala de 1 a 20.000. Eso quiere decir que, si lograba encontrar un par de triángulos semejantes (uno en el mapa y otro en la vida real), podría medir el del mapa con una regla y saber que cada milímetro del mapa representaría 20 metros del mundo real.

Me dispuse a caminar por las calles de Tokio, esquivando a la multitud y metiéndome por los callejones, en busca del sitio donde terminaba la sombra de la Skytree. Al final, la cima de la sombra pasaba por un sitio que parecía ser un mirador junto a una vía de tren y pude ubicar el mapa en el punto terminal exacto. Tomé la regla y la coloqué erguida en el mapa, en el punto exacto en el que se levantaba la torre real. A decir verdad, acabo de usar la palabra «exacto» dos veces, lo que sería exagerar mi precisión. Era un día parcialmente nublado en una ciudad muy urbanizada, pero hacía lo que podía.

Ahora tenía dos sombras: una de la torre real, que recorría las calles de Tokio, y la otra de una regla ubicada sobre un mapa a escala de la misma ciudad. Y un detalle importante: ambas sombras eran generadas por el mismo sol. El Sol de la Tierra. Además, mi regla estaba en ángulo recto con el suelo, igual que suele estar la torre en todos los instantes en los que no haya un Godzilla. Por lo tanto, el triángulo formado por la torre y su sombra era similar al formado por mi regla y su sombra, que terminaba en el mismo punto del mapa.

Como la regla era transparente, proyectaba las marcas de centímetros sobre el mapa. Busqué la que estaba justo encima de donde terminaba la sombra real. Veintiocho milímetros. Ahora sabía que, si se ponía una torre minúscula de 28 milímetros de altura sobre el mapa de escala 1 a 20.000, esta proyectaría la misma sombra en el mapa de Tokio que la proyectada por la Skytree sobre la Tokio de verdad. Si se multiplica 28 milímetros por 20.000, se obtiene una altura de 560 metros. ¡Esa sí que es una torre alta! ¡Más de medio kilómetro de altura! Está bien, la torre en realidad mide 634 metros de alto y yo erré el cálculo por 74 metros de diferencia, pero considerando que me había valido de un mapa turístico sin mucho detalle en un suelo irregular, estoy muy conforme de haber quedado a un 12 por ciento de la altura real. ¡Si hubiera decidido que la sombra de la regla medía 3,7 milímetros más, habría dado en el clavo!

Desde luego que no soy la primera persona que ha usado una sombra para medir la altura de un objeto. Ni siquiera soy la primera persona que ha usado una sombra para medir la altura de la torre más alta del mundo. En el siglo VI a. C., parece que un griego llamado Tales de Mileto usó sombras para medir la altura de la torre más alta del mundo (supongo que mientras estaba de vacaciones). En el caso de Tales, estaba en Egipto visitando la Gran Pirámide de Giza.

Incluso de vacaciones, trato de ser meticuloso.

Hay versiones encontradas sobre cómo hizo Tales la medición. Algunas dicen que esperó hasta el momento exacto del día en que la sombra medía lo mismo que él. Ese es el momento en que las sombras solares tocan el suelo a 45° exactos, por lo que cualquier cosa erguida formaría un triángulo isósceles rectángulo, en el que la longitud de la sombra es exactamente igual a la altura del objeto. En ese momento mágico del día, se puede medir la sombra de cualquier cosa y con eso se obtiene la altura.

Lo difícil es que hay que estar en el sitio a la hora indicada para que funcione. Otros autores cuentan que Tales hizo lo mismo que yo: midió la sombra de un palo erguido en la punta de la sombra de la pirámide. Pero Tales no podía ir al centro de información turística más cercano a pedir un mapa gratis como yo. También tuvo que medir la longitud de la sombra de la pirámide para obtener el factor de escala. Una vez superado ese paso adicional, su cálculo habría arrojado un resultado idéntico al mío.

Lo importante es que, cuando me pongo a recorrer ciudades con una regla y un mapa, estoy continuando una antigua tradición de matemáticos de vacaciones y no, como afirman mis amigos y familiares, «desperdiciando las vacaciones» o «confundiendo a los lugareños».

Los triángulos de la antigüedad

Las pirámides son antiquísimas. Mientras se arrastraban esas piedras para ponerlas en su sitio, todavía rondaban por la Tierra los mamuts lanudos, quienes esperaban que estos nuevos humanos molestos no fueran mucho problema. Cuando Tales de Mileto se dispuso a medir su altura, las pirámides ya tenían 2000 años. Y habrá hecho falta hacer tremendos cálculos matemáticos para construirlas; venimos usando la geometría desde hace muchísimo tiempo.

Uno de los primeros textos matemáticos es un papiro de Egipto y, por supuesto, contiene un montón de triángulos. En algún momento cerca de 1550 a. C., un escriba llamado Ahmes hizo una copia de un documento incluso más antiguo, de unos siglos antes. El documento original se perdió hace tiempo. Y los pocos documentos antiguos que perduran son en su mayoría anónimos, por lo que Ahmes es el autor de matemáticas más antiguo conocido por su nombre. Siento una profunda conexión con eso porque, cada cierto tiempo, durante un momento ínfimo tras la publicación de uno de mis libros, vuelvo a ser el último autor de matemáticas conocido por su nombre.

El papiro de Ahmes ahora se encuentra en el Museo Británico. Se cree que originalmente fue robado de un edificio en ruinas cerca del Ramesseum (templo de Ramsés II, como si yo llamara a mi casa el Mattesseum), pero es imposible confirmarlo. En algún momento, los ladrones de papiros lo cortaron en dos trozos de 3 y 2 metros de largo, para tratar de aumentar el valor de reventa al tener más de un papiro. Se vendió en 1858* y finalmente se donó al Museo Británico.

Como la publicación de este libro significaría que Ahmes y yo marcaríamos nuevamente el principio y el final de toda la literatura matemática conocida de autoría humana, le pregunté al Museo Británico si podía ver el papiro. Debido a los efectos nocivos de la luz sobre los papiros, rara vez se expone al público, pero tuvieron la amabilidad de sacarlo del cuarto oscuro

---

* Lo compró A. H. Rhind, un abogado escocés, así que también se lo conoce como el papiro Rhind. Se vendió por separado un trozo del medio de 18 centímetros, parte del cual terminó en la colección del museo Sociedad Histórica de Nueva York en 1922, pero el resto se perdió.

donde lo guardan para que pudiera echarle un vistazo. Lo primero que me sorprendió fue que no había lugar a dudas de que era un texto matemático. Tenía triángulos por todos lados.

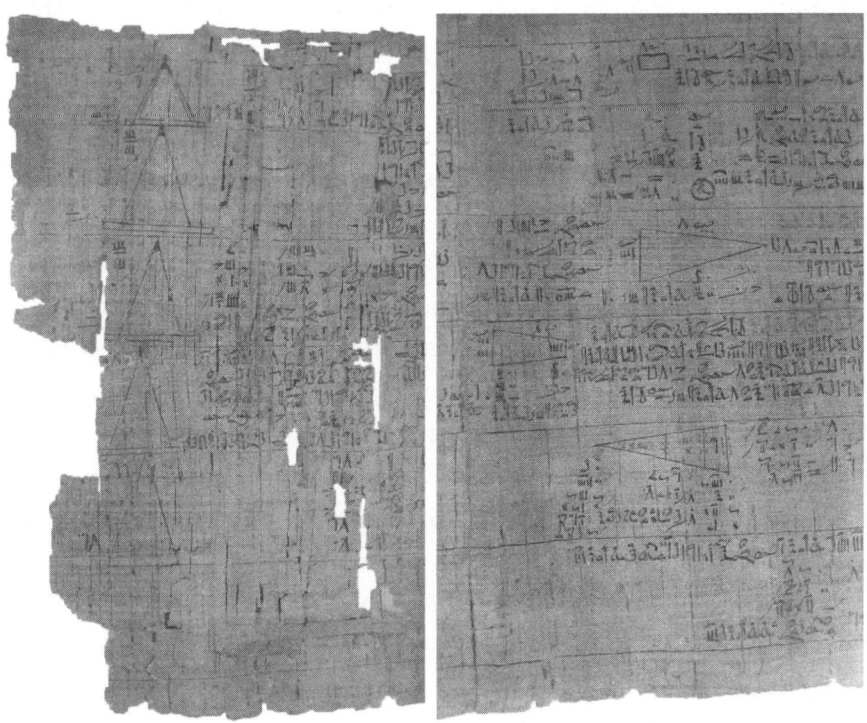

Bien trianguloso.

El papiro de Ahmes es básicamente un antiquísimo libro de texto que presenta una serie de problemas matemáticos y luego muestra los trucos de cálculo necesarios para resolverlos. Los triángulos que primero me llamaron la atención son una serie de problemas sobre el cálculo de las pendientes de distintas pirámides, que parecen demasiado trillados para ser ciertos. Pero, en realidad, observar los problemas que se consideraban importantes para incluirlos en un libro de texto nos da una idea de cómo era aquella sociedad. Dentro de ciertos límites, por supuesto. Imagina lo que pensarán los historiadores dentro de miles de años de nuestros problemas modernos del estilo de «María va a comprar diecisiete sandías y dos sombreros». Los libros de texto del siglo XXI darán la impresión de que hacíamos muchas compras y que adquiríamos ridiculeces.

El papiro de Ahmes contiene unos ochenta y ocho problemas diferentes junto con guías para resolverlos. Como siempre, destaca la antigua obsesión por el pan y los granos: diez de los problemas tratan sobre cómo dividir un número de hogazas de pan entre un determinado número de personas. En seis ejemplos, se muestra cómo calcular el volumen de granos en graneros de distintas formas. Pero después las cosas dan un giro mucho más geométrico. Además de los cálculos sobre las pirámides, hay seis problemas que consisten en calcular las superficies de parcelas. Evidentemente, se había debatido cómo reasignar la tierra de forma equitativa, quizás después de que el Nilo se inundara y eliminara las marcas divisorias anteriores.

La antigua civilización egipcia prosperó gracias a las tierras fértiles que dejaban las inundaciones regulares del río Nilo. Sin duda, eso los impulsó a desarrollar cálculos matemáticos complejos relacionados con la astronomía y el calendario con el fin de pronosticar el momento de las crecidas anuales (lo que dio origen a los antecesores directos de nuestro calendario moderno); pero, además, necesitaban saber cómo volver a dividir las parcelas una vez que descendían las aguas. Aquí vemos el nacimiento de la geometría a partir de la necesidad de calcular el tamaño exacto de parcelas de tierra.

Y esto no es solo especulación mía: el historiador griego Heródoto propuso la misma idea cuando escribió las *Historias* en el 430 a. C. También aportó la singular idea de que Egipto dio al mundo la geometría porque el Nilo se inundaba cada año, mientras que Babilonia (en conjunto con la civilización sumeria que la precedió) fue responsable de todas las demás cosas matemáticas.

Y si alguien llegaba a perder tierras por culpa del río, podía acudir a Sesostris y declarar lo que había ocurrido; luego, el rey enviaba hombres a calcular la parte en que se redujeron las tierras, para que, a partir de ese momento, la persona pagara impuestos en proporción a la nueva medición. En mi opinión, los griegos aprendieron de ahí el arte de medir la tierra. El reloj de sol, así como las doce divisiones del día, llegaron a la Hélade desde Babilonia y no desde Egipto [...].

—Heródoto, *Historias*, libro II, párrafo 109

Así que milenios atrás ya había gente que escribía acerca del uso de las matemáticas para resolver disputas en la antigüedad. Y, al parecer, para resolver problemas impositivos. En la situación que se presenta aquí, el agricultor quiere pagar el menor monto posible, pero el rey quiere obtener lo más posible; de ahí que todos tengan motivos para hacer los cálculos correctos.

Ver el papiro de Ahmes y caer en la cuenta de que era un vestigio de una civilización de hace 4000 años, cuando la necesidad de dividir la tierra de manera justa dio origen a la geometría como área del conocimiento humano, fue impactante. Algo que me impresionó fue ver un problema sobre el área de un campo circular en el que se necesitaba un valor rudimentario de pi. Al seguir el cálculo, vi que se usaba un valor efectivo de pi aproximadamente igual a $4 \times (8/9)^2 = 3,16$, que es cercano al valor verdadero. Pero lo más importante era que esos jeroglíficos abrieron la puerta a todos los cálculos matemáticos abstractos con nuestro amigo pi que descubriríamos más adelante. Me tomé una foto junto al problema matemático, que hizo gracia a los historiadores que me rodeaban.

De Francia a la galaxia

Olvidémonos de los campos grandes y las torres más altas; saltemos directamente al final y busquemos la cosa más grande que podríamos llegar a medir con triángulos. Así como instintivamente vemos algo grande y queremos saber su tamaño exacto, nos encanta contemplar el cielo nocturno. Hemos pasado milenios también preguntándonos a qué distancia están las estrellas sin forma alguna de hacer esa medición. La vamos a hacer. Vamos a usar triángulos para calcular el lugar exacto que ocupamos los humanos en el universo. Vamos a medir algo de tamaño astronómico.

Un viejo artefacto matemático señalando un papiro.

Dentro de ese recuadro hay un bosquejo de un campo circular;
todo lo que sigue son números.

Mediremos algo primordial en la jerarquía de «cosas grandes del espacio» que, recordemos, consiste en lo siguiente:

– Vivimos en un sistema solar conformado por una estrella* y varios planetas, además de otras rocas y polvo.

---

* Por masa, el Sol conforma más del 99 por ciento de nuestro sistema solar, así que para nuestra estrella no somos más que un error de redondeo.

- Un conjunto de estrellas forma una galaxia.
- Un conjunto de galaxias forma un cúmulo.
- Si juntamos un grupo de cúmulos, tendremos un supercúmulo.
- Esos supercúmulos se encuentran dentro de la red cósmica.

Si pudiéramos identificar y nombrar las partes de la estructura de la red cósmica, serían las cosas más grandes que nuestros conocimientos científicos de momento nos permiten medir. La red cósmica vendría a ser algo como el terreno de la Tierra, con todas sus subidas y bajadas. Dentro del caos de ese terreno, hay aspectos que, sin duda, forman parte de la «misma cosa», y entonces les ponemos un nombre, como «el Gran Cañón», «el monte Everest» o «la colina que me arrepiento de haber subido en bicicleta». La superficie de la Tierra puede ser continua, pero entendemos esas secciones como entidades cohesivas que podemos nombrar y medir.

La red cósmica es más complicada que la superficie de nuestro planeta: es un panel tridimensional de supercúmulos de galaxias tan grande que va más allá de lo que podemos concebir. Pero está ahí. O, mejor dicho, nos rodea por todos lados. Cuando miramos el cielo nocturno (o también de día), está ahí, extendiéndose en todas direcciones. Pero su tamaño nos excede de tal forma que no hay ninguna estructura inmediata que pueda verse. Podríamos caminar toda la vida por la llanura de Nullarbor y jamás comprender la forma de Australia. Para lograr eso, hace falta estar a una buena distancia y mirar desde allí.

Las estructuras dentro de la red cósmica son tan grandes que solamente las partes que están a gran distancia pueden entrar en el campo visual de nuestros humildes telescopios humanos. Y hablamos de una graaaaaan distancia («gran» con veintiséis *a*). El problema con semejante distancia es que a la Tierra llega tan poca luz de esos supercúmulos que no llegamos a detectarlos. Lo único que podemos ver a esa distancia es algo llamado «explosión de rayos gamma». Esta explosión es el evento más energético del universo, solo superado por el gigantísimo Big Bang. Hablamos de una estrella masiva que estalla a lo supernova y se convierte en agujero negro. O también puede suceder que dos estrellas de neutrones se acerquen más de lo que deberían. En realidad, no lo sabemos bien: parece que todas las explosiones de rayos gamma son distintas. El término «explosión de rayos gamma» es más bien un nombre general para denominar un evento en el que se produce una cantidad inconcebible de energía y una explosión de rayos gamma (fotones muy energéticos) que atraviesa el universo.

Y que en nuestros detectores solo aparece como un pitido insignificante. Por lo general, un pitido rápido: una de cada tres explosiones de rayos gamma se termina en solo dos segundos. Además de lo complicado que es «enfocar» rayos gamma, estos son muy difíciles de estudiar. No se descubrieron hasta la década de 1960, por accidente, cuando algunos países comenzaron a invertir en tecnología de detección de explosiones nucleares. Incluso en una prueba nuclear secreta, la reacción envía rayos gamma a cada rincón de la Tierra, por lo que se crearon sensores de rayos gamma calibrados de tal manera que eran capaces de detectar esas pruebas a varios países de distancia. Pero entonces identificaron puntos débiles de rayos gamma procedentes del espacio.

Lo de «débiles» es relativo, claro: en realidad, eran en extremo energéticos, solo que estaban muy lejos. Y también son muy poco frecuentes. Resulta que son algo que ocurre una vez en cada galaxia y cada doscientos años, más o menos. Aunque eso nos beneficia: si ocurriera una explosión de rayos gamma cerca de la Tierra, ya dejaría de ser un destellito en el espacio y pasaría a ser un desastre en el que nos extinguiríamos todos. Sin embargo, como hay alrededor de 100 mil millones de galaxias que pueden verse desde la Tierra, estos eventos suceden con bastante frecuencia en todo el universo.

Para poder estudiar estos pitidos efímeros de la muerte, se necesitaba una forma de detectar los rayos gamma y apuntar de inmediato un telescopio en dirección al origen para ver qué rayos y centellas pasaba allí. Y esto lo digo en serio: ningún científico espacial se ha encontrado con un problema que no pueda solucionarse con algún artefacto espacial. Así que en 2004 se lanzó al espacio el observatorio Swift Gamma-Ray Burst Explorer de la NASA con equipamiento producido en distintas partes del mundo. Dato curioso: el laboratorio espacial inglés en el que trabaja mi esposa construyó uno de los detectores ópticos*. En cuanto se detectaba una explosión, se buscaba que el observatorio girara y apuntara hacia el sitio del cual provenían los fotones de rayos gamma de muy alta energía. Si bien no podía girar en los dos segundos que duraba la explosión, podía llegar con la rapidez suficiente para detectar restos de fotones de menor energía.

Por supuesto, se descubrieron un montón de cosas científicas y blablablá. Pero eso es para otro libro (escrito por mi esposa, que está muchísimo más cualificada). Lo que nos importa es la distribución estadística de esos eventos de rayos gamma. Y en su mayor parte estaban dispuestos en el cielo de forma aleatoria, lo que básicamente indicaba que, se mire por donde se mire, hay un montón de galaxias por ahí.

Pero eso no significaba que estuvieran distribuidos de manera uniforme. Aleatorio no es lo mismo que uniforme. Si nos ponemos a lanzar una moneda al aire y esta alterna perfectamente entre cara o cruz, no nos parecería aleatorio. Todo lo contrario. Y la distribución de rayos gamma tenía exactamente la cantidad de aglomeraciones que cabría esperar de un universo homogéneo; salvo por un conjunto de explosiones que ocurrieron tan juntas (con una cercanía estadísticamente significativa en las tres dimensiones) que debe de haber una cantidad de galaxias agrupadas por encima del promedio, una especie de superestructura galáctica.

La primera candidata para «la cosa más grande del universo» se llama la Gran Muralla que, a diferencia de su contraparte terrestre, sí puede verse desde el espacio. Se trata de un grupo de diecinueve explosiones de rayos gamma de sospechosa cercanía, lo que indica una zona con una cantidad de galaxias superior a la habitual, todas juntas por ahí. Por su tamaño, esta parte de la red cósmica ahora tiene nombre propio. Mide 10 mil millones de años luz de largo, unos 4 mil millones más que la insignificante Gran Muralla de la Tierra. Todo eso si en realidad existe, claro: los astrofísicos siguen debatiendo las estadísticas. Y la solución al debate es de no creer (pista: se lanzará al espacio en 2032).

El candidato a «cosa más grande» en la que todos están de acuerdo es el Gran Anillo. Se encontraron nueve explosiones de rayos gamma juntas en un

---

* Así que para investigar este tema, más que nada me dediqué a abrir la puerta de mi estudio y gritar las preguntas. Fiel a su profesión, la respuesta más habitual de mi esposa fue sugerir que me lanzara al espacio.

mismo anillo, algo que solo puede ocurrir al azar con una probabilidad de dos en un millón, así que ahí debe de haber un anillo gigante de galaxias. Bueno, yo hablo de «anillo gigante», pero el nombre real que le dieron cuando lo descubrieron en 2015 fue «estructura gigante similar a un anillo», y lo de «similar a un anillo» está a modo de descargo de responsabilidad porque, según los científicos que lo encontraron, «las pruebas indican que este rasgo es la proyección de una estructura curva sobre el plano del cielo». Es una gigantesca pelota intergaláctica hueca. Un globo cósmico de proporciones escandalosas.

Desde nuestra posición en la Tierra, tiene un diámetro angular de 34,5° y está a 9100 millones de años luz de distancia. O bien, para expresar la medida en una unidad más terrestre, 860 cuatrillones de metros. Si completamos el triángulo, sabemos qué tamaño tiene (o, al menos, sabemos la distancia que separó estas explosiones de rayos gamma). Podemos hacer esto con cualquier objeto celeste. Podemos apuntarle con un transportador para medir el ángulo de un extremo a otro, combinarlo con la distancia a la que está para formar un triángulo, y con eso obtenemos el tamaño. Fácil. Pero no nos apresuremos.

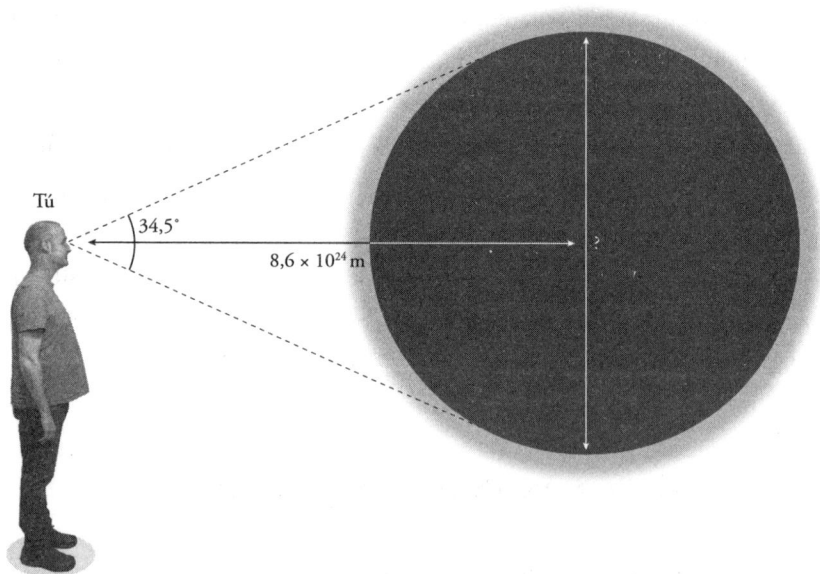

El «no a escala» se queda corto aquí. Este diagrama pone en ridículo el mismísimo concepto de escala. Puede que sea el diagrama más no a escala de la historia,

¿Cómo supimos que está a 860 cuatrillones de metros de distancia? ¿Cómo sabemos a qué distancia está cualquier cosa del espacio? Es demasiada para medirla físicamente, así que se debe calcular de algún otro modo. Pero, desde luego, la respuesta no puede ser con otro triángulo, porque eso solo resuelve una parte del problema: ¿Cómo sabemos el tamaño de ese triángulo? ¿Con otro triángulo? A partir de aquí, empezamos a tirar de un hilo que no deja de salir, como una cinta métrica retráctil. Prepárate, que vamos a descender por una escalera de triángulos cada vez más pequeños, hasta que, con suerte, pisemos algo firme.

El peldaño del corrimiento al rojo

La distancia hasta el globo cósmico gigante se calcula con el «corrimiento al rojo», un fenómeno en el que la luz que proviene de él está más cerca del extremo rojo del espectro de lo que debería estar. El corrimiento al rojo se debe a una especie de efecto Doppler en el que el movimiento de un objeto deja una huella en la luz que emite. Como el universo se expande a un ritmo que, por fortuna, es predecible, la velocidad a la que algo se aleja de nosotros nos sirve para medir la distancia a la que está.

Los astrónomos han documentado con sumo detalle un montón de objetos de los cuales conocían tanto el corrimiento al rojo como la distancia que los separa de nosotros, para deducir la relación entre ambos. Con esos datos se obtuvo un factor de conversión llamado la «constante de Hubble» que convierte el corrimiento al rojo en distancia. Pero ¿cómo supieron cuál era la distancia hasta esos objetos de referencia?

El peldaño de la candela estándar

Una «candela estándar» es cualquier objeto astronómico del cual sabemos cuánto brilla. Existen estrellas cuyo brillo fluctúa a un ritmo que depende de su brillo absoluto; algunas supernovas siempre hacen *bum* con el mismo brillo. Sin embargo, cuando vemos a esas estrellas o supernovas en el cielo, parece que tuvieran distintos niveles de brillo. Si sabemos cuánto brillan en realidad, podemos usar ese dato para deducir la distancia a la que se encuentran. Pero, igualmente, necesitamos unas distancias absolutas para calibrar esta escala.

El peldaño del paralaje

Con el paralaje, llegamos a unos triángulos de verdad. Es el efecto por el cual, si desplazamos nuestro punto de vista, parece que los objetos cambian de posición. Y eso puede servir de mucho. Por ejemplo, existen varias copias de la *Mona Lisa*, algunas de ellas pintadas en el estudio del propio Leonardo da Vinci por otros colegas pintores. Pero cuando unos conservadores limpiaron una «copia» de la *Mona Lisa* en 2012, notaron que las manos, la cara y la ropa tenían una alineación ligeramente distinta. Debido a ese efecto de paralaje, pudieron identificar que no se trataba de una mera reproducción del original como se pensaba, sino que la había pintado otra persona al mismo tiempo que el original. La nariz sigue una alineación ligeramente distinta respecto del resto de la cara (al igual que muchas otras alineaciones similares), por lo que los investigadores calcularon que esta pintura fue hecha por otra persona que estaba en la misma sala, situada un poco más a la izquierda de Leonardo y alrededor de un metro más cerca de la modelo.

En teoría, si nos movemos con respecto a las estrellas, deberíamos verlas desplazarse debido al paralaje. Eso es lo que intentan representar las películas de ciencia ficción cuando una nave espacial acelera y las estrellas empiezan a pasar como rayos; solo que, en la vida real, las estrellas están tan lejos que parece mucho más aburrido. La sonda New Horizons de la NASA es el único caso en el que el desplazamiento de las estrellas llega a observarse desde un vehículo en movimiento. Después de su lanzamiento en 2006, pasó Plutón en 2015 y luego, en 2020, tras recorrer una distancia de más de 6400 millones de kilómetros desde la Tierra, los científicos decidieron ver si las estrellas se veían distintas. Apuntaron la cámara a las dos estrellas más cercanas (Próxima Centauri y Wolf 359) y las compararon con la vista desde la Tierra. Sorpresa: vieron estrellas corriendo de verdad junto a una nave espacial en el transcurso de 14 años.

En el caso de distancias recorridas de menos de 6400 millones de kilómetros, el paralaje de las estrellas es muy pequeño como para que los humanos lleguemos a verlo con nuestros pésimos ojos. Pero con telescopios y dispositivos científicos precisos, es posible seguir el ligerísimo movimiento de las estrellas más cercanas a lo largo dc un año. Si observamos la misma estrella «cercana» en puntos opuestos de la órbita de la Tierra, veremos que se mueve muy pero muy poquito en relación con otras más distantes. Y eso nos permite deducir la distancia a la que se encuentra la estrella.

La vista desde la Tierra y la vista desde 6400 millones de kilómetros. ¡Cómo pasa volando Próxima Centauri!

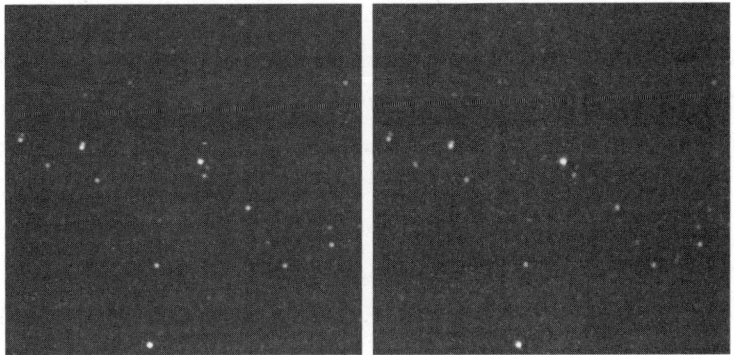

Wolf 359 también pasa como un rayo (es la del medio, que corre hacia la izquierda).

El peldaño del tránsito de Venus

Para aplicar este método de paralaje, se debe conocer un lado del triángulo: la distancia entre la Tierra y el Sol. No supimos ese dato durante mucho tiempo. Los astrónomos hicieron trampa y declararon la creación de una unidad nueva llamada «unidad astronómica», que justo equivalía a la distancia entre la Tierra y el Sol. Incluso hoy en día se ven distancias hasta las estrellas expresadas en unidades astronómicas. Pero eso, más que medir la distancia, fue nombrarla.

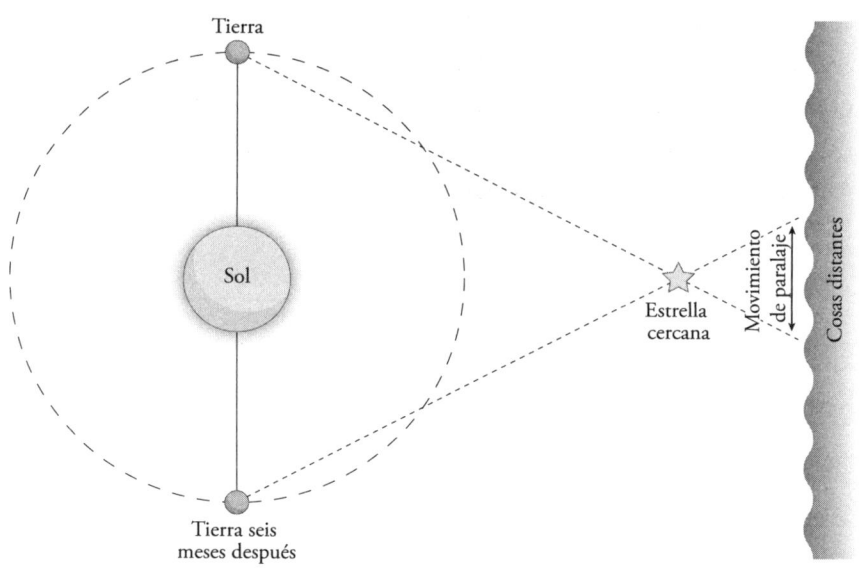

¿Cómo podemos obtener un valor real de la unidad astronómica? Exacto: con más paralaje. Más triángulos. Me quedo corto al decir que el Sol es superbrillante, así que el paralaje es difícil de determinar…, salvo cuando algo se desplaza entre la Tierra y el Sol. Por fortuna, Venus pasa entre la Tierra y el Sol un par de veces cada siglo, más o menos. Si ese desplazamiento se observa desde distintos sitios de la Tierra, parecerá que Venus va por caminos ligeramente distintos, y eso puede servir para obtener la distancia hasta el Sol… si se conoce el tamaño de la Tierra.

El peldaño de la campiña francesa

El primer cálculo moderno del tamaño de la Tierra se hizo gracias a dos matemáticos franceses en el siglo XVIII. Jean-Baptiste Delambre y Pierre Méchain pasaron casi diez años trazando una cadena de 115 triángulos gigantes a lo largo de 1500 kilómetros, desde la ciudad francesa de Dunkerque hasta la ciudad española de Barcelona. No fue una tarea menor. Delambre y Méchain comenzaron con un triángulo gigante, del que cada vértice coincidía con una colina, de modo que pudieran ver los demás vértices y medir todos los ángulos. Luego, marcaron un segundo triángulo que compartía una arista con el primero, y luego otro, y así, cada triángulo en contacto con los anteriores. Lo único que hicieron fue medir ángulos porque medir ángulos es fácil. Aunque un triángulo se extienda por kilómetros, sus ángulos aún podrán medirse con un transportador (eso sí, uno sofisticado y preciso, hecho de latón).

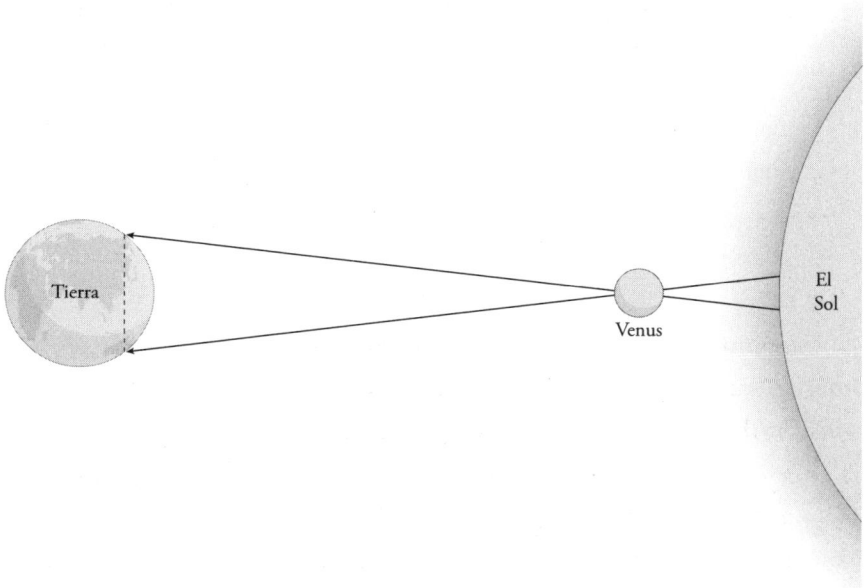

A cada extremo de esta cadena de triángulos, conocían la latitud exacta: una medida de la distancia a la que estaban Dunkerque y Barcelona del ecuador (por eso habían ubicado los triángulos orientados al norte y al sur). Con las latitudes, dedujeron el porcentaje de la circunferencia completa de la Tierra que habían conseguido cubrir. Si después calculaban la longitud de la cadena de triángulos, podían extrapolar esa distancia para obtener el tamaño total del planeta.

El peldaño de la regla

Aquí es donde nos bajamos de la escalera del cálculo de tamaños y pisamos suelo firme. Ya llevamos varias páginas dándole vueltas al asunto de la medición. Pero en algún momento hay que cortar las vueltas y agacharse a medir.

Delambre y Méchain tuvieron que ponerse a medir de verdad la longitud de un lado de uno de los triángulos con una regla. La «regla» en cuestión consistía en cuatro varillas de platino minuciosamente calibradas, cada una de las cuales estaba acompañada por una tira de cobre porque los metales se expanden a distinto ritmo con el calor, y así podían hacerse los ajustes necesarios ante cualquier fluctuación de la temperatura. Una vez colocadas las cuatro varillas, la del fondo se ubicaba adelante. Regla tras regla, fueron haciendo su recorrido. De hecho, dos recorridos. La tarea le correspondió a Delambre, que pasó cuarenta y un días midiendo un camino a las afueras de París y luego cuarenta y tres días midiendo otro camino en el sur de Francia. Los dos caminos conformaban lados en la red de triángulos porque eran maravillosamente rectos. Y midieron dos lados para tener uno con el que verificar el otro; de ahí el dicho: «Más vale prevenir y medir una vez, que lamentar y calcular mal 115 triángulos».

Una vez confirmadas las longitudes de las aristas, pudieron calcular los lados de todos los triángulos, uno detrás del otro, hasta saber la distancia exacta entre Dunkerque y Barcelona. Y, por ende, el tamaño de la Tierra. Y, por ende, la distancia hasta el Sol y la distancia hasta las candelas estándar. Gracias a todo eso, pudo calcularse la constante de Hubble para convertir el corrimiento al rojo en distancias. Las explosiones de rayos gamma del Gran Anillo tenían corrimientos al rojo que oscilaban entre 0,78 y 0,86, que ahora podemos calcular y promediar para llegar a los 860 cuatrillones de metros.

Al fin podemos confirmar que este mastodonte de burbuja espacial es masivo de verdad. Mide 5600 millones de años luz de lado a lado.

Una llamada telefónica al otro lado tardaría 5600 millones de años en recibirse y otro tanto en responderse. El universo tiene tan solo 13.700 millones de años, así que la conversación completa hasta ahora consistiría en un «Hola, ¿cómo estás», seguido por un «Bien, ¿y tú?», y nada más.

El orbe celeste de estrellas conforma una parte sustancial del cielo, pero no podemos verlo porque es muy tenue. Si brillara lo suficiente para verlo, parecería alrededor de sesenta y seis veces más ancho que la Luna. Y si tuviera el diseño de un globo aerostático, así sería el cielo nocturno:

Pero esa no es la Luna.

Algunos astrónomos sostienen que algo de semejante tamaño no está «unido por la gravedad», es decir, que los lados diferentes están tan lejos uno del otro que no están unidos entre sí por la gravedad, como ocurre con la Tierra y la Luna, o una rebanada de pan tostado y el suelo. Por lo tanto, algunos afirman que eso en realidad no es una «cosa» como tal. Hasta cierto punto, simplemente podríamos considerar que todo el universo es una cosa que podemos tratar de medir. Pero me niego a soltar mi pelota espacial. Podemos ponernos a discutir sobre semántica, pero no cabe duda de que es una estructura enorme que se encuentra dentro de nuestro universo observable. La más grande que hemos encontrado hasta ahora. Y podemos medirla con un triángulo. No importa lo grande que sea el globo que queramos medir: los triángulos están para ayudar.

He elegido una serie de peldaños desde el globo cósmico hasta el suelo. Hay muchas otras técnicas para estimar distancias y tamaños en el universo, pero en todas esas otras escaleras también se usan triángulos. Supongo que hoy en día los astrónomos ya podrán apuntar a la Luna con un láser o algo por el estilo.

Pero, sea como sea, lo que quiero demostrar no cambia. El motivo por el que Delambre y Méchain trataban de medir la Tierra era que el «metro» moderno acababa de definirse como una diezmillonésima parte de la distancia entre el polo norte y el ecuador. Sus mediciones fueron las que nos legaron el metro y todas las demás distancias métricas. Si hoy damos un paso de un metro, habremos caminado una cuarentamillonésima parte de la distancia alrededor del planeta.

Entonces, así midamos el tamaño de la pelota más grande de la red cósmica o la altura a la que estaba un globo encima de un cerdo, todo eso es posible porque en el siglo XVIII dos personas salieron con un palo a medir la distancia de un camino en Francia.

Dos

OTRO ÁNGULO

Si se rueda una moneda por encima de otra moneda,
¿qué parte quedará apuntando hacia arriba? Abajo revelo la respuesta.

Este es un acertijo con monedas muy conocido. El objetivo es seguir la pista de a qué lado apuntará la primera moneda cuando termine de rotar por en cima de la segunda. Resulta que esa regia cabeza no se va a marear mucho porque la moneda va a terminar igual que como empezó. La conclusión causa desconcierto porque parece que la moneda debería hacer media rotación y terminar apuntando hacia abajo. No siempre es fácil y rápido seguir ángulos mentalmente. Pero vale la pena porque pueden abrirnos las puertas a muchas cosas. Si miramos a nuestro alrededor, veremos ángulos por todas partes. Al igual que las distancias, los ángulos pueden ayudarnos a entender cómo funciona el mundo que nos rodea. Cuando vemos que siempre aparecen los mismos ángulos, sabemos que se esconde cierta lógica. La estela que deja un pato en un estanque siempre forma un ángulo de 39°. Así el pato sea grande, chico, rápido o lento, el ángulo siempre mide 39°. Y eso nos indica algo acerca de cómo se mueven las ondas en el agua. Cuando una hormiga león cava una trampa en la arena para cazar hormigas, construye las paredes a 34°. Y ese es exactamente el mismo ángulo que el de la cara principal de una duna de arena. Ese ángulo de 34° nos indica algo acerca de la naturaleza de la arena. Los arcoíris siempre tienen un diámetro completo de 84°. Y eso nos indica algo sobre la naturaleza de la magia y la amistad.

Pero ¿qué es un ángulo? Diría que un ángulo es solo una diferencia en la dirección. Como cuando dos amigos se despiden y quieren asegurarse de que quede una diferencia en la dirección a la que ambos están a punto de caminar, si no, se pone todo muy incómodo. O bien se quedan charlando de cosas sin importancia hasta que vuelven a despedirse o llegan a un acuerdo implícito y fingen que no se conocen. En ese caso, el ángulo entre las direcciones es 0°.

La situación óptima sería que ambos caminen en direcciones opuestas exactas, el ángulo más grande, el de 180°. Hay muchos otros ángulos en el medio, incluido aquel en el que los dos emprenden distintas direcciones a 90°, el ángulo que limita entre lo aceptable y lo incómodo.

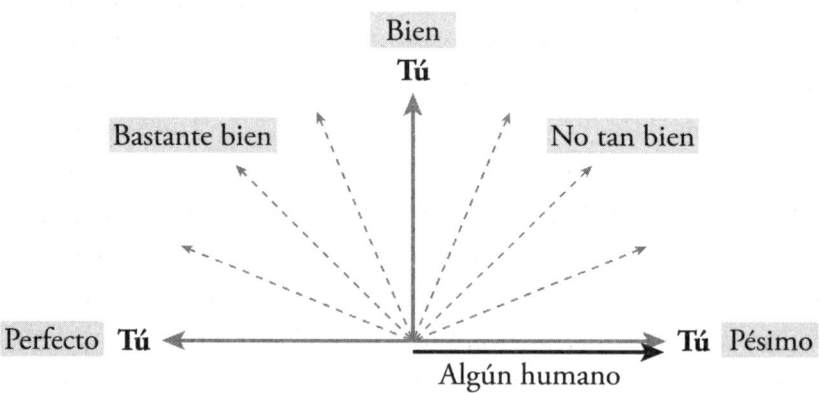

Seguramente habrás notado que ya he tenido que recurrir a ese circulito que flota junto a los números y que se lee «grados» (aunque si se quiere, puede leerse «oooOOOoo»). Son los grados de un círculo completo.

En un mundo perfecto, todos los ángulos se medirían como una fracción del ángulo más grande y ya, pero no. Allá lejos, por la prehistoria, a algún genio se le ocurrió que había que dividir una vuelta completa en 360°. Muchos culpan a los sumerios y su amor por el 60 (360 son seis tandas de 60) y otros han señalado que la órbita de la Tierra dura alrededor de 360 días, así que bueno, eso. Como sea, ahora nos toca conformarnos con que 180° sea el ángulo más grande. Hay otras unidades en las que se pueden medir los ángulos, como los radianes y gradianes, pero, al igual que gran parte de la sociedad, vamos a ignorarlos (por ahora).

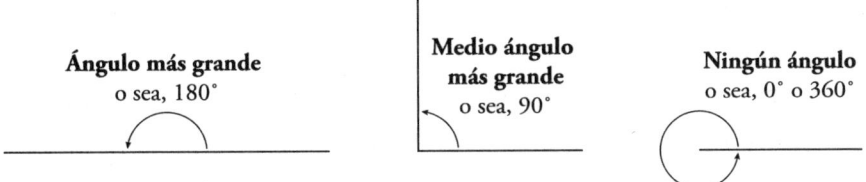

Si bien yo digo que 180° es el «ángulo más grande», eso no es del todo correcto. Es cierto que cualquier ángulo mayor a 180° puede reemplazarse por uno más pequeño «del otro lado», pero para mí hay una sutil diferencia. Los ángulos de hasta 180° proporcionan una medición, mientras que los más grandes cuentan un relato porque dicen algo acerca de la historia o el contexto del ángulo. Y los ángulos de 360° y más tienen una función. Llevan la cuenta de la cantidad de veces que ha girado algo. Los 360° que rota la moneda del acertijo son muy distintos de los 0° «equivalentes».

A veces queremos saber el ángulo completo que se ha recorrido. Si damos la vuelta dos veces, terminamos de nuevo donde empezamos. Pero también habremos hecho un recorrido. Físico y emocional. Así que quizás sea mejor decir que se recorrieron 720°, aunque la posición actual sea idéntica a 0°. Y no hay nada en donde esto sea más evidente que en el mundo del *skate*.

En el *skate*, un 720 es el doble de espectacular que un 360. Para los no iniciados, cuando los *skaters* hablan de estas cantidades, se refieren a una medida de cuántos grados han girado ellos y el *skate* bajo sus pies en el aire en un solo salto. En 1999 el *skater* profesional Tony Hawk fue la primera persona en lograr un «900». En el aire, tanto él como el *skate* giraron dos veces y media (360° × 2,5 = 900°), y después Hawk aterrizó sin problemas (lo de aterrizar es bastante importante). Si se apartaba la mirada cuando él estaba en el aire, habría parecido que solo se había dado vuelta y girado apenas 180°. El primer 1080 de la historia, que ocurrió en 2020, sería aún más decepcionante.

Me encanta el deporte que usa grados para medir giros con tanto entusiasmo. Pero puedo confirmar, gracias a dolorosas experiencias adolescentes, que saber de ángulos en realidad no ayuda a dominar el *skate*. En él, los ángulos se usan como una especie de registro de la espectacularidad del truco. Para que mi conocimiento sobre ángulos me dé cierta ventaja en algún deporte, necesitamos un juego que me dé tiempo para hacer un poco de planificación geométrica. Por suerte, había uno en el que podía aprovechar mis conocimientos.

Nunca me he sentido tan bien

Los ángulos hicieron posible mi único logro deportivo importante en la escuela secundaria, cuando fui a una sala de billar con mis compañeros de la clase de Educación Física. Era mi hora de brillar. Durante mi atípica exhibición de destreza deportiva, un compañero expresó su sorpresa por lo bien que estaba jugando. Casi de inmediato, un amigo (mucho más deportista) saltó con: «Bueno, ¿qué esperabas? El billar es todo ángulos». Mi reputación matemática era tan reconocida como mi incompetencia en los deportes.

El uso de ángulos y geometría más común o práctico que se pueda encontrar es jugar al billar (y al *snooker*, *pool* y todas las variantes de la familia de bolas sobre fieltro). Debe de ser la interacción con ángulos más directa que tiene la mayoría de las personas en un ámbito recreativo.

Hay mucho para decir acerca de la mecánica de las bolas que chocan entre sí, pero dejaremos ese lío a los físicos y solo nos concentraremos en el momento en que una bola choca con una banda. En teoría, el acto debería seguir la regla de que «el ángulo de incidencia es igual al ángulo de reflexión», como ocurre con la luz en un espejo, que es precisamente lo que uno esperaría que ocurra cuando un objeto rebota contra una superficie. Un golpe rasante con un ángulo de incidencia pequeño se reflejará muy poco y continuará en una dirección similar. Un golpe directo hacia una superficie va a hacer que el objeto rebote y vuelva a la dirección de origen. Al menos, esa es la teoría.

Según esa teoría, los matemáticos deberían ser los maestros del billar. Para probar esta hipótesis, formé un equipo con mi amigo matemático Grant Sanderson y desafiamos a dos jugadores de billar profesionales que no eran matemáticos. Idearon un ejercicio de tiro en el que la bola blanca debía rebotar en dos bandas específicas y luego golpear la bola negra en el extremo opuesto de la mesa. Los del equipo Matemáticas nos pusimos enseguida manos a la obra, dejando el taco de billar a un lado y sacando una cinta de medir. Cuando ya teníamos medido todo lo que se podía medir, nos fuimos a la barra a calcular ángulos. Los jugadores de billar se entretuvieron jugando en la mesa de al lado y, de tanto en cuanto, venían a interrumpirnos con comentarios molestos.

Tomamos la analogía del espejo de «ángulo de incidencia = ángulo de reflexión» de forma bastante literal y, en lugar de calcular el ángulo en el que la bola debería rebotar, la imaginamos rodando directamente a una segunda mesa imaginaria, dada vuelta. Cuando nos miramos al espejo, el cerebro no piensa que estamos viendo en la dirección reflejada sino que parece que tuviéramos una copia de la realidad enfrente. Y matemáticamente todo cuadra. Se puede probar esto con un espejo y un puntero láser. Si se quiere rebotar el láser contra un espejo y darle a un objetivo en particular, se puede calcular el ángulo exacto de incidencia que se necesita o solo apuntar el láser al objetivo según aparece en el reflejo del espejo. El aspecto matemático funciona igual en cualquiera de las dos situaciones. Y funciona con todos los espejos que haya cerca del láser. En nuestro caso, necesitábamos dos mesas de billar imaginarias del mundo-espejo.

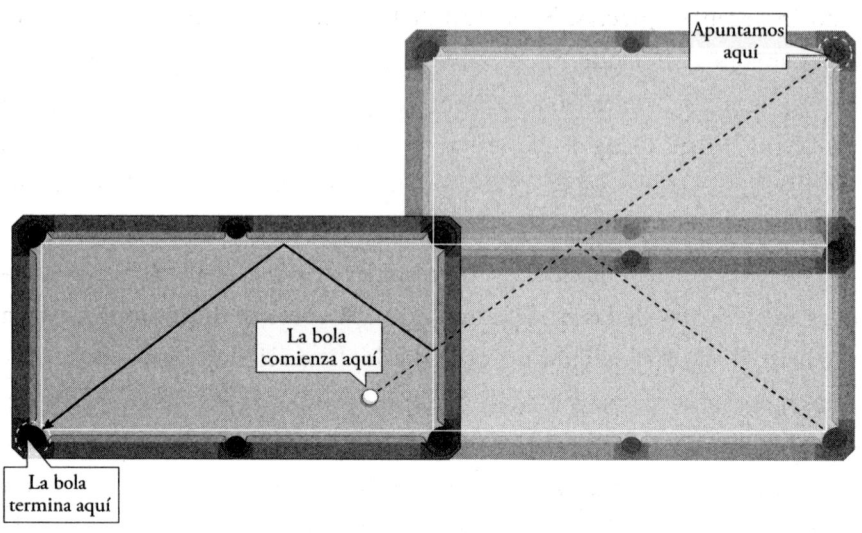

La bola comienza aquí

Apuntamos aquí

La bola termina aquí

En lugar de calcular los dos ángulos
que necesitamos, apuntamos directamente
a la tronera imaginaria reflejada.

Después fijamos un objetivo en el sitio exacto de la sala en el que estaría ubicada la bola negra a dos mesas ficticias de distancia: un vaso que apoyamos en un taburete. Pero sabíamos que si le apuntábamos como si fuera una tronera de verdad a la distancia, los ángulos se encargarían del resto. Así que nos preparamos y... fallamos espantosamente.

Eso no sorprendió en lo más mínimo a los jugadores profesionales. Sabían algo que nosotros desconocíamos: cuanto más rebota una bola por la mesa, más se desvían los ángulos de las perfectas trayectorias teóricas. Pero eso no ocurría al azar; los ángulos cambiaban con una lógica que los jugadores habían conseguido anticipar. Hablaban de tiros que se «abrían», y pronto nos dimos cuenta de que eso se debía a que cuando una bola de billar rebota contra una banda, la bola gira y ese giro altera el ángulo de todas las siguientes colisiones. Es la historia de mi vida: frustrado porque la realidad no se ajusta a mis cálculos aproximados.

En una mesa sin ningún tipo de fricción o si las bolas fueran masas puntuales (es decir, bolas sin la molestia de un tamaño físico y que se movieran como una partícula hipotética ideal), nuestros cálculos habrían sido impecables, gracias. Y, en realidad, los jugadores de billar hacen lo que habíamos intentado hacer, salvo que saben cómo compensar los efectos de los giros. Me enseñaron unos «golpes de calibración» que hacen a modo de prueba siempre que juegan en una mesa nueva para verificar los efectos de la fricción del fieltro y la compresión de la banda sobre el comportamiento de la bola.

De hecho, los jugadores profesionales usan las reflexiones de muchas más formas de las que pensábamos. A veces se disponen a tirar en un sitio de la mesa, eligen un objeto a la distancia y lo usan como tronera imaginaria para apuntarle en otros tiros. Quizás no se den cuenta de que apuntan a una tronera en una mesa-espejo hipotética; solo saben que eso funciona. También me explicaron que se puede apuntar a la tronera de la mesa de al lado en una sala de billar, y entonces la bola entrará a una tronera de la mesa propia. Funciona porque las mesas están a una distancia aproximada del ancho de una mesa.

La distancia entre las mesas es casi la misma que entre las troneras.

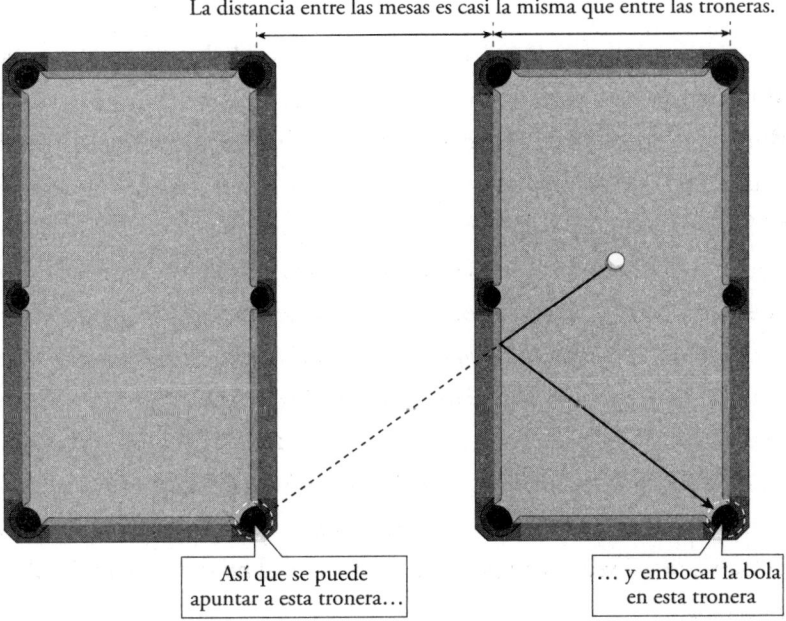

Así que se puede apuntar a esta tronera...

... y embocar la bola en esta tronera

Pero ¿qué tal si una mesa alcanzara el verdadero nirvana libre de toda fricción? Eso lleva a una interesante pregunta hipotética: ¿Acaso sería

51

imposible fallar en una mesa de billar perfecta? Parece que soy una imán de preguntas raras, y esta me la hizo hace muchos años alguien que seguía mi trabajo en internet y me llamó la atención. En concreto, si una bola rebota por una mesa sin detenerse, ¿caerá sí o sí en una tronera o podría seguir rebotando de forma indefinida? Hay una solución sencilla en la que la bola simplemente rebota a ángulos rectos respecto de las bandas, lo cual responde a la pregunta: sí, es posible fallar. Pero parecía aburrido quedarse ahí. Para ver si había respuestas más interesantes, usé las mesas imaginarias para «desenvolver» la trayectoria de reflexión de un tiro de billar infinito.

En lugar de una mesa finita, imaginé un mar infinito de mesas de billar, donde cada una era un reflejo que se repetía infinitamente en todas direcciones, creando una superficie 2D interminable de mesas de billar. La pregunta de «¿Se puede fallar un tiro?» pasa a ser «¿Existe una dirección que pueda recorrer una bola en línea recta sin caer en la infinidad de troneras por las que va a pasar?». Hay dos soluciones. Una es la que hice en su momento: buscar una trayectoria en la que la bola terminara de vuelta en el punto de partida, dirigiéndose siempre en la misma dirección.

Hice una mesa de billar de papel milimetrado y tracé una línea que comenzaba y terminaba en el sitio de la bola blanca sin pasar por ninguna tronera. Listo. La bola puede seguir ese recorrido recto para siempre. Aunque eso parece ser solo una versión más rebuscada del tiro que rebota de un lado a otro. Después de cada «dos mesas hacia abajo y seis al costado», la bola vuelve al punto exacto del que partió. Aplicado a una sola mesa, rebotaría contra las cuatro bandas, siguiendo para siempre ese mismo recorrido.

La solución más interesante sería un recorrido que nunca se repitiera. Y me parecía que eso sería posible. Si todas las troneras están en coordenadas de «números enteros» en esta cuadrícula de mesas de billar, entonces golpear la bola en un ángulo irracional implicaría que nunca alcanzaría un punto de coordenadas enteras. Pero ese razonamiento da por sentado que el ancho de las troneras es, en efecto, cero. En realidad, la tronera tiene cierto ancho y eso nos arruina los cálculos (y hasta a mí me parece que usar troneras infinitamente pequeñas raya en hacer trampa). A esta altura, temo que algunos lectores hayan dejado de prestar atención y que a otros les haya dado ganas de buscar pruebas de mi conjetura sobre el *snooker*. Reconozco que nos hemos alejado mucho del mundo práctico de los deportes, pero eso demuestra la gran cantidad de formas recreativas en las que podemos disfrutar de los ángulos.

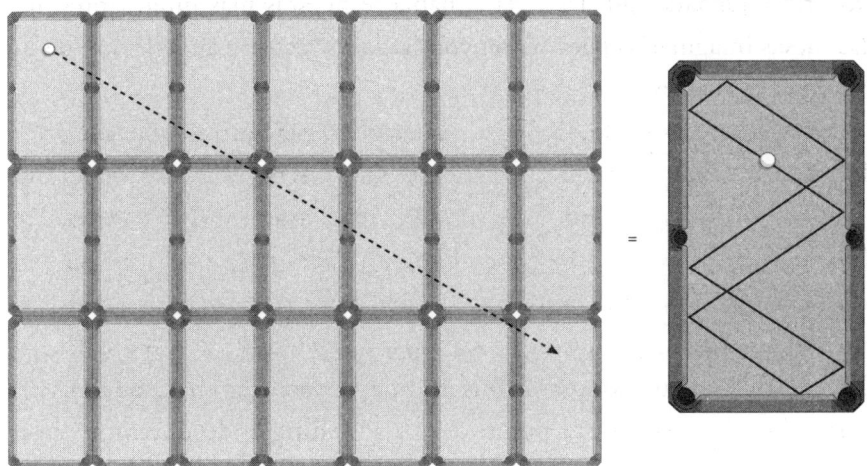

Al infinito y más allá.

El arcoíris no termina nunca

Parece ser una tradición en mis libros pagar una buena suma de dinero a un banco de imágenes solo para terminar enfadándome con una de sus fotos. La siguiente imagen se publicita como una «foto de archivo» y se describe como «Arcoíris doble en el cielo después de la lluvia sobre un campo». A ver si puedes descubrir las cuatro cosas que me enfadan tanto. Te dejo una pista: la foto no es real.

Reflexionaremos sobre el doble arcoíris más adelante, pero el primer problema flagrante es que la forma de los arcoíris está tremendamente mal. Si se le pregunta a la gente qué forma tiene un arcoíris, la mayoría dirá que tiene forma de arco. Y eso no es correcto. Aunque está muy cerca. En realidad, todos los arcoíris forman un círculo perfecto, y el nombre matemático de una parte de un círculo es, en efecto, «arco». En este caso, el autor de la foto fraudulenta ha estirado el arcoíris y le ha dado una forma más bien ovalada, algo que no puede ocurrir de ningún modo.

*Ejemplo de vagancia. A algún diseñador no le interesaban
ni un poquito los arcoíris.*

La forma de círculo se debe al proceso mismo que causa la formación de los arcoíris: la refracción de la luz. El fenómeno es parecido a la reflexión, pero no envía automáticamente la luz de vuelta al ángulo al que llegó. Más bien, dobla el recorrido de la luz según las propiedades de la sustancia en la que entra. La famosa «velocidad de la luz» no es más que la velocidad de la luz en el vacío. En cuanto la luz tiene que atravesar algo, reduce la velocidad. Por ejemplo, va un poco más lenta a través del aire e incluso más cuando se desplaza por el agua. De hecho, puede que con «un poco» esté exagerando la capacidad del aire de ralentizar la luz. A temperaturas y presiones normales y aptas para los humanos, la luz atraviesa el aire a un 99,97 por ciento de la velocidad a la que avanzaría si estuviera en el vacío. El agua ralentiza la luz a un 75 por ciento de su velocidad máxima.

Lo curioso es que, cuando la luz cambia de velocidad, también cambia de dirección. Y lo hace por complejas razones físicas. Es por eso que, si vemos algo que atraviesa un límite entre aire y agua, parece que estuviera doblado. Y el ángulo exacto de ese cambio depende exclusivamente del cambio de velocidad de la luz al pasar de un medio al siguiente. Un arcoíris es el resultado de la refracción de la luz al entrar y salir de gotas esféricas de agua suspendidas en el aire. La luz se refracta al entrar en la gota, parte de ella se refleja contra el fondo (aunque gran parte de la luz la atraviesa; es como un espejo de dos direcciones en el que parte de la luz se refleja y parte lo atraviesa) y después se refracta de nuevo al salir por el frente. El resultado neto es que la luz da la vuelta.

Y eso nos lleva al siguiente aspecto de la geometría de los arcoíris y el siguiente error de la foto: un arcoíris siempre está directamente opuesto al sol desde nuestro punto de vista. De hecho, todos vemos un arcoíris distinto, y si alguien trazara una recta desde el sol que tiene a sus espaldas hasta el centro del círculo del arcoíris que tiene delante, esa recta pasaría justo por el medio de su cabeza. En rigor, a medida que una persona mueve la cabeza, el arcoíris la sigue. Ese es otro motivo por el cual la foto de archivo debe de ser falsa: se pueden ver sombras en las colinas del fondo, lo que implica que el sol está a la derecha. Cualquier foto de un arcoíris de verdad tendrá sombras que apunten en la dirección opuesta a la de la cámara.

Todas estas propiedades de los arcoíris se deben al modo en que se forman. Los arcoíris están estrechamente relacionados con la lluvia porque para que se forme uno hace falta que haya gotas de agua en el aire. También hace falta que haya luz solar directa, y es por eso que se asocian con el final de un episodio de lluvias: aún queda agua en el aire, pero las nubes se han abierto y dejan pasar la luz del sol. Pero el agua es primordial. En rigor, los arcoíris ni siquiera existen; lo que vemos es luz que sale de las gotas de agua. Lo que vemos es, en realidad, las gotas de agua. Veamos cómo se comportan los reflejos en la bruma.

Comenzaremos con la longitud de onda de la luz roja. A continuación, figura un corte transversal de una gota de agua esférica. La luz del sol entra en rectas paralelas y, para simplificar, solo incluyo la luz que llega a la mitad superior de la gota. La luz tiene tres oportunidades para cambiar de ángulo: la refracción que entra en la gota, la reflexión que sale por el fondo de la gota y la refracción cuando la luz vuelve a salir de la gota. Esos tres cambios de ángulo interactúan de formas muy interesantes.

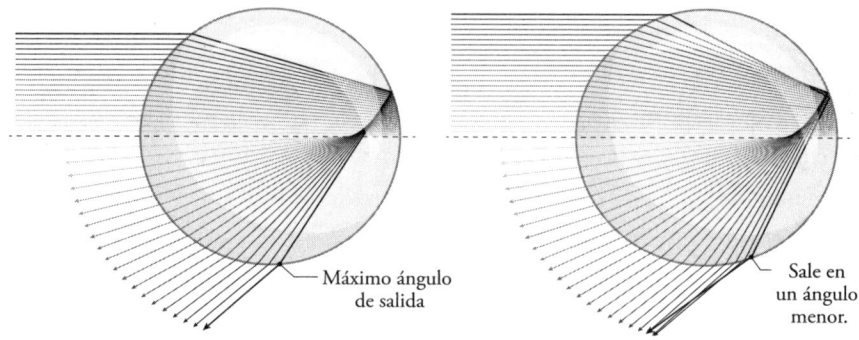

Máximo ángulo de salida

Sale en un ángulo menor.

La luz que llega de lleno al centro de la gota apenas se desvía y sale casi en línea recta con un mínimo cambio de ángulo. Si se observan los rayos que llegan a la gota por encima del centro, se ve que salen en ángulos cada vez mayores. Pero lo interesante es que esto en algún momento alcanza un nivel máximo de desviación. Debido a los efectos de los tres cambios de ángulo, los rayos que llegan a la parte superior de la gota salen con un cambio de dirección menor. Mi diagrama muestra todas las trayectorias de la luz, pero en realidad esa región de ángulo máximo es, con diferencia, el punto más brillante porque la gota ha concentrado la luz entrante, digamos.

Pero ¡ya basta de la gota! ¿Qué vemos? Cuando la luz del sol viene directamente de detrás de nosotros, todas las gotas de agua que están dentro de ese ángulo máximo, desde nuestro punto de vista, reflejarán algo de luz roja hacia nosotros. Pero las del medio serán bastante tenues y las del borde mucho más brillantes porque allí es donde se superponen todos los rayos de luz. Como resultado, vemos un gran disco rojo en el cielo con un borde brillante.

Pero el rojo no es el único color. Es el que tiene la longitud de onda más larga, mientras que todos los demás colores con longitud de onda más corta tienen ángulos máximos más pequeños y entonces parecen discos de menor tamaño en el cielo. Esos discos se superponen y la luz se combina toda*. Alrededor del borde del disco más grande se ve que sale un poco de rojo intenso, dentro de eso se ve el anillo intenso que rodea el disco amarillo, y así hasta llegar al disco más pequeño, el violeta, justo en el medio. Dentro de eso están todos los colores prácticamente en la misma medida y, combinados, emiten una luz blanca genérica.

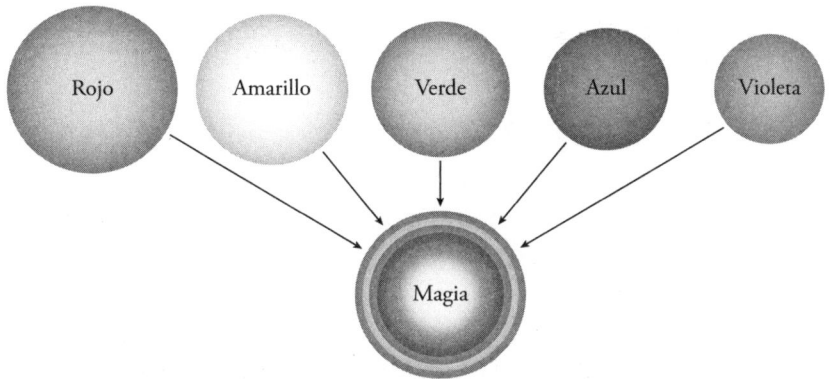

Un arcoíris es, en realidad, un amontonamiento de discos de colores cada vez más pequeños.

Si esto no te convence, después de haber pensado toda la vida que los arcoíris son arcos y no discos gigantes en el cielo, la próxima vez que veas uno, fíjate en el centro. La parte del interior del arcoíris será mucho más brillante que el espacio justo fuera de ella. Hay que tener en cuenta que, comparado con el fondo, no es que el disco de un arcoíris pueda cegarnos. En el penúltimo diagrama, debería haber indicado que, cuando la luz llega al fondo de la gota de agua, la mayor parte lo atraviesa y sale, y solo una parte reducida se refleja de vuelta hacia nosotros. Eso hace que el arcoíris no brille tanto como si la luz del sol nos diera directamente en los ojos.

También representé los rayos de luz saliendo de la gota en el tercer cambio de ángulo, cuando en realidad una pequeña cantidad de luz se

---

* Para que sea más sencillo de seguir, estoy explicando todo como si fueran discos discretos de color, cuando en realidad el espectro de luz es un espectro. Pero estamos acostumbrados a que la representación aproximada de los arcoíris sea como una serie de bandas de colores, así que no debería haber problema.

refleja de vuelta dentro de la gota y sale en el rebote siguiente, con lo que se suman cuatro cambios de ángulo. Y cada vez que se refleja la luz, los colores se invierten. Debido a ese cambio, pasa a haber un ángulo mínimo en lugar de un ángulo máximo, lo que origina un disco invertido. Entonces, el resto del cielo se ilumina (aunque de forma muy tenue) y después se forma un arcoíris que bordea un disco oscuro en el medio. Al combinarse con el arcoíris principal, la zona oscura queda en medio de dos arcoíris.

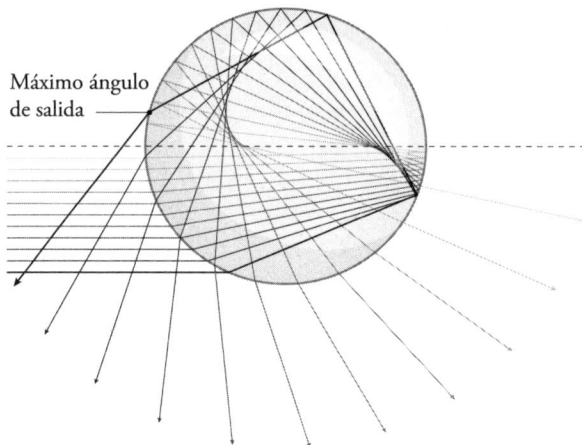

Máximo ángulo de salida

Espejito, espejito, ¿cuál es la reflexión más bella?

Con cada reflexión, los rayos se dispersan cada vez más y se pierde parte de la luz, por lo que todo se vuelve más tenue. En rigor, la luz rebota incluso más veces y produce un tercer arcoíris, pero ya es tan tenue que el ojo humano no puede verlo. A lo que voy es que el segundo arcoíris tiene una fracción de una fracción de la luz original, y por eso solo vemos un arcoíris doble cuando la luz solar es muy intensa. Y siempre es más tenue que el primer arcoíris. De ahí el tercer error de la imagen del delito: el segundo arcoíris brilla más que el interno. Eso no es posible porque el segundo arcoíris, el externo, se forma a partir de rebotes con más pérdidas de luz dentro de las gotas de agua y, por ende, es más tenue.

Y con esto pasamos al error más atroz de la imagen de archivo. Un arcoíris primario normal tiene rojo en la parte superior y después pasa por los demás colores hasta llegar al azul en la parte inferior. Pero como se refleja una vez más, ¡el arcoíris secundario es al revés! Si alguna vez se tiene la suerte de ver un arcoíris doble nítido, se podrá apreciar que el arcoíris secundario externo no solo es más tenue, sino que además tiene azul arriba y rojo abajo. Con este único dato se puede ver una página de imágenes de arcoíris dobles e identificar de inmediato cuáles son falsas y cuáles reales (o mejor dicho, falsas y reales/convincentes aunque falsas).

Para tener la imagen completa, aquí presento todas las partes de un arcoíris doble circular entero, fotografiado desde un helicóptero. Aprecio el esfuerzo de leer sobre espectros de colores en un libro impreso en escala de grises, lo que desluce un poco a los arcoíris, pero espero haber incluido todos los rótulos necesarios.

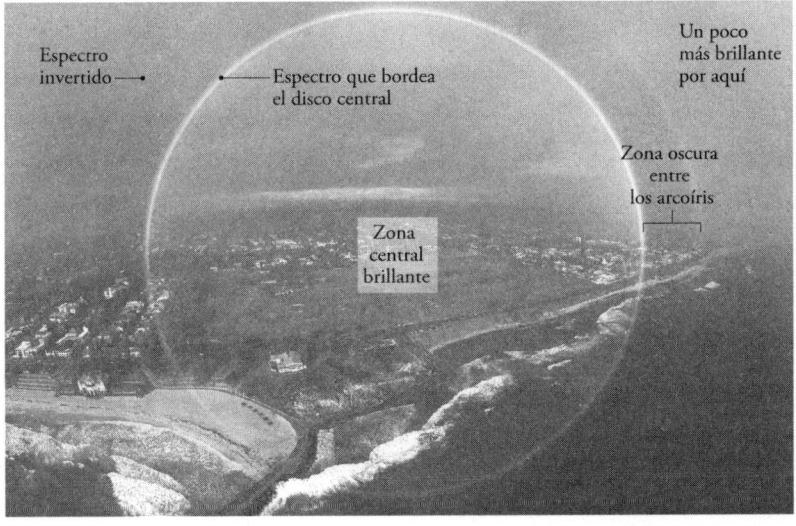

Si seguimos todos los rebotes de la luz roja dentro de la gota de agua, el ángulo final de la desviación es de alrededor de 42°, que es la razón por la cual anteriormente dije que todos los arcoíris tienen un diámetro completo de 84°. Del mismo modo, se pueden ampliar los cálculos a una reflexión más y determinar que el ángulo mínimo del arcoíris externo es de 51°.

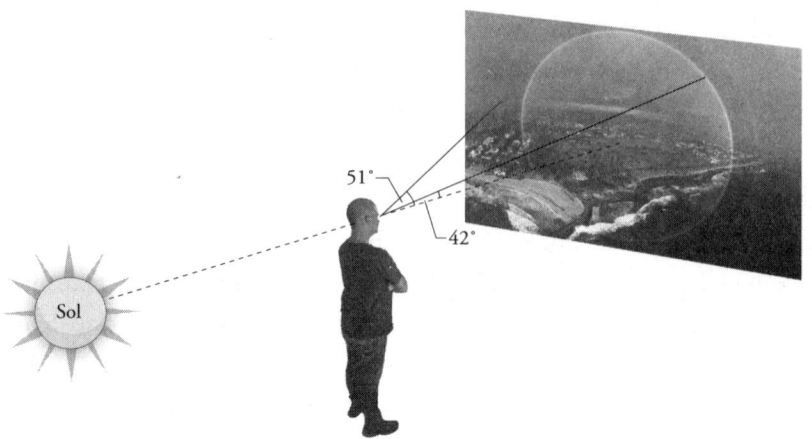

Así que, cuando te maravilles con un arcoíris doble, recuerda que en realidad estás viendo un amontonamiento de discos de colores a 42° y otro de discos invertidos a 51°; todos centrados a la perfección en tu propio horizonte sol-cabeza. Eso sí que es magia. Pero, irónicamente, un arcoíris no es algo que en rigor pueda compartirse con un amigo.

Ángulo de ataque

Según una investigación reciente, el asteroide que sacó a los dinosaurios de la escena impactó contra la Tierra en el peor ángulo posible. Bueno, desde el punto de vista de los dinosaurios. Para nosotros los mamíferos, que pasamos al centro de la escena, podría ser el ángulo óptimo. Podría decirse que los humanos existen solamente por ese preciso ángulo de hace 66 millones de años.

Desde luego, cuando un asteroide se estrella contra un planeta, cualquier cosa que se encuentre justo debajo del impacto va a tener un muy mal día muy rápido. En este caso, 100 millones de toneladas de mal día a un mínimo de 43.200 km/h. Pero el resto del planeta tampoco tiene mucha suerte. Una cantidad escandalosa de rocas, polvo y prácticamente cualquier otra cosa contra la que impacte el asteroide terminará expulsada a la atmósfera (y a veces, a través de ella). Una buena parte volverá a caer, pero una cantidad suficiente puede permanecer en el cielo y bloquear el sol durante un tiempo considerable, lo que es una mala noticia para todo lo que necesite sol para crecer y, por tanto, para todo lo que quiera comer cosas.

La cantidad de material que se envía hacia el cielo depende del ángulo con el que el asteroide golpea la Tierra, así que en 2019 unos científicos decidieron calcularlo. Hicieron modelos informáticos de asteroides gigantescos del tamaño de una ciudad que chocan con el suelo en ángulos de 30° (bastante superficial), 45°, 60° y 90° (cayendo en línea recta). Estos modelos calculaban en 3D lo que le ocurriría a la roca que tuviera la mala suerte de encargarse de detener el asteroide, y revelaron no solo la cantidad de material que volaría por los aires, sino también el aspecto que tendría el cráter resultante del impacto.

El impacto real en la actual localidad mexicana de Chicxulub tuvo lugar hace unos 66 millones de años en un mar por entonces poco hondo, de hasta un kilómetro de profundidad (que suena profundo hasta que recordamos que el asteroide tenía más de 10 kilómetros de diámetro, por lo que cuando tocó el fondo apenas llegó a hundirse). Los millones de años transcurridos desde entonces significan que lo que queda del cráter de casi 200 kilómetros de ancho está enterrado desde hace tiempo, cubierto por cientos de metros de sedimentos oceánicos, la mitad aún bajo el agua y la otra mitad bajo México. El impacto fue tan potente que no solo causó estragos en la corteza terrestre, sino que también perturbó y deformó el manto de la Tierra a más de 30 kilómetros por debajo de la superficie. Y ese tipo de perturbación no se va durante mucho tiempo.

Sabemos que el cráter está ahí gracias a estudios magnéticos de la zona que muestran deformidades en la roca, a las mediciones gravimétricas que revelan la densidad del material bajo la superficie y a los agujeros exploratorios perforados para extraer muestras de núcleos rocosos. Todo esto se hizo inicialmente con fines de prospección petrolífera, y la investigación tardó un tiempo en hacerse pública a la comunidad científica, que ahora también ha enviado varias expediciones para estudiar el lugar del impacto. Los geofísicos usaron datos sísmicos de reflexión y refracción para explorar la forma de lo que sea que haya ahí abajo. Todas esas mediciones han revelado una ligera asimetría en el cráter, lo que implica que el asteroide debe de haber llegado en ángulo.

Aquí es donde entran en juego los modelos informáticos. Los científicos buscaron cuál de los ángulos de impacto producía en un ordenador una forma 3D que se aproximara más a la forma real del cráter que quedó bajo Chicxulub. De ello dedujeron que el impacto habría sido bastante pronunciado, entre 45° y 60°. Alrededor de 60° es el peor de los casos, ya que se expulsa más material a la atmósfera que con ángulos más superficiales o más pronunciados (lo siento, dinos). Según explicaron los científicos del Departamento de Ciencias de la Tierra e Ingeniería del Imperial College de Londres que realizaron el estudio:

> Un impacto de inclinación pronunciada produce una distribución casi simétrica de la roca eyectada y libera más gases alteradores del clima por masa impactante que un impacto muy poco profundo o casi vertical.

Ya nos imaginamos por qué. Un impacto superficial desplazará menos material ya que es más como un golpe de refilón. Algo que baja en línea recta puede mover la tierra, pero probablemente no dispararla al cielo. Sin embargo, este tipo de especulaciones intuitivas en torno al impacto de asteroides pueden ser poco fiables, ya que se trata de sucesos que no son de este mundo, en los que intervienen energías que normalmente no se ven en la Tierra. Podemos arrojar algunas piedras a la tierra y observar los cráteres de los impactos, pero eso aportará muy poca información acerca del impacto de un asteroide. Por ejemplo, la gran mayoría de los cráteres de impacto en otras superficies son circulares, mientras que los experimentos en los que se lanzaron piedras contra la tierra indican que deberían ser elípticos.

Si se arroja una piedra, esta se desplaza muy por debajo de la velocidad del sonido, y aprovecha su momento para mover material y dejar un cráter de varias veces su tamaño. Un asteroide supersónico elimina material mediante una onda expansiva y despeja un cráter de 10 a 20 veces su tamaño. Como la onda expansiva irradia tan lejos del sitio del impacto, no importa que el asteroide hubiera provocado físicamente un impacto elíptico: el radio de la onda expansiva, mucho mayor, termina siendo más o menos circular.

Los modelos informáticos son una herramienta fabulosa que nos ha ayudado a entender de todo: desde los mercados financieros hasta los campos magnéticos del Sol. Pero, por muy sofisticado que sea el modelo, de vez en cuando hace falta verificar que tenga sentido para asegurarse de que la simplificación del código informático no se haya desviado mucho de la realidad. Para eso, se deben hacer experimentos a fin de comprobar cuán cerca están las predicciones matemáticas de la realidad física. Creo que es evidente el problema que se genera con los impactos de asteroides.

Podríamos esperar a que ocurra otro impacto colosal de un asteroide. Pero sería mejor crear uno propio arrojando algo con mucha, mucha fuerza. La NASA dio la vuelta a la tortilla y decidió arrojar algo a un asteroide. Tal experimento no solo respondería algunas de las preguntas acerca de los impactos, sino que también serviría de prueba para ver si seríamos capaces de desviar la trayectoria de otro cuerpo celeste.

En 2022 en la misión DART de la NASA (Double Asteroid Redirection Test; o prueba de redireccionamiento de un asteroide binario), se estrelló un objeto de poco más de media tonelada de masa contra un asteroide a unos 6 km/s. Este ataque preventivo no se hizo contra un asteroide que supusiera un riesgo para la Tierra. Todo lo contrario: se eligió ese en particular porque, si bien estaba cerca de nuestro planeta, no había forma de que chocara con nosotros por mucho que DART lo desviara de su trayectoria. La noticia «NASA redirige asteroide hacia la Tierra» habría sido el peor desastre de imagen pública posible. Además, si bien no se trataba de una venganza en nombre de los dinosaurios ejecutada 66 millones de años después de los hechos, era la primera vez en la guerra de miles de millones de años entre los asteroides y la Tierra que nuestro planeta al fin iba a contraatacar.

Ya se había conseguido aterrizar naves sobre otros cuerpos celestes, e incluso se había logrado el impacto contra algunos, pero este era el primer experimento fuera de la Tierra para ver si podíamos redirigir un asteroide. Una habilidad que valía la pena aprender antes de que se necesite en serio. Hubo que invertir 330 millones de dólares para conseguir que un impactador de 580 kilogramos arremetiera contra el asteroide a la pasmosa velocidad de 6,15 km/s*, lo que parecerá una ganga si alguna vez necesitamos hacerlo con urgencia. Y no era que la sonda DART tenía que llevar al impactador hasta allí. La sonda *era* el impactador. El vehículo, probablemente el menos sofisticado de la historia reciente, consistía en una caja de metal con suficientes sensores, cámaras y propulsión para encontrar el asteroide y estrellarse contra él. Si estamos enviando el equivalente espacial al iPhone a explorar Marte, este era un Nokia 3210 que revoleamos contra una roca.

Pero la sonda DART contaba con un dispositivo ingenioso: una cámara desmontable; aunque ni siquiera eso era muy sofisticado. El LICIACube era un satélite minúsculo de tipo CubeSat que contaba con dos formas de capturar imágenes: LUKE (imágenes de gran angular a color) y LEIA (imágenes de un campo más reducido pero en escala de grises de alta resolución), cuyos nombres son acrónimos tan retorcidos que me niego a reproducirlos aquí. Todo el sistema es como un Nokia que viene con una cámara instantánea gratis.

La NASA eligió el asteroide no solo por su ubicación, sino por lo que era: un sistema de dos cuerpos. El asteroide principal, Didymos, mide 780 metros de diámetro, y orbitando a su alrededor, se encuentra el adorable Dimorphos de 160 metros, que es al que le dimos un puñetazo en la cara. Un sistema binario es un buen objetivo porque, en lugar de tener que esperar años para ver si un solo asteroide se ha desviado significativamente de su trayectoria anterior, podemos ver de inmediato si ha cambiado la órbita de un asteroide en relación con el otro. Eso se debe a que cualquier movimiento relativo en un sistema orbital de dos cuerpos cambiará de inmediato el período que tardan en rotar, y eso es mucho más fácil de medir. Con ese cambio de período, se puede hacer el trabajo inverso y calcular la escala del cambio de trayectoria.

De por sí, esa misión ya habría sido impresionante, pero como la NASA siempre busca sacar el máximo provecho científico, este iba a ser un experimento perfecto para ver qué pasa cuando algo choca con un asteroide. Así que se sumó al paseo el LICIACube y se lo separó del DART principal unas

---

* Para los entusiastas de las barras de error: en rigor, se trató de 579,4 ± 0,7 kilogramos de impactador viajando a 6,1449 ± 0,0003 km/s.

dos semanas antes de la colisión para que pudiera apartarse hasta una distancia segura. Las imágenes de alta resolución del propio DART atrajeron con razón la atención del público porque mostraban a Dimorphos acercándose gradualmente hasta que la transmisión se detuvo de repente. Pero las que me entusiasmaban eran las imágenes menos glamurosas de LICIACube, porque iban a revelar algunos ángulos bien interesantes.

Los científicos espaciales estaban muy entusiasmados con el proyecto DART, incluso mucho antes de que se llevara a cabo. Un grupo de cuarenta y un científicos pertenecientes a treinta organizaciones redactó un artículo de investigación titulado «After DART: Using the First Full-scale Test of a Kinetic Impactor to Inform a Future Planetary Defense Mission» («Después de DART: Uso del primer ensayo a escala real de un impactador cinético para el diseño de una futura misión de defensa planetaria»), que era una larga fantasía matemática sobre todo lo que podrían hacer con los datos de DART una vez que se hubiera producido el impacto. Entre otras cosas, podría medirse el ángulo en el que la eyección saldría volando del futuro cráter. Me encantó ver los complejos diagramas que hicieron los científicos para pensar en todos los ángulos que podrían medir.

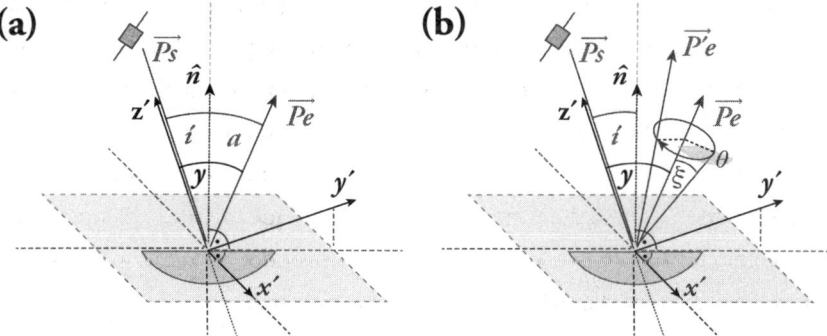

Figura 1. Sistema de coordenadas y ángulos. (a): El plano tangente en perspectiva indica la superficie del asteroide alrededor del punto de impacto, y el semicírculo más oscuro indica el material subsuperficial que será excavado y expulsado. La sonda llega desde la dirección — z′, con un ángulo de impacto i respecto a la normal de superficie. El momento neto del material expulsado saliente suelto, en el caso homogéneo, es coplanario con z′ y n̂, y dirigido a un ángulo de eyección α desde la normal. (b): Como en (a), que muestra la parametrización de la parte aleatoria de la respuesta. El momento del material eyectado se incrementa en magnitud por un factor $(1 + \zeta)$ y se altera en dirección por un ángulo en el acimut θ.

¡Las ganas que tenían de medir todos esos ángulos!

Conocí a Sabina Raducan, una de las autoras del artículo, en un evento sobre ciencia espacial que mi esposa Lucie ayudaba a organizar. Mientras que los futbolistas profesionales llevan a sus esposas y novias despampanantes, en una conferencia de física siempre hay un grupo de pobres diablos que van en calidad de cónyuges y parejas. Así tengo la oportunidad de hacer un montón de preguntas matemáticas a los colegas de Lucie. En ese momento, ya se había producido la colisión del DART, pero los datos aún no se habían hecho públicos, por lo que Sabina se ofreció amablemente a mostrarme el artículo sobre el ángulo de eyección en el que estaba trabajando, aún pendiente de publicación. Nunca voy a negarme a ver triángulos espaciales secretos.

En las imágenes tomadas por LUKE pude distinguir la columna de escombros que se desprendía de Dimorphos. Al analizar las imágenes con detenimiento, noté que el material expulsado formaba un cono con un ángulo de entre 131° y 139°. Era un ángulo increíblemente grande. Un impacto por completo vertical a 90° debería generar un cono de unos 90°. En este caso, el impacto había sido casi vertical (el DART entró en un ángulo de entre 66° y 80° respecto de la superficie del asteroide), pero generó un cono mucho más amplio de lo esperado. Raducan me explicó que, dado que Dimorphos era muy pequeño en relación con el cráter de impacto, la curvatura del asteroide implica que hay menos material alrededor de la zona para contener el impacto y eso causó el ángulo más amplio.

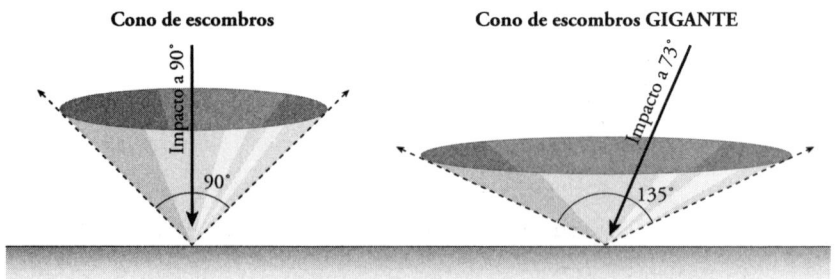

Un cono de escombros de proporciones que impactan.

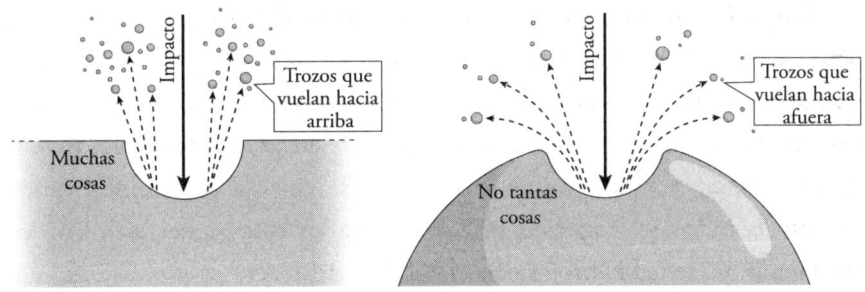

Si se produce un impacto sobre una esfera pequeña,
las paredes delgadas pueden saltar por los aires.

Sabina, que se dedica a las ciencias planetarias e investiga los impactos en el espacio en la Universidad de Berna, Suiza, quería usar ese ángulo para conocer mejor la composición de Dimorphos. No era posible aterrizar un robot sobre el asteroide para saber de qué estaba hecho, pero su composición es clave para entender cómo se desarrolló el impacto. Esto lleva a una compleja red de distintos componentes y factores que intervinieron en la colisión y que Raducan necesitaba resolver en la medida suficiente para desentrañar lo demás. Tales datos son importantes porque si los científicos no conocen todos los pormenores de cómo se desarrolló el impacto, no pueden aplicar lo aprendido a futuros impactos de otros asteroides.

Los científicos habían determinado que el tiempo original que tardaban los dos asteroides en orbitar alrededor del otro era de 11 horas y 55 minutos. Después del impacto, la duración había bajado a 11 horas y 23 minutos. El cambio en el período era suficiente para calcular el cambio exacto en la trayectoria de Dimorphos, pero no para explicar el motivo preciso por el cual el impacto había causado ese cambio. La cantidad de momento transferido para desviar la trayectoria del asteroide dependía de su composición, pero había más de un tipo de asteroide que podía dar el mismo resultado. Como dice el artículo de Sabina posterior al impacto: «Distintas combinaciones posibles de cohesión, el coeficiente de fricción interna y la densidad aparente podrían dar lugar a la desviación observada». Así que tuvo que hacer varios modelos informáticos para ver cuál coincidía con lo que se veía en el cielo. Repasemos todos los factores que podrían ajustarse en la simulación.

La densidad aparente es lo que parece: la densidad media de todo el asteroide. En ella no se tienen en cuenta las partículas individuales. Eso le corresponde a la cohesión, que es una medida de cuán bien se mantienen unidas las partes individuales del asteroide. Por ejemplo, si hay muchos elementos macizos grandes, se resistirán a deslizarse unos sobre otros porque se traban entre sí. Pero ahí no se tiene en cuenta la fricción. Si se deslizaran unos sobre otros, habría cierto nivel de fricción interna que resistiría ese movimiento.

Para hacer una simulación realista de lo que básicamente es una pila de escombros en el espacio, Sabina empezaría, con mucho gusto, con un montón de rocas digitales de distintos tamaños flotando por ahí y luego un código informático aplicaría una gravedad simulada hasta que se juntaran todas y formaran un asteroide virtual. Una vez limpiado todo lo que quedaba suelto en la superficie para que coincidiera con el aspecto real de Dimorphos, le quedaría una posible combinación de densidad aparente y cohesión para probar con un impacto simulado.

La fricción también podría variar mediante algunos valores plausibles. Y la fricción interna es algo que ya hemos conocido de pasada: es el motivo por el que las dunas de arena y las trampas de arena para insectos se forman en un ángulo de 34°. Si se vierten distintas sustancias para formar montones sobre una mesa, estos formarán ángulos diferentes según la fricción entre las partículas. Algo que no tiene mucha fricción interna formará un montón muy chato; por ejemplo, los granos de trigo se deslizan con bastante facilidad, por lo que forman un montón de 27°. Los elementos de mayor fricción, como el polvo de tiza, forman montones más empinados; en el caso de la tiza, de 45°.

Si se necesitara medir un ángulo de 45° como máximo, se pueden usar montones de coco rallado, harina de trigo y arena húmeda, porque todas darán una referencia de 45°. Este ángulo se llama «ángulo de reposo» y los ingenieros lo han medido en todo tipo de sustancias. La arena seca tiene un ángulo de reposo de 34°, y por eso ese valor aparece tan seguido en la naturaleza. Este ángulo depende solamente de la fricción interna de la sustancia (y la gravedad). En el caso del material de Dimorphos, Sabina tuvo en cuenta de todo, desde una fricción similar a la de cuentas de vidrio (con un ángulo de reposo de 22°) hasta el tipo de roca que se encuentra en la Luna (el regolito lunar tiene ángulos de entre 35° y 45°).

De todas las simulaciones que hizo, la que más coincidió con los ángulos identificados en las observaciones fue una densidad aparente de 2200 kilogramos por metro cúbico, una fuerza de cohesión muy pequeña de menos de 1 Pascal (doy mi palabra de que eso es muy poco) y un coeficiente de fricción interna de 0,55, que en la Tierra formaría un ángulo de reposo de 29°. Pero para saber si algo es bueno, hay que probarlo a base de golpes. Las simulaciones generaron imágenes que debían cotejarse con las fotografías reales que se habían tomado en el espacio. Como dice el mantra: solo se debe creer en las simulaciones informáticas siempre y cuando coincidan con lo que vemos en la realidad.

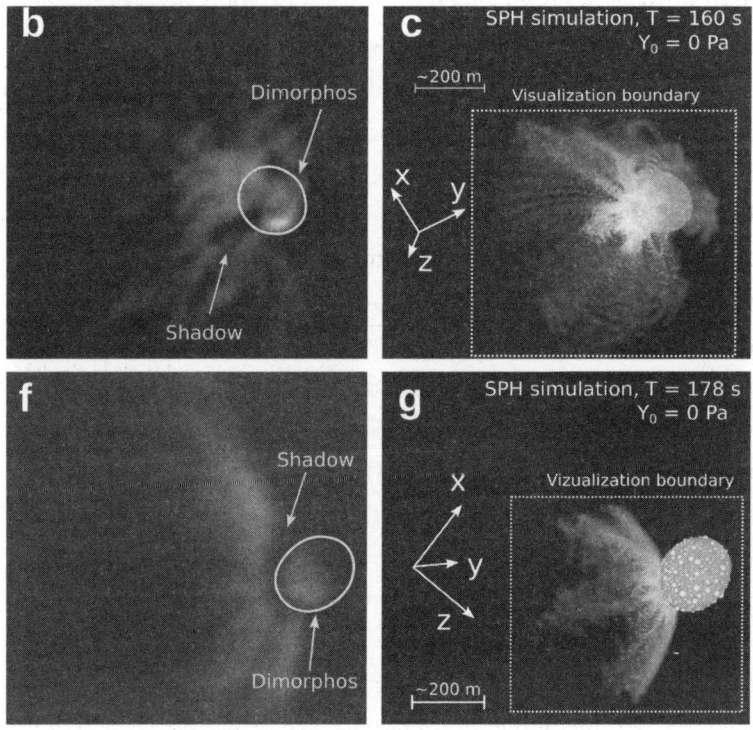

Fotos a la izquierda, simulaciones a la derecha.
Me impresionan las similitudes simuladas.

Gracias a la concordancia entre la simulación informática y la realidad, Sabina pudo dar la noticia de que Dimorphos era un montón de escombros suspendidos en el espacio que apenas estaban unidos. Y es importante saber eso. El cambio de momento en la trayectoria tras el impacto fue en realidad mayor que el momento que podría haber provocado el impactador DART. Esta aparente paradoja se puede explicar porque todo el material suelto que se desprendió de Dimorphos también tuvo un impacto de momento sobre el cuerpo restante; fue, en efecto, como un chorro que ralentizó aún más el objeto principal. Si en el futuro tuviéramos que desviar un asteroide, este podría ser un objeto mucho más cohesivo que Dimorphos, por lo que la colisión podría desarrollarse de forma muy diferente.

En 2024 la Agencia Espacial Europea lanzó la misión Hera, que también se dirige a Didymos. El LICIACube pudo proporcionar algunas imágenes, pero como viajó a cuestas del DART, llegó a toda velocidad y solo alcanzó a tomar unas pocas fotos frenéticas antes de salir al espacio abierto. Hera va a pasar un buen rato con Didymos, hacer algunas fotos y tal vez algún aterrizaje. Con esto tendremos una imagen muy detallada de la situación «posterior al impacto». Sabina predice que «el satélite DART causó la deformación global del asteroide» y no veremos tanto un cráter de impacto sino un asteroide deformado. El tiempo lo dirá.

Aún nos queda mucho por aprender sobre los ángulos de impacto. Con los próximos experimentos dentro y fuera del planeta, podremos confirmar si las simulaciones informáticas que se están desarrollando son precisas. En palabras del propio grupo de cuarenta y un científicos espaciales visionarios, «la prueba DART servirá como punto de referencia inicial y, por el momento, único de datos de campo». Espero que haya muchos más datos de campo para tener de referencia. Pero no un impacto contra la Tierra como el de Chicxulub. No quiero hablar por todos los mamíferos, pero uno de esos fue más que suficiente.

Tres

LAS LEYES Y LOS ÓRDENES

El tercer capítulo de un libro sobre triángulos. Eso es muy especial. Hemos empezado a conocer los triángulos mediante sus lados y ángulos. Ayudamos a que los abogados conserven su trabajo, protegimos el planeta de los asteroides y aprendimos a jugar mejor al billar.

Ahora llegó el momento de conocer de verdad a los triángulos. Por un lado, están los aspectos visibles de estas figuras, los tres lados y los tres ángulos, pero también hay una serie de leyes ocultas que los triángulos deben cumplir. Unas «reglas implícitas» que todos los triángulos deben obedecer. Bueno, yo voy a reemplazar *im–* por *ex–*. He elegido seis de las leyes de los triángulos que más me gustan: cinco que me parecen maravillosas y una más. Una de ellas me saca de quicio. Así que… yo avisé.

Área: ½ × base × altura

Las personas normales que no se dedican a las matemáticas tienen la extraña idea de que podrían resolver todos sus problemas con matemáticas si tan solo supieran cómo. Como si fueran una especie de arte oscura que solo comprenden un misterioso grupo de especialistas. De tanto en cuanto, un civil, al descubrir que soy matemático, de inmediato me plantea un problema (cosa que prefiero en lugar de que me cuenten, con morbosa minuciosidad, lo mucho que les desagradaba algún profesor de matemáticas que tuvieron, que al parecer es la única otra alternativa posible). Uno de los casos que más me gustaron fue el de una persona que trabajaba en un *food truck* de sándwiches tostados y que quería saber cómo cortar un sándwich en tercios.

Me explicó que cortarlo en mitades era fácil. *Zas*: un corte diagonal por el medio. La forma óptima de cortar un sándwich según el consenso universal. Sin embargo, en rigor, no es lo óptimo desde el punto de vista matemático. Un sándwich también puede cortarse a la mitad de forma perpendicular a la corteza, con lo que se obtienen dos rectángulos: una división igual de justa con un corte un poco más corto. Pero nadie quiere rectángulos. Este libro no se llama *Rectángulo amoroso*. ¡El pueblo quiere triángulos!

Lo mismo con los cuartos: dos cortes diagonales, cuatro triangulitos. Quien quiera obtener cinco trozos o más, de verdad debería comprarse su propio sándwich en lugar de que ≥ cinco personas compartan uno solo. Sin embargo, como vimos en el papiro de Ahmes, se ha estado discutiendo sobre cómo dividir una hogaza de pan desde hace, por lo menos, 3500 años. Pero voy a suponer que la clientela de un puesto de sándwiches tostados no va a comer en grupos de cinco o más personas.

Un solo trozo es el caso trivial: que me den el sándwich y ya. Así que el eslabón perdido es el corte en tres trozos. No es insólito que tres personas compartan un sándwich, o que una persona quiera consumir un sándwich en tres etapas. Es al menos una división lo bastante popular para que, cuando una persona que vende sándwiches conoce a un practicante de las matemáticas, le pida que le explique cómo hacerla. Y esto no ocurrió mientras yo le compraba un sándwich a altas horas de la noche; ambos estábamos en un programa de televisión de cocina y entrevistas, y esto fue con lo que empezó a darme charla tras bastidores. En aquella época estaban de moda los sándwiches tostados de queso, de ahí que se invitara a una persona que hacía arte con los sándwiches y a otra que hacía arte con las matemáticas.

La complicación extra es que no todos opinan lo mismo sobre la corteza. A algunas personas no les gusta y a veces, como en un sándwich tostado de queso, son motivo de discordia. Así que no podía sugerir que se cortara el pan en tres rectángulos (una solución matemática sin la corteza). Necesitaba tres triángulos con igual cantidad de sándwich y corteza.

Tomé una servilleta e hice un bosquejo de un sándwich tostado (aproximado a un cuadrado).

«¡Sí! —dije—. Se puede dividir un sándwich en tres partes iguales con solo un corte adicional».

En lugar de cortar de una esquina a la otra diagonalmente opuesta, se hacen dos cortes desde la misma esquina, y que cada uno termine a un tercio de los dos lados que forman la esquina opuesta. Con eso se obtienen dos trozos con forma de triángulo y un trozo en el centro con forma de rombo, todos con la misma área. Pero el rombo tiene mucha menos corteza. Ah. El purista matemático que llevo dentro quería la solución definitiva, en la que ningún comensal tuviera motivo para quejarse, por más quisquilloso que fuera.

«Un segundo», pensé.

Servilleta nueva. Esta vez empecé con un corte desde una esquina hasta el centro exacto del cuadrado. Una breve pausa. ¡Sí! ¡El problema se resuelve solo! Siempre que todos los cortes comiencen desde el centro, si se divide la corteza en partes iguales, todos los trozos también tendrán el mismo tamaño. Otra pausa. Me di cuenta de que eso funciona genial con el pan cuadrado y bastante bien con el rectangular, en el que todos igual obtienen la misma cantidad de sándwich aunque el reparto de corteza no sea del todo correcto. Me parecía que la solución había sido demasiado fácil, sin necesidad de medir ángulos. Solo era cuestión de estimar cuánto es un tercio de un borde. Pero ese es uno de los muchos poderes de los triángulos.

La ecuación del área de un triángulo es ½ × base × altura. Tal vez recuerdes haber visto $A = \frac{1}{2}bh$ en la escuela, pero el ambiente del aula era tal que no le prestaste mucha atención. Mírala bien ahora. Pero bien en serio. Sospechosamente, no intervienen los ángulos. ¡No hay ángulos! Resulta que los ángulos no tienen ninguna relación directa con el área de un triángulo. El área solo depende del ancho de la base de un triángulo y la altura de este. Y nada de obsesionarse con qué lado de un triángulo es la «base»: es libre, cualquier lado puede ser la base.

El centro de una rebanada cuadrada de pan tiene la misma «altura» desde todos los lados. Así que si se corta un triángulo desde cualquier punto de la corteza hasta el centro, el área depende únicamente de la cantidad de corteza. Si se divide la corteza equitativamente se obtienen áreas iguales y, por lo tanto, cantidades iguales de sándwich, ¡todo por el mismo precio! Lo que también soluciona el problema en el caso de cinco, seis, siete y cualquier cantidad de personas. Se divide la corteza y así podrá dividirse el sándwich.

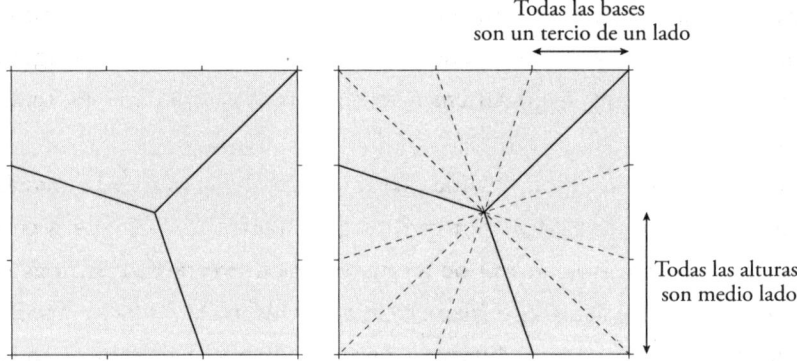

A la izquierda se encuentra el patrón de corte, y a la derecha también se representan los subtriángulos. Si confías en mi palabra, todos tienen la misma altura y la misma base. Y si no, habrá que hacer un sándwich.

Cuando empecé a escribir este libro, sabía que querría incluir algunas aplicaciones prácticas y cotidianas de los triángulos. Y el área de un triángulo es una propiedad tan fundamental que resulta una candidata perfecta para la geometría pragmática. Tenía opciones de sobra. Muchas cosas tienen un área. Entre las veces que he usado triángulos para calcular cuánta pintura o alfombra se necesitaba para cubrir un área de mi casa, y las ocasiones en las que he calculado estratégicamente si el papel de regalo que me quedaba alcanzaba para los regalos que tenía que envolver, no dejaba de venirme a la cabeza este breve encuentro de hace diez años.

Me preguntaba si mi consejo había tenido alguna repercusión en el mundo del corte de sándwiches. Así que busqué un poco en Google y envié un correo electrónico al puesto de sándwiches *gourmet* Jabberwocky para ver si la persona me recordaba de la charla entre batidores. No solo se acordaba de mí, sino que me respondió con una foto que le tomó a la servilleta original y luego me dijo que desde entonces cortan sus sándwiches divididos en tres con el método Parker. Parece que mis conocimientos sobre los triángulos han cambiado los sándwiches para siempre.

Pitágoras: $a^2 = b^2 + c^2$

El abuelito de las matemáticas de los triángulos. Nombre de pila: Pitágoras. Apellido: a quién le importa el apellido, estamos hablando de Pitágoras, el Beyoncé de las matemáticas. Incluso parece que Pitágoras empezara con π..., ¡porque así empieza en griego! El tipo más matemático no puede ser.

Todos recordamos haber tenido que estudiar a Pitágoras en la escuela, aunque muchos no entendían por qué, y aquí estamos, con Pitágoras convertido en un referente cultural de las matemáticas complejas. Además de las apariciones especiales que hizo en *Inspector Morse* y *Padre de familia* mencionadas anteriormente, Pitágoras también tuvo una participación en *Los Simpson*:

> La suma de las raíces cuadradas de dos lados cualesquiera de un triángulo isósceles es igual a la raíz cuadrada del lado restante.
> —Homer J. Simpson
> (Temporada 5, episodio 10: «$pringfield»)

Pero eso no es lo que dice el teorema de Pitágoras. En el episodio se oye que alguien grita: «¡En un triángulo rectángulo!». El motivo del error es que en *Los Simpson* se citan las exactas palabras que dice el Espantapájaros en la película *El mago de Oz* de 1939, en la que, por desgracia, no hay ninguna corrección. ¡Ouch!

A pesar de todo, en realidad no existe un motivo válido para llamarlo «teorema de Pitágoras» en vez de, por ejemplo, «el teorema del Espantapájaros». Sabemos muy poco de Pitágoras, un filósofo de la antigua Grecia que vivió hace dos milenios y medio, y lo que sí sabemos no alcanza para confirmar que el teorema se le haya ocurrido a él. Pitágoras, a diferencia del escriba Ahmes, no tuvo la consideración de escribir su razonamiento ni firmarlo con su nombre. Una teoría difundida es que Pitágoras pasó por Egipto, vio que ahí usaban triángulos, y se llevó la idea a su casa. O quizás nunca fue a Egipto. Ese debate se lo dejo a los historiadores. Como sea, muchas otras civilizaciones también tuvieron su propia versión del teorema.

La versión china se llama 勾股定理 (el «teorema gougu», cuya traducción literal es «teorema de la base y la altura»). Casi todo lo que sabemos acerca de las matemáticas chinas proviene de unos pocos textos escritos hace unos 2000 años, siglo más, siglo menos. Lo que conocemos como teorema de Pitágoras aparece en más de uno de ellos. A mí me gusta mucho una conversación reproducida en el *Zhoubi Suanjing* entre un miembro de la familia real de la dinastía Zhou, el duque de Zhou, y un matemático llamado Shang Gao (quien se cree que descubrió el teorema de la base y la altura en China).

El duque quiere saber si pueden usarse las matemáticas para medir el cielo, considerando que no está al alcance. En lugar de soltar una perorata sobre el paralaje y la red cósmica, Shang Gao decide soltarle el teorema de la base y la altura. Y coincido en que ese es un fantástico ejemplo de cómo pueden usarse las matemáticas para deducir el tamaño de algo sin medirlo de forma directa.

> Si se toma la distancia directamente debajo del Sol como la altura, la distancia al punto debajo del Sol como la base, se multiplican los números por sí mismos, se suman y se toma el número cuyo cuadrado sea igual a la suma, se obtiene la distancia hasta el Sol.
>
> —Shang Gao, de *Zhoubi Suanjing*

Parece que todas las civilizaciones, tarde o temprano, se cruzan con el teorema de Pitágoras, ya sea porque oyen hablar de él o porque lo descubren por cuenta propia. En esa época, los imperios comerciaban y se comunicaban entre sí, y el Bajo Imperio romano y los Han Posteriores sabían de la existencia del otro. O puede que ya existiera una oscura sociedad secreta de triangulistas en el 1000 a. C. (¡planteo interrogantes nada más!). O bien podría ser que, como los triángulos eran tan importantes en el desarrollo de una civilización, las personas pasaban tanto tiempo observándolos que iban a terminar identificando este tipo de relaciones.

Se llame como se llame, en pocas palabras, el teorema es este: para cualquier triángulo rectángulo, si se eleva al cuadrado la longitud del lado mayor, se obtiene el mismo valor que cuando se eleva al cuadrado cada uno de los dos lados menores y los sumamos. Puede demostrarse gráficamente como en la siguiente ilustración:

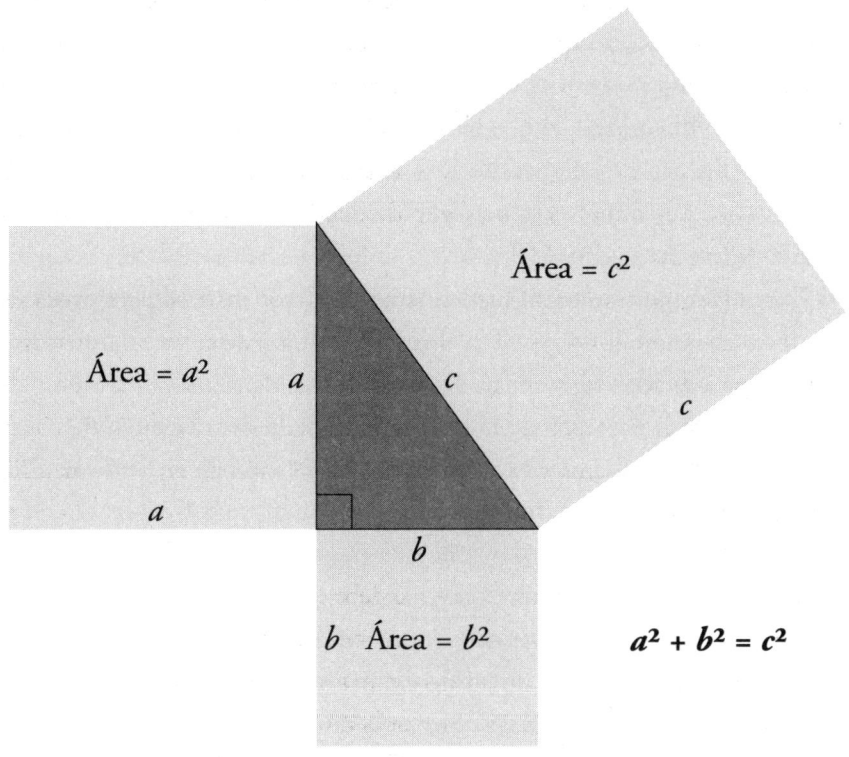

Área = a^2

Área = c^2

a

c

c

a

b

b Área = b^2

$a^2 + b^2 = c^2$

Puede parecer que una ley de triángulos que solo se aplica a los triángulos rectángulos es un poco restrictiva. ¿Qué pasa con todos esos triángulos que no tienen un vértice igual a un cuarto de vuelta? Pero este teorema ha perdurado por dos razones fundamentales: los triángulos no rectángulos no son más que dos triángulos rectángulos disimulados y, en realidad, los propios triángulos rectángulos son increíblemente frecuentes. Incluso en datos modernos.

Sé que introducir las coordenadas tan pronto en una clase de matemáticas podría considerarse «una ilógica cartesiana», pero los datos modernos se basan en coordenadas. Y podemos empezar con un bonito ejemplo literal de coordenadas espaciales: los datos de tiros de la National Basketball Association, o la NBA.

Desde la temporada 1997-1998, la NBA registra las coordenadas x e y exactas de cada tiro efectuado en cada partido. Si consulto el registro, puedo ver que el primer tiro que hizo Michael Jordan en esa temporada tiene las coordenadas (–85, 199). En este caso, el primer número es la coordenada x, que es el eje corto que corre en paralelo a la línea de fondo de la cancha, y el segundo número es la coordenada y, que da la distancia a lo largo de la cancha. El «origen» al que se refieren todas las coordenadas es el centro exacto del aro de baloncesto. Eso significa que los valores x positivos corresponden a la mitad derecha de la cancha y los negativos a la mitad izquierda (vistas desde debajo del aro y mirando hacia fuera). Las coordenadas y negativas indican que el tiro se ha hecho desde detrás de la canasta (el centro del aro en realidad está a 1,5 metros de la línea de fondo, por lo que hay margen suficiente).

Llevo viendo partidos de baloncesto desde la década de 1990 y me parecía que la distancia de tiro promedio había ido aumentando con los años y, en años recientes, los triples se han vuelto más frecuentes (en el baloncesto, una canasta común vale dos puntos, pero una canasta hecha desde detrás de la línea de tres vale un punto más). Para convencerme de que eso era en verdad así, contacté a mi amigo Tim Chartier, que se especializa en análisis y estadísticas de deportes y trabaja para la NBA. Me envió los datos de los 4.678.387 tiros que se hicieron en los partidos de la NBA entre 1997 y 2022. Ahora tenía las coordenadas x e y de donde se lanzó cada uno de esos casi 5 millones de tiros. Ya iba uniendo los puntos.

Es interesante que la NBA se haya mantenido fiel a la tradición estadounidense y registrado las distancias en pies, pero también haya intentado meter ciertos aspectos convenientes del sistema métrico y registrado las coordenadas en décimas de pie. En esta situación, me parece perfecta la unidad «pie decimal». Entonces, el tiro de Michael Jordan desde la posición

(−85, 199) significa 8,5 pies (2,5 m) a la izquierda de la canasta y 19,9 pies (6 m) a lo largo de la cancha.

Mi única crítica hacia los datos era que la distancia de cada tiro se redondeaba para abajo al pie más cercano. El primer tiro de Michael Jordan se registró como un tiro en suspensión de 21 pies (6,4 m). «¡Para mí a eso le falta precisión!», pensé. Por suerte, la distancia verdadera se encontraba a tan solo una aplicación del teorema de Pitágoras. O en mi caso, 4.678.387 aplicaciones. Así que escribí un código informático para procesar toda la base de datos y aportar una métrica de distancia mucho más precisa a cada uno de los tiros:

```
dist = int((((i[0]**2 + i[1]**2)**0.5)*12/10)+1
```

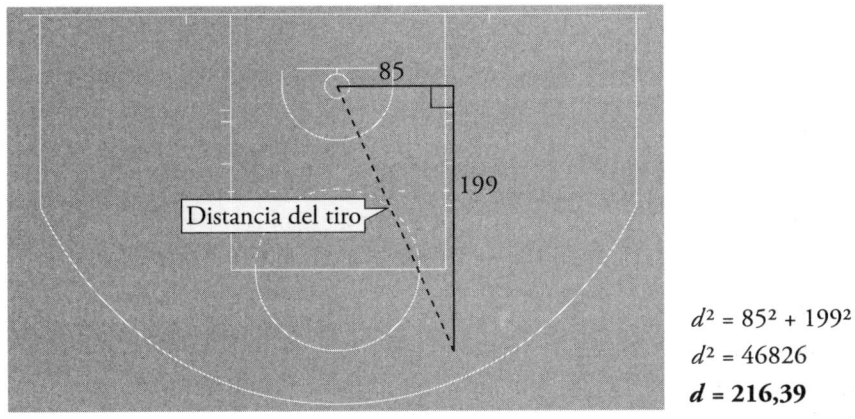

$$d^2 = 85^2 + 199^2$$
$$d^2 = 46826$$
$$\mathbf{d = 216{,}39}$$

El tiro de Michael Jordan fue a 21,639 pies (6,54 m) del aro. Erró el tiro.
Pitágoras no yerra nunca.

$i[0]$ e $i[1]$ son las coordenadas x e y. En el lenguaje de programación que estaba usando, Python, **2 se usa para elevar algo al cuadrado (elevarlo a la segunda potencia) y, del mismo modo, se usa **0.5 para sacar la raíz cuadrada. La multiplicación atrevida por 12/10 está porque quería convertir décimas de pie en pulgadas y todo está dentro de int(...)+1 para redondear fácilmente hacia arriba a la pulgada entera más cercana (la función int en realidad redondea para abajo, así que sumar uno es lo mismo que redondear para arriba). En conjunto no es el código más sofisticado del mundo, pero cumple su propósito.

Una vez que obtuve los datos de las distancias, me dispuse a hacer análisis y visualizaciones de la precisión promedio desde diferentes distancias, y comparé eso con los puntos promedio que se anotaron por tiro. La respuesta más corta a mi pregunta original es que sí, los jugadores de la NBA ahora hacen tiros desde más lejos que antes. Esto se debe a que, si bien es cierto que la precisión empieza a disminuir a distancias largas, el riesgo se compensa con creces porque los jugadores consiguen anotar tres puntos con cualquier tiro que sobrepase la línea de tres puntos, en lugar de los dos puntos que anotan si tiran dentro de ella. En lugar de obtener un promedio de 0,8 puntos por tiro desde apenas dentro de la línea de tres puntos, los jugadores pueden dar un paso más atrás para sobrepasarla y obtener un promedio de 1,12 puntos por tiro. Eso corresponde al mismo número de puntos por tiro que si estuvieran a 2 pies y 2 pulgadas (65 centímetros) del aro.

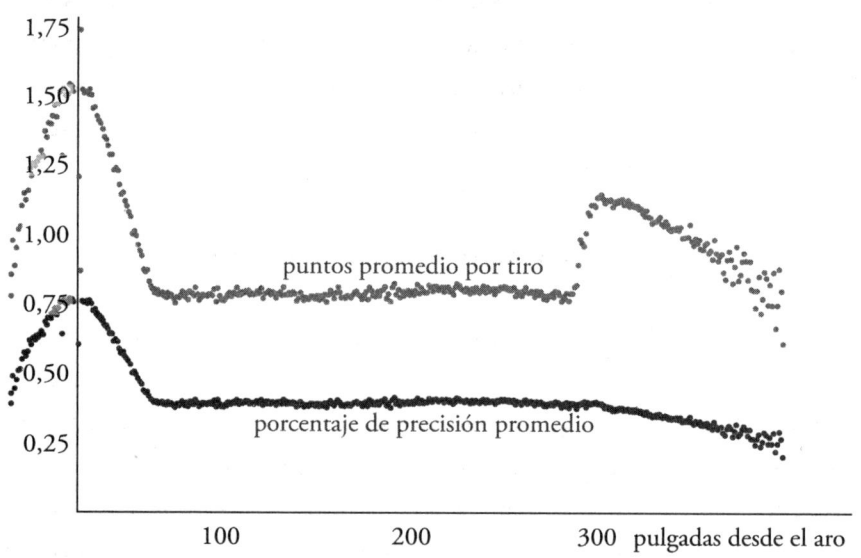

¿Todo listo para un partido de matemáticas?

Desde luego que no soy la primera persona que observa esto: los analistas estadísticos de los equipos de la NBA habían calculado cifras similares y contribuido a que los jugadores decidieran tirar desde más lejos. Pero sí fui el primero en identificar algunos errores. Mientras jugaba con los datos, decidí rotular mis gráficos con las categorías de datos de la NBA que indican si un tiro fue triple o no. De repente, vi que tenía puntos de datos de triples que estaban demasiado cerca del aro.

Intrigado, analicé los datos en más detalle y escribí otro código para comparar la distancia de cada tiro calculada con Pitágoras con la distancia de la línea de tres puntos, después crucé los datos con la información de si los tiros estaban identificados como de dos puntos o de tres. Descubrí varios cientos de tiros en los que la distancia que calculé no se correspondía con el tipo de tiro con el que lo había registrado la NBA. Había tiros triples que estaban demasiado cerca del aro y tiros de dos puntos que estaban muy lejos.

Por medio de Tim, envié a la NBA los datos recopilados, que terminaron en el escritorio de los que manejaban las estadísticas oficiales. Y corrigieron sus datos. Los datos oficiales de los tiros de la NBA se cambiaron gracias a mí. Normalmente, para contribuir a los datos oficiales de tiros de la NBA en un partido, hay que entrenar muchísimo durante años y abrirse camino hasta convertirse en uno de los deportistas de élite más importantes del mundo. Pero yo pude sumar unos tiros triples a la base de datos de la NBA valiéndome solo de las matemáticas. Todo porque escribí mi propio código de Pitágoras para calcular las distancias.

Desigualdad triangular: a + b ≥ c

El nombre oficial de esta regla es «desigualdad triangular», que por suerte es muy descriptivo en lugar de estar vinculado a un tipo ambiguo y muerto. La desigualdad triangular no se refiere a una distribución injusta de los recursos en el mundo de los triángulos, sino a lo que los lados de un triángulo pueden y no pueden igualar. En resumen, ningún par de lados de un triángulo puede sumar menos que el lado restante. Hay muchas formas de demostrarlo. Euclides lo hizo con un triángulo isósceles, pero también basta con verlo. Podemos demostrarlo con solo mirarlo. Porque si dos lados juntos son más cortos que el tercero, no podrán llegar a los extremos de ese lado restante.

Después del inesperado dato de que en el teorema de Pitágoras intervenían cuadrados, esta es, por suerte, una regla de triángulos intuitiva. Y la aprendí por mi cuenta al cometer un error. Recuerdo perfectamente haber hecho un ejercicio matemático en los primeros años de secundaria que consistía en generar una serie de longitudes arbitrarias de triángulos. Escribí un montón de números que representaban las tres longitudes de lado de los triángulos y me sorprendí cuando la profesora me devolvió el trabajo con una nota que decía algo como «estos triángulos son imposibles». Para que un triángulo sea físicamente posible, ningún lado puede ser más largo que los otros dos juntos porque, y no me importa repetirlo, esos dos lados no podrán alcanzarse.

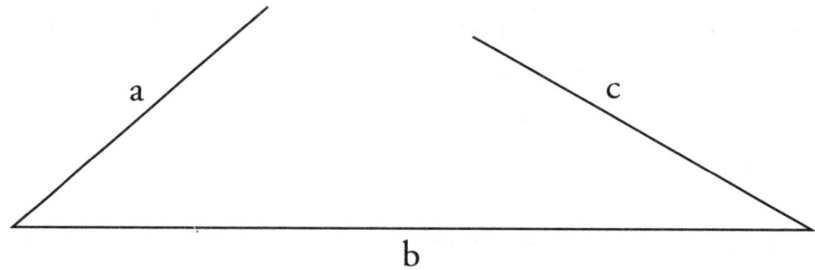

Como a + c es menor que la longitud de b,
no es posible formar un triángulo.

Pero ¿de qué sirve algo que en apariencia es tan obvio? Como pasa con todo lo relacionado con los triángulos, siempre hay una aplicación. Para empezar, podemos usar esta regla para ver lo mucho que se equivocó Homer Simpson. Sí, sabemos que no recitó el teorema de Pitágoras, pero ¿quizás nos hablaba de otro teorema que podría aplicarse a otro tipo de triángulos? Vamos a estudiarlo.

La suma de las raíces cuadradas de dos lados cualesquiera de un triángulo isósceles es igual a la raíz cuadrada del lado restante.

—Homer J. Simpson

Si eliminamos el requisito de «dos lados cualesquiera» (que promete mucho más de lo que cualquier triángulo podría dar) y quitamos la isoscelidad, nos queda la noción más general de que existe un triángulo en el que la suma de las raíces cuadradas de dos lados dará la raíz cuadrada del lado restante. En lo sucesivo, la «conjetura de Homer».

Entonces, teniendo tres lados, *a*, *b* y *c*, si la suma de las raíces cuadradas de *a* y *b* da la raíz cuadrada de *c*, eso puede escribirse como la siguiente expresión algebraica:

$$\sqrt{a} + \sqrt{b} = \sqrt{c}$$
$$c = (\sqrt{a} + \sqrt{b})^2$$

He reacomodado un poquito la ecuación en ese segundo renglón para expresar cómo sería el tercer lado, *c*, en términos de *a* y *b*. Y si nos tomamos el tiempo de expandir esos paréntesis, obtenemos:

$$c = a + b + 2\sqrt{a}\sqrt{b}$$

Desde ya que puedes revisarlo o confiar ciegamente en mi palabra. Lo que importa es que ese lado *c* es igual a las longitudes de *a* y *b* juntas, más otro poco. Y eso no respeta la desigualdad triangular. Ningún triángulo puede cumplir con la conjetura de Homer y ser físicamente posible. Tal vez eso parezca una aplicación poco seria de una ley de triángulos, pero prometo que es solo una de una serie de demostraciones y deducciones matemáticas abstractas que se valen de la desigualdad triangular como instrumento lógico.

Que algo sea obvio no quiere decir que no valga la pena expresarlo con claridad. En este caso, la importancia es opacada por la «obviedad» de que los dos lados cortos, demasiado separados, no pueden alcanzarse físicamente. Es obvio por lo *fundamental* que es. Si hay una línea recta, *c*, entre el sitio en que estamos y el sitio al que queremos llegar, ese es el recorrido más corto. No podemos llegar allí más rápido si vamos por el camino largo, por *a* y después *b*. Básicamente, lo que dice la desigualdad triangular es que, cuando se trata de distancias, no hay atajos.

Los matemáticos han generalizado este concepto de la distancia con algo llamado «espacio métrico». Por intuición, ya sabemos que existen distintos tipos de distancias; de ahí que distingamos una distancia en línea recta de, por ejemplo, la distancia por carretera. Pero ¿por qué no ir más lejos? En nuestra realidad física, usamos el teorema de Pitágoras como la métrica para calcular la distancia entre dos puntos, lo mismo que hice con los tiros de la NBA. Pero esa métrica podría ser cualquier cosa, desde calcular las distancias de un agujero negro con ecuaciones de la relatividad general hasta nociones abstractas de «distancia» entre puntos de datos en el aprendizaje automático.

A los matemáticos les encanta relajar las restricciones para ver hasta qué punto se puede generalizar algo antes de que pierda todo su sentido; adoran buscar el límite en el que queden tan pocas restricciones que ya no se pueda distinguir al bebé del agua de la bañera. Y resulta que, si bien esta métrica debería comportarse bien, igualmente se deben cumplir tres reglas:

- POSITIVO: La métrica da un valor positivo entre dos puntos cualesquiera y solo da cero si los puntos son iguales.
- SIMÉTRICO: La distancia de a a b es la misma que de b a a.
- TRIÁNGULO: La desigualdad triangular se mantiene en cualquiera de los tres puntos.

Aunque pueda parecer obvio decir que una «ley de los triángulos» es que todos los lados de un triángulo deben poder alcanzarse entre sí, es la única regla explícita que necesitamos para que incluso las nociones más esotéricas de «distancia» tengan un sentido lógico. Y también sirve para demostrar que Homer Simpson se ha equivocado.

Los triángulos son rígidos

Sabía que, en general, los ingenieros civiles amaban los triángulos, pero para cerciorarme de que este libro fuera preciso, llamé a mi amigo ingeniero Paul Shepherd para preguntarle cuánto los ama. Le entusiasmó mucho la idea de charlar sobre triángulos.

Los estudiantes tienen la idea de que los «triángulos son fuertes», pero a los ingenieros les encantan porque no se tuercen, como cuando un rectángulo se convierte en un paralelogramo. Para que un rectángulo no ande dando volteretas, se debe meter una diagonal para hacerlo rígido. Así que a los ingenieros les encanta triangular estructuras.

—Mi amigo ingeniero

Esa es toda la ley: los triángulos son rígidos. Esto se debe a que hay una sola forma de construir un triángulo: tres longitudes de lado solo pueden formar un triángulo (o su imagen reflejada si se le da vuelta). Matemáticamente, diríamos que un triángulo está definido por completo por sus tres longitudes de lado. En la práctica, eso significa que, para que se muevan todos los lados de un triángulo, habría que desgarrar el triángulo en sí. Si los lados están bien unidos, haría falta mucha fuerza para lograr eso.

No pasa lo mismo con las demás figuras. Con los cuatro lados de un rectángulo se puede formar un sinnúmero de rombos con forma de diamante con gran facilidad. Los lados de un rectángulo pueden moverse: si los vértices se flexionan aunque sea un poquito, toda la figura se tuerce hacia un costado. Evitar que los vértices se doblen es mucho más difícil que tan solo verificar que no se separen. Por eso la forma de mantener la solidez de un rectángulo es ponerle un refuerzo diagonal, lo que lo convierte en dos triángulos rígidos.

Ese es el motivo por el que los ingenieros adoran los triángulos: si se hace un triángulo, no hay que preocuparse de que se desarme o que se muevan los ángulos porque todo eso viene gratis. Por otro lado, a los arquitectos les encantan los rectángulos porque se ven bonitos y los rectángulos de vidrio son muy fáciles de producir. Por eso muchos edificios modernos están llenos de rectángulos.

Quizás me digan que existe un contraejemplo concreto: los ladrillos. ¡Y el cemento! Los ladrillos son rectángulos (los únicos ladrillos triangulares que existen son decorativos). Y esa es una buena observación. Eso de que «los triángulos son fuertes» solo se aplica, en gran medida, a las figuras que son marcos vacíos. O, por lo menos, a cosas que pueden torcerse si no se las fija. Algo sólido como el cemento no va a torcerse (puede llegar a romperse mucho antes que deformarse). Cuando hablo de «triángulos» y «rectángulos», me refiero a las figuras que conforman la estructura portante de una construcción. Por eso a los ingenieros les encantan los ladrillos pero odian los marcos de ventana rectangulares.

Para quienes no conocen el ciclo de vida de la planificación de un edificio, así es como lo entiendo yo: un arquitecto hace un dibujo en una servilleta y después eso le llega a un equipo de ingenieros que pasa meses tratando de convertir el bosquejo en algo físicamente posible. Lo expliqué de una forma bastante simplificada, por supuesto. Creo que el arquitecto tiene permitido ir una tarde a gritarles a los ingenieros, recordándoles que las ventanas son para poder ver a través de ellas y que todas las enormes vigas diagonales que han añadido van a tapar la vista.

Hasta donde yo sé, gran parte de la ingeniería civil moderna consiste en meter triángulos en los edificios sin que los arquitectos se den cuenta.

Los ángulos suman 180°

Si se arrancan las tres puntas de un triángulo, está garantizado que encajarán perfectamente y formarán una línea recta. Es una forma violenta de mostrar que los tres ángulos de un triángulo siempre suman 180°, es decir, medio círculo. No es tan evidente por qué eso es así. Se relaciona con otro dato igual de poco evidente: para hacer cualquier recorrido se debe rotar 360°. Esto es algo que puedo demostrar muy bien con la vez que monté una moto del MotoGP en el circuito de Silverstone.

El MotoGP es la cumbre de la aceleración extrema en el mundo de las carreras. Estas motos aceleran y desaceleran con más fuerza que incluso en Fórmula 1. Participé en un documental sobre la velocidad y los productores pensaron que sería divertido montar al matemático en una de esas motos y enviarme a recorrer el emblemático circuito inglés de Silverstone a más de 250 km/h.

Por suerte, no tenía el control directo de la moto, ya que iba con un profesional. Sin embargo, tuve cierto control indirecto sobre ella, ya que el piloto, de contextura mucho más pequeña que la mía, señaló que mi masa era un porcentaje sustancial de la masa de la moto y que la inercia adicional afectaría la capacidad para maniobrar. Me lo tomé como el insulto que fue.

El recorrido en sí fue espeluznante en distintos niveles y la prueba definitiva de mi capacidad para aferrarme a dos manijas diminutas. Por suerte, me había preparado un poco. No hice nada relacionado con el estado físico ni la velocidad, pero sí había pensado en qué datos podía llegar a registrar. Además de estar en una pista de carreras, también estaba buscando pistas. Puede que estuviera en un circuito, pero estaba usando circuitos. Bueno, tenía una *app*.

Durante el recorrido, usé una *app* para registrar todos los datos recogidos por los sensores de ángulos incorporados a mi teléfono. Por todo tipo de razones, incluida cambiar la orientación de la pantalla en la dirección correcta, a los teléfonos les gusta saber para qué lado están. Para eso, tienen un montón de sensores que miden el ángulo en el que están sesenta veces por segundo. Después de la vuelta, exporté todos los datos de ángulos a una hoja de cálculo. Este es un diagrama de mi ángulo en relación con la dirección de desplazamiento hacia delante.

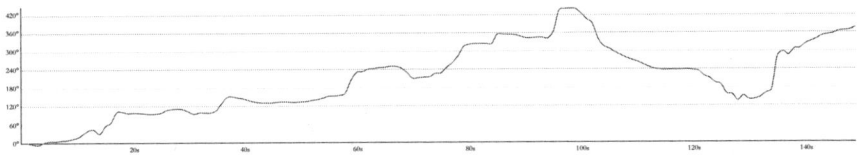

No es lo mismo que estar arriba de la moto.

Debo dejar en claro lo caóticos que eran estos datos. Después de atarme un teléfono al brazo, me metieron en un «mono de seguridad» (según sus palabras, no las mías) y subieron la cremallera, sin vuelta atrás. No solo terminé sentado en una moto que era más bien un motor enfurecido con ruedas, sino que mis brazos estaban cualquier cosa menos inmóviles: además de estar temblando de miedo, tenía que reposicionar constantemente mi masa sobre la moto dependiendo de qué amenazaba más mi existencia en cada momento (acelerar, frenar o tomar curvas: el ABC de la muerte).

En estos datos, los giros a la derecha figuran como un incremento positivo en el ángulo, y los giros a la izquierda como uno negativo, por lo que cada vez que la línea baja, indica que la moto doblaba a la izquierda por una curva. Se puede apreciar un curioso incremento gradual con el correr del tiempo. Al final de la vuelta, no estoy en el mismo punto en el que empecé, sino que mi ángulo neto ha aumentado 360º (dentro del error del reposicionamiento de mi brazo). Esto se debe a que recorrí el circuito en la dirección de las manecillas del reloj, por lo que la moto hizo una rotación completa.

Se puede intentar esto a mucha menos velocidad en una pista de carreras sumamente simplificada: un triángulo. Voy a llamar la pista Silverstone simplificada «Simplestone», y en lugar de una moto vamos a usar un lápiz. Vamos a empezar con el lápiz en una arista del triángulo y, luego, vamos a moverlo poco a poco de una arista a otra. Va a ir rotando cada vez más, hasta que haya hecho un giro completo y llegue a la línea de partida.

Podemos seguirlo con un poco de contabilidad de vértices. En el primer giro, el lápiz rotará un ángulo entre 0° (sin girar en absoluto) y 180° (dando una vuelta en U y volviendo directamente al punto de partida). El ángulo dentro de ese vértice de la pista triangular es el número de grados que faltan para completar el ángulo de giro hasta un total de 180°. Hay tres vértices durante la vuelta, por lo que, si sumáramos los tres ángulos de giro más los tres ángulos del interior del triángulo, el total sería 3 × 180° = 540°.

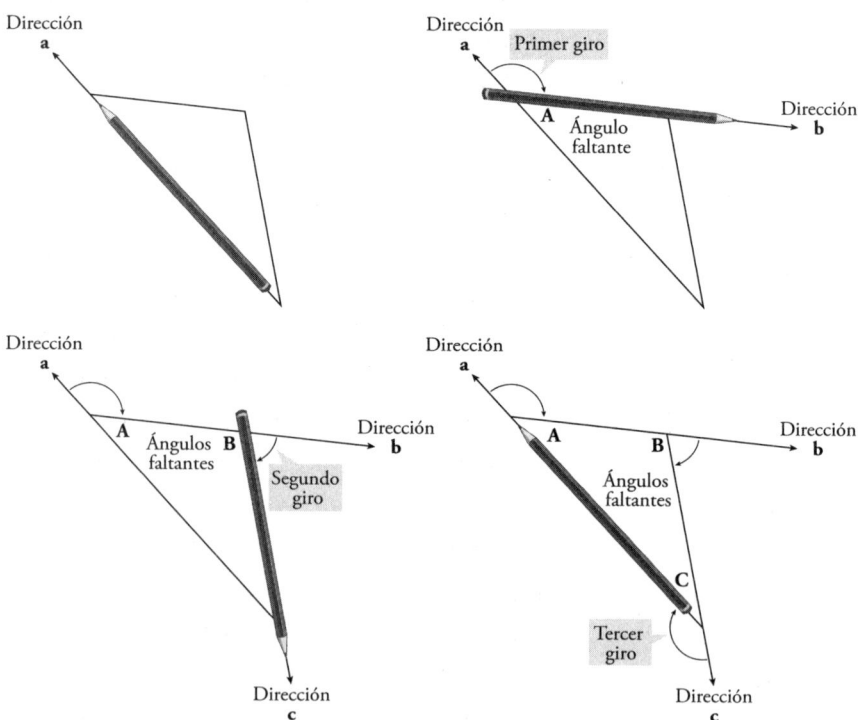

Mi lápiz funciona con combustible a base de carbono.

Cada giro dependerá de cada triángulo en particular, pero sabemos que todos deben sumar 360° porque el lápiz debe hacer una rotación completa antes de llegar al final. Eso significa que los tres ángulos internos combinados deben dar como resultado 540° – 360° = 180°. Sin querer, hemos demostrado que la suma de los ángulos de todo triángulo debe ser 180°. Si te entusiasmaste, puedes intentar hacer lo mismo con un circuito cuadrado o en forma de pentágono, y demostrar que los ángulos internos de cualquier polígono de n lados suman $(n – 1) \times 180°$. Si no te entusiasmaste mucho que digamos y dejaste de prestar atención en alguna parte, no te preocupes: volvemos al circuito.

Si ya entraste en el ritmo de este libro, sabrás que este es el momento en que debería presentar alguna aplicación fascinante del concepto matemático que acabamos de ver. Pero con la suma de los ángulos de un triángulo eso es un poco difícil. No es que no sea un concepto sumamente útil; es una de las leyes más fundamentales de los triángulos, o, mejor dicho, *la* ley fundamental de los triángulos. Pero en realidad, nunca se usa de forma aislada. Es como si alguien preguntara cómo se usa el ajo solo: es una genial fuente de sabor, pero no se come solo (y si alguien lo hace, lo van a mirar raro, seguramente desde lejos). Se podría pensar en alguna especie de uso aislado hipotético, como espantar a los vampiros. Pero ¿cuenta eso? Espero que sí, porque estoy a punto de hacer lo mismo pero con triángulos.

Muchas veces me pongo a pensar en el ángulo de una cosa u otra, pero nunca con la intensidad de cuando estuve sobre esa moto de MotoGP, volando a toda velocidad por el circuito de Silverstone. Habrás visto las motos de carrera doblar en las curvas y te habrás maravillado ante el ángulo en que pueden llegar a inclinarse. Bueno, ahora he hecho eso, pero desde el interior del ángulo. Y equivocarse con ese ángulo mientras se está montado en una moto es como equivocarse con el ajo al enfrentarte con un vampiro: alguien va a perder sangre a montones.

Aprendí muchas cosas en ese recorrido acerca de mí como persona. Una fue que había subestimado por completo de lo que era capaz la fricción. La velocidad a la que se puede doblar en una curva está limitada por la cantidad de fricción que se tiene con el asfalto, y esta moto tenía mucha más fricción de la que pensé que permitían las leyes de la física. Para aprovechar esa fricción, teníamos que inclinarnos tanto hacia el interior de la curva que me parecía que tratábamos de acostarnos sobre la pista.

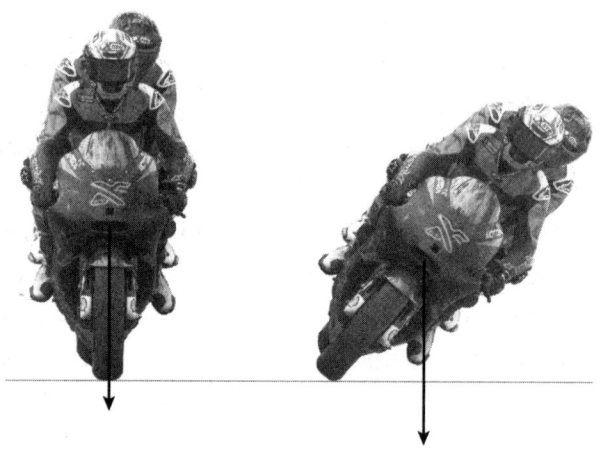

La gravedad siempre apunta directo hacia abajo,
y todos sabemos que eso no se negocia.

Mientras tomábamos una curva a toda velocidad, y tuve el manchón de betún más cerca de la cara de lo que jamás esperé, tuve la experiencia extra-corporal de pensar hasta qué punto la gravedad estaba desalineada con la moto. Cuando una moto está derecha, la gravedad la empuja directo al suelo y todos son felices. Ahora había un ángulo entre la orientación verti-cal de la moto y la dirección de la gravedad. «Estoy seguro de que hay me-nos de 45° entre la moto y el asfalto», pensé.

A medida que se inclina una moto, la dirección de la gravedad se desalinea cada vez más respecto del cuerpo del vehículo, y eso provoca una fuerza de giro que, lamentablemente, hace que la moto se incline aún más. Por suerte, el arte de pasar curvas incluye algunas fuerzas más que mantienen la moto en equilibrio, pero en eso interviene mucho más que la física. En ese momento, solo podía pensar en el ángulo.

Sabía que la gravedad siempre está en ángulos rectos respecto del suelo, así que el triángulo moto-suelo-gravedad debe ser un triángulo rectángulo y, por lo tanto, si el ángulo moto-suelo era menor a 45°, el ángulo moto-grave-dad debe ser mayor a 45° para que todos los ángulos sumen 180°. Como se puede apreciar, no es un gran uso de la ley de los triángulos, pero es un uso a fin de cuentas.

Por si querías saber cuánto medía el ángulo, aquí voy con la respuesta. Al ver imágenes de las motos en internet, parece que el ángulo moto-suelo puede ser tan pequeño como 30°. Pero quería saber el ángulo al que llegué yo y así averiguar hasta qué punto mi masa adicional había limitado el ángulo en el que pudo inclinar la moto el piloto que iba sentando delante de mí.

El ángulo de inclinación es más complicado porque yo me movía y metía los brazos hacia dentro, pero entre los datos de mi teléfono y el análisis que hice de la filmación del recorrido, puedo confirmar que la moto sí se inclinó en apenas un poco más de 45° respecto de la posición vertical. Así que ahora puedo ponerle a mi nueva pandilla de motociclistas el nombre de Ángulos del Infierno.

La fórmula de Herón

Empezamos este capítulo con una ecuación del área de un triángulo, así que bien podemos terminarlo con otra. Esta fórmula, que lleva el nombre de Herón de Alejandría, quien vivió en el siglo I d. C., tiene algunas ventajas y desventajas respecto de la ecuación de área que ya vimos. Para mí, la mayor contra es que pienso que la fórmula es una ridiculez. Es un sinsentido tal que casi me hace enfadar. Pero ¡funciona!

La desventaja respecto de la clásica «área = ½ × altura × base» es que se debe saber la altura del triángulo, que está dentro del triángulo. Puede que eso no represente un problema para algo pequeño como un sándwich, pero cuando se trata de objetos enormes y sólidos, podría complicarse el acceso al centro del triángulo. Si se quiere calcular la superficie de un granero triangular, sería preferible no tener que trepar al interior del techo.

E incluso si se puede acceder al interior del triángulo, calcular dónde debe ir la altura no es de lo más fácil. Hace falta hallar una recta perpendicular a uno de los lados que se alinee a la perfección con el vértice opuesto. ¿No sería genial tener otra manera de calcular el área de un triángulo en la que solo haga falta medir los tres lados externos, a, b y c? No hay problema.

La fórmula de Herón combina esas tres longitudes de lado y, de algún modo, da el área del triángulo.

Empecemos con el sencillo cálculo de sumar los tres ángulos: $a + b + c$. Luego, debemos mezclar todo sumando dos y restando el tercero, lo que nos da tres cálculos más: $a + b - c$, $a + c - b$ y $b + c - a$. ¿Y si ahora multiplicamos los cuatro valores juntos? Si hacemos eso y sacamos la raíz cuadrada del producto combinado, el resultado es justo cuatro veces el área total del triángulo. Quizás necesites sentarte un momento después de oír eso por primera vez. Yo me tuve que sentar.

$$\text{Área} = \sqrt{(a + b + c)} \times (a + b - c) \times (a + c - b) \times (b + c - a) \div 4$$

Esa es la fórmula de Herón. Me fastidia, no porque no funcione o porque no podamos demostrar que siempre dará el área (si tomamos la ecuación original del área y le damos un buen tiempo con el teorema de Pitágoras, llegaremos a fuerza de álgebra a la fórmula de Herón). Me molesta porque no hay ninguna razón evidente ni lógica clara de por qué funciona. Es una fórmula opaca y me da la impresión de que basta con meter las longitudes de lado, girar una serie de perillas matemáticas arbitrarias y, listo, sale el área. Funciona, pero no me satisface.

Entiendo que para la mayoría de las personas esto cause más maravilla que rabia. Y eso es de lo más válido. Es una especie de truco triangular, en el que un mago mete tres longitudes de lado en una calculadora y saca un área. Pero rara vez los matemáticos se contentan con solo saber que algo funciona. Quieren la belleza de entender la lógica tras bastidores.

Por eso me encantan los triángulos. Un triángulo es una figura que sorprende por su complejidad, considerando que nada más tiene tres lados. El humilde triángulo se las ingenia para generar una increíble gama de reglas y propiedades, desde lo simple y bello hasta lo que sea que es la fórmula de Herón. Y, de algún modo, siempre son útiles: si necesitamos calcular el área de un campo o cualquier otra cosa triangular, no debemos preocuparnos por trazar una altura por el medio, solo hay que medir los lados y usar la tonta fórmula de Herón.

La cuestión tampoco mejora con figuras más complejas. Los triángulos están en ese punto justo entre tener lados suficientes para ser una figura física, pero también tener limitaciones suficientes para que podamos decir cosas generalizadas y significativas acerca de ellos. Instintivamente, uno supondría que las figuras con más lados y ángulos tendrían una amplia variedad de reglas y consecuencias. Pero en realidad, las figuras con más lados se ponen menos interesantes porque se pueden formar de tantas maneras que casi no tiene sentido tratar de unificarlas todas en un conjunto de leyes.

Así que hurra por los triángulos y sus muchos patrones y leyes, de los cuales solo he explorado seis aquí. Una vez armados con la lógica de los triángulos, si alguna situación complicada puede convertirse a triángulos, entonces de repente tenemos todo el poder de sus leyes en las manos.

Cuatro

A ENMALLARSE

¿Qué pasa si desplegamos miles o millones de triángulos en un mismo problema? Con apenas uno o dos triángulos pudimos resolver el problema de la ubicación de un globo aerostático. Imaginemos lo que podríamos hacer con un número de triángulos mucho mayor a nuestra disposición.

En matemáticas, llamamos «malla» a un conjunto de triángulos contiguos (o de cualquier otra figura, de hecho). Se parece más a lo que las personas comunes y corrientes considerarían una red, como una red de pesca, pero en matemáticas se llama «red» a un cuerpo geométrico desplegado. Y la palabra «retícula» se reserva para cuando las figuras tienen mucho más orden y regularidad, que es una especie de malla, pero queremos tener más libertad para combinar todo tipo de triángulos y formar un tejido flexible que fluya. Así que vamos a arrojar una malla de pesca.

Cualquier cosa puede estar hecha de triángulos. O sea, podemos tomar una superficie de cualquier forma y llenarla por completo de triángulos. Esas figuras forman una aproximación de la superficie hecha de una malla triangular: ahora la superficie está hecha de triángulos. El tamaño y la cantidad de los triángulos determinará cuánto coincide la nueva superficie triangulada con la original, y eso es solo cuestión de esfuerzo, voluntad y presupuesto. Una malla rectangular no llega a tener este nivel de versatilidad, por más presupuesto que se invierta en ella. Algunas cosas son matemáticamente imposibles y no pueden corregirse.

Ya hemos visto que los arquitectos están obsesionados con las ventanas rectangulares, pero eso va mucho más allá de los tradicionales edificios cuboides. Hay muchos edificios modernos que de planos tienen poco, y hay todo tipo de superficies de edificios interesantes en ciudades alrededor del mundo. Dejando de lado cuestiones de estabilidad estructural, los triángulos y rectángulos son igual de eficaces para formar superficies planas. Sin embargo, en cuanto se introduce alguna curvatura, los triángulos vuelven a llevar la delantera. Un arquitecto desborda de felicidad cuando puede «panelizar» una superficie con paneles rectangulares de vidrio, pero eso supone un problema práctico y otro matemático.

Desde el punto de vista práctico, cuatro esquinas no tienen por qué formar una figura plana. Si los cuatro puntos no están alineados en el mismo plano, no pueden unirse con una placa plana de vidrio. En cambio, tres puntos cualesquiera están por definición siempre en el mismo plano: los triángulos son siempre planos. Una malla triangular siempre puede rellenarse con vidrio, mientras que es muy probable que eso no pueda hacerse con una malla rectangular.

Desde el punto de vista matemático, es imposible hacer casi cualquier superficie con rectángulos planos. Existen solo dos tipos de superficie que pueden panelizarse. Primero, las superficies con forma de dónut pueden hacerse con rectángulos. A veces, cuando un arquitecto entrega un bosquejo, los ingenieros encuentran una parte de un toro que se acerca a lo que el arquitecto quiere, y hacen un rápido cambio al estilo Indiana Jones por el trozo toroide y esperan que nadie se dé cuenta. Pero los arquitectos suelen darse cuenta y sueltan una roca esférica gigante para que persiga a los ingenieros por un túnel.

O bien existen superficies que pueden parecer complicadas, pero el ojo sagaz sabrá identificar que la forma del perfil nunca cambia. Estas se generan matemáticamente tomando dos líneas y combinándolas en una especie de «multiplicación curva». Se conocen como «superficies de traslación» y funcionan bien en algunas situaciones, pero en el caso de una construcción más grande, no permiten mucha variedad a lo largo de la superficie. Una vez decidida la curvatura, esta no debe modificarse en ninguna parte de la estructura. Pero esas son las únicas dos opciones que tiene un ingeniero si un arquitecto insiste en usar rectángulos: dónuts y superficies de traslación.

Una malla triangular puede hacer cualquier cosa. ¿Tienes una superficie cualquiera? *Zas*: triángulos. Listo en un santiamén. La triangulación de una superficie solo supone un problema si existe una restricción en la cantidad de triángulos diferentes permitidos. Esto nos lleva de nuevo al viejo tira y afloja entre los arquitectos, que quieren figuras fáciles de fabricar, y los ingenieros, que quieren figuras fáciles de unir que sirvan para crear edificios sólidos.

La guerra de las soldaduras

A principios de la década del 2000, un estudio de arquitectura estaba diseñando un nuevo hotel de gran altura para Barcelona y decidieron poner un bar con forma de ovni en la azotea. La idea consistía en una estructura hecha de un plato de hormigón con una cúpula de vidrio encima, como un clásico ovni de ciencia ficción que acababa de aterrizar en lo alto del edificio, a más de 100 metros por encima de la calle. La parte del hormigón era fácil: se puede verter hormigón dentro de casi cualquier forma, refuerzo mediante. Pero una cúpula de vidrio es un poco más complicada.

El reto de convertir la cúpula imaginada por los arquitectos en trozos de vidrio encastrables recayó en mi amigo ingeniero Paul Shepherd. Los diseñadores habían admitido que no serviría de nada usar rectángulos, pero fabricar paneles triangulares de vidrio no es tarea fácil (un vidrio duro de roer, digamos), por lo que los constructores estipularon que Paul usara el menor número posible de triángulos diferentes. De este modo, solo habría que fabricar unos pocos tipos distintos y conservar algunos de repuesto de cada tipo en caso de que hubiera que cambiar un panel. Si todos los triángulos eran distintos, ¡habrían tenido que hacer una cúpula entera de repuesto!

Quise ver cómo resolvería yo el problema. Busqué la figura «más esférica» hecha de copias de un solo tipo de triángulo y encontré el hexaquisicosaedro (es decir, una figura con 120 caras, hecha de treinta grupos de cuatro). Es el máximo de triángulos idénticos que se pueden disponer en forma de bola. Un ovni tiene forma de almeja, así que no nos sirve usar medio hexaquisicosaedro: solo necesitamos el tercio superior, aproximadamente.

Sombrerito de hexaquisicosaedro.

Esto representa algunos problemas. A pesar de mis intenciones esféricas, tiene un aspecto bastante puntiagudo y demasiado piramidal en lugar de retrofuturista. Y los triángulos son grandes. Demasiado grandes: la distancia entre la base y la parte superior es de solo dos triángulos. Para que la gente pudiera estar de pie dentro del bar, esos paneles triangulares tendrían que medir varios metros. Eso es malo en términos de las fuerzas a las que estarán sometidos, y malo en términos de fabricación de las piezas de vidrio. Intentar hacer el ovni con un solo tipo de triángulo termina siendo demasiado ambicioso.

Pero no se preocupen por el hexaquisicosaedro, que sigue teniendo un uso merecedor de su número récord de caras triangulares idénticas: es el dado más grande del mundo. Por «grande» se entiende con la mayor cantidad de caras. Los triángulos son la figura más simple, y el hexaquisicosaedro es el número máximo de triángulos idénticos que pueden caber en una disposición esférica. Los matemáticos de The Dice Lab han usado la «esfera más triangular» para crear un dado de 120 caras que satisface todas las necesidades de aleatoriedad que se puedan tener.

Para cuando uno no se puede decidir entre 120 cosas distintas.

Paul sabía que iba a necesitar más de un tipo de triángulo, así que empezó con un icosaedro, que está formado por solo 20 triángulos equiláteros. Luego, dividió cada una de las caras en triángulos más pequeños que podían «levantarse» matemáticamente para que la forma fuera mucho más esférica. Así se obtiene una cúpula mucho más fluida, pero el proceso de inflar la malla hace que las aristas de los triángulos se estiren en cantidades diferentes, lo que da lugar a más de un tipo de triángulo. La parte que Paul seleccionó para hacer el ovni contenía 105 triángulos de seis tipos diferentes. Para algo tan esférico, es lo mejor que se puede conseguir.

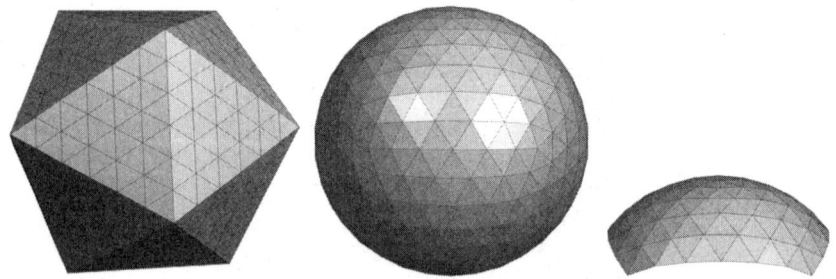

Se cubre un icosaedro con muchos triángulos
y luego se infla como un globo.

Pero a los diseñadores no les gustó. ¡Esperaban que todos los triángulos fueran iguales! Entonces Paul tuvo que pasar una semana entera de su vida haciendo algo que nada que ver tenía con la ingeniería: pensar en cómo convencerlos de que era imposible usar un solo tipo de triángulo. Finalmente, acordaron que seis tipos de triángulos estaría bien, y Paul se puso a trabajar en el diseño final. Hasta que apareció algo inesperado en la última curva. No les gustaba el borde.

Paul había diseñado el borde de la cúpula siguiendo las aristas rectas de los triángulos, porque si se la «corta» en otro punto, quedan fragmentos de triángulos. Según su plan, la unión entre el vidrio superior y el hormigón inferior no quedaría plana del todo: habría pequeños espacios que rellenar. Los arquitectos dijeron: «Así no son los ovnis». Es fácil reírse de esto, ya que son arquitectos serios discutiendo sobre las cualidades objetivas de un concepto de ciencia ficción. Pero lo entiendo. Todos sabemos cómo es un ovni típico.

Para rellenar los huecos, Paul tuvo que diseñar otras seis figuras de vidrio, algunas de las cuales solo eran partes de triángulos. Y sé que exagero la rivalidad entre arquitectos e ingenieros porque me parece divertida, pero la realidad es que el tira y afloja entre fuerzas opuestas suele producir una excelente combinación de viabilidad estructural y estética general. Me encanta la arquitectura moderna, así que estoy muy contento con esta pugna continua entre los dos bandos. No quiero que todos los edificios sean cuboides aburridos, ni tampoco quiero edificios llamativos que se derrumben.

Me gusta ver el ovni de Barcelona como un emblema del equilibrio que puede lograrse entre lo estético y la integridad estructural. Paul se sentía tan orgulloso del resultado que eligió una cena en el ovni como el momento perfecto para pedirle la mano a quien ahora es su prometida. Y no vas a creer a qué se dedica ella. Es arquitecta.

Todo está hecho de triángulos

Mientras debatían cuántos triángulos distintos harían falta para construir el ovni, los arquitectos citaron el techo del Museo Británico como ejemplo de lo que puede conseguirse empleando un único triángulo repetido. Esta malla de vidrio que cubre el espacio público techado más grande de Europa, es sin duda una prueba del poder de los triángulos. Sin embargo, demuestra exactamente lo contrario de lo que los arquitectos querían ilustrar. A pesar de las ventajas de utilizar la mayor cantidad posible de triángulos idénticos, cada uno de los 3212 triángulos que componen el techo del Museo Británico es único (con la salvedad de que, al ser una estructura simétrica, cada triángulo tiene su gemelo reflejado en el lado opuesto).

Los diseñadores del techo eligieron una superficie continua que querían hacer de vidrio y dejaron a los ingenieros la tarea de triangularla. Para lograrlo, usaron un programa informático que primero dispuso una serie de triángulos bien ordenados sobre el suelo del patio, y luego los «proyectó hacia arriba», es decir, que cada vértice se elevó cual globo de helio hasta toparse con el techo. El programa permitió que los vértices de los triángulos se movieran y ajustaran digitalmente para nivelar las irregularidades; tras 5000 actualizaciones, todos quedaron distribuidos de manera uniforme. Este método, llamado «relajación dinámica», también sirvió para garantizar que ningún triángulo superara las dimensiones máximas permitidas para los paneles de vidrio.

El hecho de que los vértices pudieran acomodarse libremente hasta alcanzar su posición óptima fue lo que generó que cada triángulo resultara único (si no consideramos la simetría especular entre ambos lados). Esta habrá sido una decisión consciente por parte de los ingenieros, ya que hubiera sido posible limitar mejor la variedad de formas en lugar de terminar con 3212 diferentes. Me alegro de que tomaran esa decisión, porque creo que la libertad de lograr que la superficie fluyera lo mejor posible ha dado como resultado una obra arquitectónica espectacular.

Si bien este techo es muestra de muchas cosas (una armoniosa fusión de ingeniería y diseño, un espacio público impresionante en una ciudad tan ajetreada como Londres, algo exhibido en el Museo Británico que sí proviene del Reino Unido), hay algo que no es: un buen ejemplo de lo que puede hacerse con un solo triángulo. En todo caso, ejemplifica a la perfección lo compleja que puede ser una superficie si no se pone límite a la cantidad de triángulos distintos permitidos.

Decidí predicar con el ejemplo matemático y me dispuse a triangular mi cara. La cámara frontal TrueDepth que tienen los iPhone proyecta decenas de miles de puntos para escanear los objetos 3D que tiene delante. Esos puntos, diseñados para desbloquear el teléfono al detectar la forma de tu cara, son invisibles al ojo humano porque usan luz infrarroja. Se puede exportar las coordenadas 3D de todos los puntos producidos al escanear un objeto, y por eso puedo presentar aquí a mi yo en 3D.

 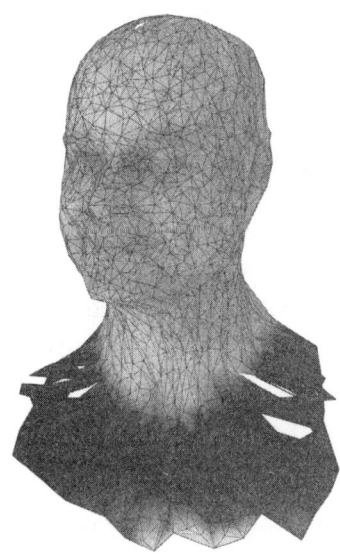

A la izquierda, figura un grupo de puntos en un espacio 3D. A la derecha, se unieron para formar triángulos, recreando una versión de mi cabeza precisa pero que da un poco de miedo. Hay varias maneras de combinar un grupo de puntos para formar triángulos, por lo que se han desarrollado algoritmos para hacerlo de «buenas» maneras. Uno de esos métodos es la triangulación de Delaunay, en el que se evita el uso específico de ángulos pequeños. Se podría decir que «maximiza el ángulo mínimo», si te gustan las oraciones confusas. Procurar que los ángulos más pequeños de una malla sean lo más grandes posible es útil porque reduce la cantidad de triángulos con lados muy desequilibrados. Estos son triángulos muy delgados que atraviesan la malla de tal modo que dificulta mucho el trabajo.

Decidí usar una resolución baja y reducir mi cara a unos 1000 puntos para que el resultado se viera bien trianguloso. Más allá de haber perdido la boca y los ojos, creo que es una aproximación bastante decente de mi cabeza (la aproximación de la parte superior con forma de esfera lisa no fue culpa de los triángulos sino de la propia naturaleza).

Aparte de obtener este grupo de triángulos, que están a tan solo una impresión 3D de convertirse en la peor máscara de Halloween de la historia, cabe preguntarse de qué puede servirnos convertir un montón de puntos en una malla triangular virtual. Bueno, tengo tres ejemplos para dar.

Impresión 3D

La impresión 3D se basa en los triángulos. En resumidas cuentas: la impresión 3D consiste en tomar un modelo digital 3D y enviarlo a una impresora 3D, que luego comienza a construir la figura de abajo hacia arriba, capa por capa, hasta que se vuelve loca y empieza a hacer un desastre, y cuando te das cuenta la estás insultando, reinicias el proceso de impresión y te quedas mirándola durante horas para que esta vez no falle nada. Al menos eso me han contado.

El formato de archivo más usado para impresiones 3D es el archivo STL, y parece que nadie sabe qué significa STL. Algunos dicen que es una abreviatura de «estereolitografía», que denota imprimir en capas 3D de abajo hacia arriba, pero yo me inclino más por la teoría de que significa «Standard Triangle Language», o «Lenguaje Triangular Estándar». Por dentro, los archivos STL no son más que una extensa lista de triángulos. De hecho, se puede abrir un archivo STL como si fuera un archivo de texto y ver que dentro solo hay un triángulo tras otro. Cada triángulo figura como una serie de tres coordenadas correspondientes a los tres vértices y también se incluye el «vector normal» para mayor practicidad (este vector indica cuál es el «exterior» y el «interior» de cada triángulo).

Me puse en contacto con mi amiga Laura Taalman, que enseña matemáticas en la Universidad James Madison y se especializa en las matemáticas de la impresión 3D. Me propuso enviarme uno de los archivos STL que más le gustan: el modelo 3D de un cubo. Un cubo no tiene ni una pizca de triangular, pero abrí el archivo y encontré una lista de doce triángulos que, al combinarse en pares, forman las seis caras de un cubo. El archivo es tan pequeño que puedo incluirlo completo en este libro. Como los dos triángulos de cada cara están alineados a la perfección, cuando lo abrí en un programa de modelado 3D, vi la imagen de un cubo de lo más normal.

```
solid OPENSCAN_model
  facet normal -0 0 1
    outer loop
      vertex 0 1 1
      vertex 1 0 1
      vertex 1 1 1
    endloop
  endfacet
  facet normal 0 0 1
    outer loop
```

```
      vertex 1 0 1
      vertex 0 1 1
      vertex 0 0 1
    endloop
  endfacet
  facet normal 0 0 -1
    outer loop
      vertex 0 0 0
      vertex 1 1 0
      vertex 1 0 0
    endloop
  endfacet
  facet normal -0 0 -1
    outer loop
      vertex 1 1 0
      vertex 0 0 0
      vertex 0 1 0
    endloop
  endfacet
  facet normal 0 -1 0
    outer loop
      vertex 0 0 0
      vertex 1 0 1
      vertex 0 0 1
    endloop
  endfacet
```

```
facet normal 0 -1 -0
  outer loop
    vertex 1 0 1
    vertex 0 0 0
    vertex 1 0 0
  endloop
endfacet
facet normal 1 -0 0
  outer loop
    vertex 1 0 1
    vertex 1 1 0
    vertex 1 1 1
  endloop
endfacet
facet normal 1 0 0
  outer loop
    vertex 1 1 0
    vertex 1 0 1
    vertex 1 0 0
  endloop
endfacet
facet normal 0 1 -0
  outer loop
    vertex 1 1 0
    vertex 0 1 1
    vertex 1 1 1
```

```
      endloop
    endfacet
    facet normal 0 1 0
      outer loop
        vertex 0 1 1
        vertex 1 1 0
        vertex 0 1 0
      endloop
    endfacet
    facet normal -1 0 0
      outer loop
        vertex 0 0 0
        vertex 0 1 1
        vertex 0 1 0
      endloop
    endfacet
    facet normal -1 -0 0
      outer loop
        vertex 0 1 1
        vertex 0 0 0
        vertex 0 0 1
      endloop
    endfacet
endsolid OpenSCAD Model
```

Sí, eso es un cubo.

Para imprimir algo más complejo que un cubo, los modelos 3D se vuelven más enrevesados. Pero siguen siendo una lista de triángulos; solo que un montón más. Para mi libro anterior, *Things to Make and Do in the Fourth Dimension*, Laura tuvo la amabilidad de imprimirme tres anillos entrelazados, conocidos como «anillos de Borromeo», cuya propiedad consiste en que, si se quita uno de los anillos, los otros dos se salen también. Laura abrió el archivo STL y contó un total de 19.656 triángulos.

Desde luego que existe algún *software* capaz de tomar un archivo STL y convertirlo en capas para que una impresora 3D en particular pueda fabricarlo, con todo tipo de rellenos y soportes ingeniosos. Pero el modelo en sí siempre es una lista de triángulos y ya. Le pregunté a Laura y, sí, tiene disponible un modelo en internet para imprimir la estructura de un hexaquisicosaedro. No esperaba menos de ella. La figura en sí consiste en 120 triángulos, pero para imprimir todas las aristas en 3D se necesitan 115.200 triángulos. Y se puede mandar a imprimir profesionalmente la banda del medio en oro (o mejor dicho, bronce chapado en oro) y obtener el brazalete más *nerd* del mundo.

Triángulos hechos de triángulos hechos de oro.

Efectos visuales

«Esto será fácil», pensé. Tengo otra amiga, Eugénie von Tunzelmann, que se dedica a los efectos visuales. Como hice con Laura, pensé en escribirle y pedirle si sería tan amable de enviarme ejemplos de mallas triangulares usadas para crear efectos visuales, tal vez mencionaría un par de películas que todos conocieran y listo, sección terminada. Pero la respuesta de Eugénie, si bien no contenía precisamente «malas noticias», sin duda aportó novedades inesperadas.

Las mallas triangulares no se usan en los efectos visuales, jamás.

No me había quedado tan estupefacto desde que me topé con la fórmula de Herón. ¡Ya tenía listo el plan de esta sección! Para que conste, la industria de los videojuegos trabaja únicamente con mallas triangulares para crear sus imágenes generadas por computadora (CGI, por sus siglas en inglés). Como solo tienen tres lados, los triángulos son rápidos de procesar, y en los videojuegos lo que importa es cuántos cuadros por segundo de CGI pueden generarse. Pero en una película se tiene el lujo del tiempo: todos los elementos visuales se renderizan una sola vez y no necesitan cambiarse después de estrenada la película (a menos que George Lucas se salga con la suya).

Resulta que, cuando se hacen imágenes de CGI para la industria del cine y la televisión, todas las mallas se basan en cuadriláteros, no en triángulos. Si bien lleva más tiempo renderizar las mallas cuadrilaterales, producen mejores efectos visuales por distintas razones. No estoy tan fanatizado con los triángulos como para no reconocer que otro tipo de malla funciona mejor en determinados casos, así que paso a contar algunos aspectos útiles de las mallas cuadrilaterales.

El más importante es que, al tener pares de lados opuestos, los cuadriláteros pueden apilarse bien. Es sencillo formar una cadena larga de cuadriláteros con las aristas alineadas de forma ordenada, y eso es difícil de replicar con triángulos. Estas cadenas de figuras dispuestas en una malla forman lo que se conoce como «bucles de aristas» y, para obtener una renderización realista, lo ideal es que los bucles estén alineados a lo largo de las aristas, los límites y los pliegues de una superficie para que queden nítidos. Las mallas cuadrilaterales pueden alinearse mejor con los contornos y bordes de los objetos físicos, con lo que se consigue una aproximación más realista de su superficie.

Estas mallas también responden mejor a un proceso llamado «subdivisión de superficies», que es una especie de ampliador de imágenes del mundo del CGI. Hay varios algoritmos disponibles con nombres extraños como Loop, Catmull-Clark, Modified Butterfly y Kobbelt, pero todos cumplen la misma función: dividir la malla en figuras más pequeñas para mejorar la resolución de la renderización final. Las mallas cuadrilaterales responden mejor a este proceso y generan muchas menos imperfecciones.

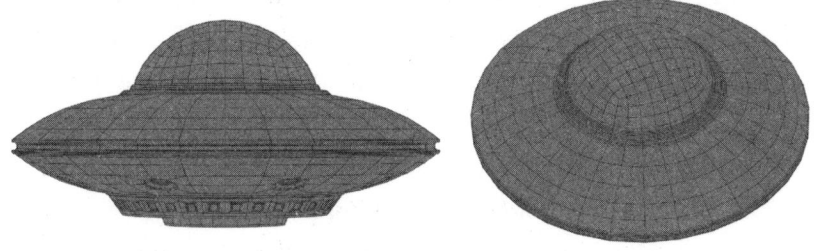

Bucles galácticos: cuadrícula cuadrilateral de un ovni hecho con CGI, con bucles de aristas dispuestos en forma ordenada.

Otro motivo es la tradición. En el mundo de los efectos visuales, las primeras superficies 3D se hacían exactamente igual que las superficies de traslación que usan los ingenieros para hacer una superficie con rectángulos. Este proceso de multiplicar dos curvas siempre da como resultado una malla cuadrilateral, y se usaba mucho cuando no era posible convertir por ordenador cualquier superficie en una malla. Esto ahora ha quedado instalado y el sector sigue prefiriendo las mallas cuadrilaterales, por lo que ha desarrollado herramientas para trabajar con ellas. La mayor ventaja es que la facilidad con la que estas se pueden producir y manipular fue lo que permitió el nacimiento del mundo del CGI.

Pero ser el único sector que usa mallas cuadrilaterales tiene su costo. Eugénie me explicó que, como en el modelado 3D y los videojuegos solo se usan mallas triangulares, es común que un cliente tenga un modelo 3D ya hecho, o que se encuentre un modelo en un repositorio digital, pero que esté hecho solamente con triángulos. Si bien hay técnicas para «retopologizar» y convertir mallas triangulares en cuadrilaterales, ella me explicó que no es tan fácil y que, en realidad, es un arte en el que se debe modificar la malla manualmente. Los especialistas en efectos visuales no se conforman con cualquier malla cuadrilateral; quieren mallas buenas con bucles de aristas y una distribución de los cuadriláteros que sea razonable, y eso lleva esfuerzo. (Solo en casos extremos, como en las simulaciones de agua basadas en partículas, se usaría una malla triangular, y solo si los triángulos de la malla fueran tan pequeños que prácticamente fueran invisibles).

Y después llegó la última bomba: a los artistas de efectos visuales no les importa si los cuadriláteros son planos o no. A los ingenieros eso les importa mucho porque en sus mallas tienen que meter vidrios o algún otro objeto preferentemente plano. Pero en el mundo virtual, eso no importa.

[…] permitimos «cuadriláteros no planos», que también consideramos como cuadriláteros en términos de datos, pero matemáticamente…, bueno, son solo dos triángulos, ¿no?

ASÍ ES, EUGÉNIE. Después de tanto hablar de mallas cuadrilaterales, Eugénie me confesó la gran ironía de que, en realidad, son todas mallas triangulares. Aunque se trata de un tipo particular de malla triangular en la que cada triángulo se acopla con un compañero para formar un cuadrilátero, lo cual de ningún modo puede hacerse con cualquier malla triangular. Así que, bueno, lo entiendo, la cuadrilateralidad es lo que define la malla. Pero cuando se procesa y renderiza la cuadrícula, el ordenador trata cada cuadrilátero como dos triángulos separados.

Quería saber la cantidad de triángulos pero, como ya ha pasado anteriormente, una amiga me dijo que no podía usar su trabajo como ejemplo en mi libro por un acuerdo de confidencialidad. A pesar de haber ganado premios por su trabajo en la franquicia *Jurassic World*, Eugénie no podía decirme cuántos triángulos tiene el Tiranosaurio rex. El «Triangulosario rex», podría ser. Pero lo que sí me contó fue que, en general, en una película moderna, algo como un personaje humano podría tener una malla de casi medio millón de figuras. Así que ahora entiendo por qué mi *selfie* de 1000 triángulos era tan igualita a mí.

Ingeniería

Los ingenieros también triangulan superficies, no porque quieran construir una estructura hecha de triángulos, sino porque quieren verificar que no vaya a caerse.

El «análisis de elementos finitos» es el proceso por el cual se divide una estructura o un objeto en partes divisibles que pueden analizarse por separado. Si bien la humanidad ha comprendido en buena medida el funcionamiento de las fuerzas desde hace siglos, los ingenieros se han visto limitados respecto de cómo pueden aplicarse a estructuras enteras por falta de capacidad de cómputo. Por suerte, los ordenadores proporcionan cada vez más de esa capacidad. No es casualidad que el auge de la arquitectura no cúbica haya coincidido con la era de los ordenadores electrónicos.

En un mundo ideal, una especie de superordenador debería poder calcular todas las fuerzas según cómo varían a lo largo de la estructura completa (quizás yendo átomo por átomo), pero por ahora debemos dividir un edificio en partes pequeñas que sirvan y ya. Podemos considerar estos elementos finitos como los «píxeles» de un edificio, la pieza de un motor, un ala o el objeto del cual necesitamos calcular las fuerzas.

Y aquí viene el detalle que ya conocemos: no todos los análisis de elementos finitos pueden hacerse con mallas triangulares. A veces, un edificio o una viga es de una naturaleza muy rectangular, por lo que funciona mejor una malla cuadrilateral. Al igual que con el problema de los bucles de aristas en los efectos visuales, una malla cuadrilateral puede alinearse más fácilmente con los bordes ortogonales que son tan comunes en los edificios. Así que anotemos otro punto para el Equipo Cuadrilátero. Además, estos son cuadriláteros de verdad, no los dos triángulos sinvergüenzas de los efectos visuales.

Pero esto solo sucede con determinadas estructuras. Si un ingeniero está analizando una parte de una máquina o un edificio cuya forma tiene cierta complejidad, se usa sin ninguna duda una malla triangular.

Volví a ponerme en contacto con Paul y le pregunté si había hecho el análisis de elementos finitos de alguna estructura que me pudiera mostrar (¡que no estuviera protegido por un acuerdo de confidencialidad!) y me envió los archivos de unas estructuras de hormigón hexagonales que forman una especie de sombrilla en una estación de trenes de la ciudad alemana de Stuttgart. Como eran simétricas a lo largo de un eje, solo tuvo que diseñar una mitad y después darle vuelta para completar la otra mitad. Y como era una forma orgánica y fluida, todo estaba hecho de triángulos.

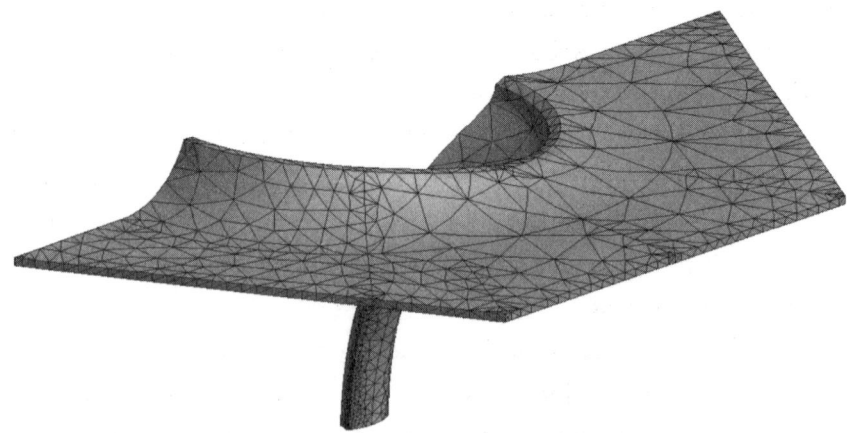

Más de los típicos seis triángulos que se necesitan
para formar un hexágono.

Lo que no se puede apreciar en las imágenes es que, en realidad, ¡todo en esa estructura hexagonal de hormigón está dividido en tetraedros, es decir, triángulos 3D! No solo la malla de la superficie estaba hecha de triángulos, sino que toda la malla 3D que rellenaba la estructura entera tenía triángulos de principio a fin.

Mucho ruido y muchas nueces

En 1997 el ruido aleatorio ganó un Óscar. Uso «ruido» en el sentido matemático para referirme a una señal aleatoria que puede ser auditiva o visual. La estática en blanco y negro de un televisor viejo que no sintoniza ningún canal es un ejemplo de ruido. En el mundo moderno, pueden considerarse ruido los extraños patrones de colores que aparecen cuando falla una señal digital. Es básicamente cualquier tipo de señal sin sentido pero activa.

Que el ruido haya ganado un Óscar podría parecer una crítica mordaz al cine moderno, pero es completamente cierto en un sentido técnico. Ken Perlin, profesor de Ciencias de la Computación, estaba trabajando en la película *Tron* de 1982, pero no estaba satisfecho con el ruido «aleatorio» que se usaba en algunos de los efectos visuales. Pasamos toda la vida nadando en un mar de aleatoriedad, tanto es así que muchas veces olvidamos que está ahí. Hasta que necesitamos simular la realidad desde cero usando gráficos por ordenador. Entonces, de repente, todo parece muy artificial hasta que se aplica algo de aleatoriedad realista. La disposición de las hojas en un árbol, la textura de un camino desgastado y las pequeñas irregularidades en una línea dibujada a mano son todos elementos que requieren un toque de aleatoriedad para resultar convincentes a nuestros ojos.

Ken desarrolló una forma de verdad ingeniosa de generar ruido aleatorio convincente para mejorar los efectos digitales. El Óscar que ganó no fue por ninguna película en particular, sino por el concepto detrás de su ruido en general. Recibió un Óscar al Logro Técnico (es decir, de los que no se televisan) por «una técnica utilizada para producir texturas de apariencia natural en superficies generadas por ordenador para efectos visuales cinematográficos».

Le pregunté a mi amiga Eugénie, la de los efectos visuales, cuánto usaba el ruido aleatorio de Ken en su trabajo. Dijo que se usa tanto que le costaba darme un solo ejemplo; está en todas partes. Después recitó de un tirón una serie de ejemplos que se le ocurrieron en el momento: «Para hacer que la pintura brillante de un coche se vea un poco irregular, así no parece tan perfecta y nueva. O podemos usarlo para dispersar árboles en un paisaje o nieve en la cima de unas montañas. Podemos usarlo para darles forma a piedras y colorearlas». Los efectos especiales en la televisión y el cine modernos no podrían existir sin un buen ruido aleatorio.

Puede dar la sensación de que la respuesta a este problema es simplemente «usar números al azar». A ver, a mí me encantan los números al azar, y si este problema pudiera resolverse lanzando un dado de 120 caras una y otra vez, yo me apunto. Pero no se puede.

Cuando Seb Lee-Delisle, un artista digital, estaba programando un montaje de láseres, necesitaba una forma realista de generar relámpagos. Para que un relámpago pareciera real, no podía ser una línea recta: tenía que zigzaguear un poco. Si se usaban puros números al azar, el rayo terminaría saltando de un lado a otro de forma muy inconexa. La aleatoriedad natural tiene un poco de homogeneidad porque cambia de valor de forma aleatoria pero continua. Y para recrear eso hace falta ingenio. Seb también quería hacer un bucle con la animación del relámpago moviéndose, así que necesitaba encontrar una forma de que una secuencia aleatoria volviera perfectamente a su posición inicial, algo que no es para nada aleatorio.

El aporte de Perlin fue encontrar una forma de generar todo un repertorio de aleatoriedad del que los creadores pudieran elegir según lo que necesitaban. Podríamos pensar en Ken como si fuera un agricultor que cultiva un enorme campo de aleatoriedad natural, y todo aquel que necesite un poco puede cosechar el exacto recorrido aleatorio que quiera. En el caso de Seb, necesitaba un círculo de aleatoriedad que volviera al punto en el que empieza, por lo que comenzaría y terminaría con el mismo valor. Se puede pensar en el repertorio de aleatoriedad como un paisaje: una persona se va de caminata y mantiene un registro de su elevación exacta a medida que atraviesa colinas y valles. De eso de trata el ruido Perlin, pero con la ventaja de que el paisaje está generado matemáticamente y es infinito.

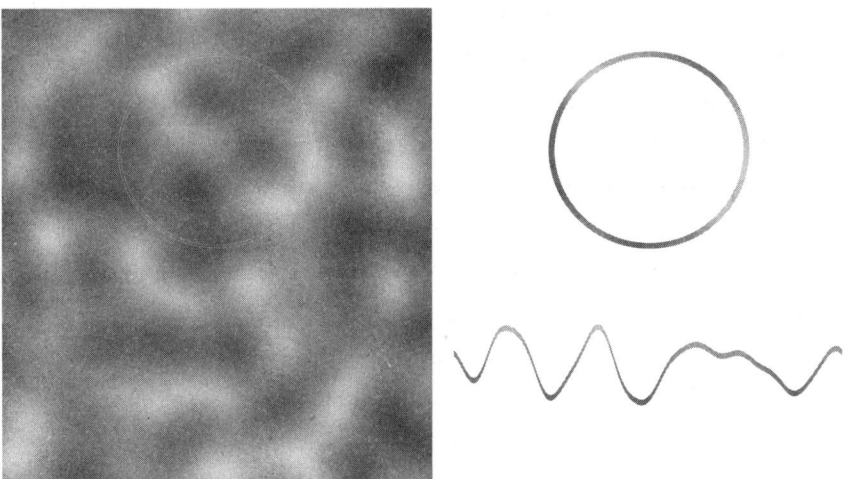

A la izquierda, se ve un campo de ruido Perlin y un círculo de ruido que se extrajo de él. Si «deshacemos» ese círculo, podemos graficar sus valores y obtener una bonita señal aleatoria natural.

Si queremos entretenernos con los detalles, podemos imaginar que al recorrer este paisaje matemático nos damos cuenta de que está todo dividido en campos cuadrados por una cuadrícula interminable de cercas. Al mirar las cuatro esquinas del campo en el que estamos, notamos que todas están rotuladas con un valor aleatorio. Para obtener el valor de aleatoriedad en el que estamos, calculamos la distancia a las cuatro esquinas, multiplicamos cada distancia por el valor aleatorio de la esquina correspondiente y luego usamos un cálculo ingenioso para combinar los cuatro resultados y obtener un solo valor final (aquí intervienen vectores y un montón de cosas divertidas de las que no debemos preocuparnos).

Esa fue la genial idea de Perlin. El valor de cualquier ubicación depende de las cuatro esquinas más cercanas de la cuadrícula y la distancia a la que están. Pero están ajustados de modo que, a medida que uno se aleja de una esquina, su influencia disminuye gradualmente. Cuando se salta una cerca para pasar al campo siguiente, la influencia de las dos esquinas distantes del campo que se abandona llega a cero y empiezan a intervenir las dos esquinas más alejadas del campo nuevo. Al pasar de un campo a otro, la influencia de las esquinas de la cuadrícula aumenta y disminuye gradualmente a medida que uno se acerca o se aleja a ellas. Como resultado, se produce una superficie de aleatoriedad cambiante pero homogénea.

Cuando estaba grabando un pódcast sobre la aleatoriedad con mi amiga música Helen Arney, quería hablar sobre el ruido Perlin, pero tenía la limitación del formato de audio (lo que entiendo que es la situación opuesta a escribir un libro). Elegí un recorrido circular por los campos de ruido Perlin y puse en gráficas los valores aleatorios en una escala musical para producir una melodía aleatoria. Como el ruido Perlin cambia de forma homogénea, obtuve una melodía mucho más natural y fluida que si hubiera elegido notas musicales totalmente al azar. Yo tengo cero sensibilidad musical, pero si, como Helen, entiendes los siguientes símbolos, también podrás experimentar la diferencia. O bien puedes tomar el libro, acudir a tu amistad o familiar músico más cercano y gritar: «¡Cántame esto!».

Verdadera melodía al azar:
A4, A3, A4, A3, F#4, E5, B4, D5, C#4, C#5, C#4, G#4, B3, G#4, A4, B4, F#3, F#4, G#3, E5, A4

Melodía aleatoria Perlin:
A4, D4, B3, A4, A4, F#4, B3, D4, E4, C#4, D4, G#4, F#4, A4, E4, B3, E4, D4, B3, D4, A4

Este sistema era flexible, ya que podía mover el círculo y obtener distintas melodías, o cambiar el tamaño para que entraran más notas, o hacer que las notas estuvieran más cerca o más apartadas. Lo único que no podía hacer era generar una serie de melodías que fueran ligeramente distintas de la anterior y luego regresar a la melodía de inicio original. Y ese era el problema que tenía Seb con sus relámpagos láser. Este problema es muy común en el mundo del ruido orgánico y puede resolverse ¡con la tercera dimensión!

Con tres dimensiones de libertad, un recorrido circular en sí puede moverse dentro de un círculo. Si eso es difícil de visualizar, podemos imaginar un dónut que flota en el aire. Un círculo que se mueve en un recorrido circular traza la forma de un dónut. Pero para que eso funcione vamos a necesitar unos triángulos. Hasta ahora, el ruido Perlin ha tenido toda la pinta de ser una malla cuadrada, pero vamos a necesitar triángulos si subimos más.

El ruido Perlin puede ampliarse hasta la tercera dimensión, pero para eso se necesita una retícula de un cubo 3D. Con eso se suman muchas más esquinas o vértices, y cada esquina extra introduce otro cálculo complicado. Esta es la ventaja que tienen los triángulos sobre los cuadrados: menos vértices. ¡Y eso vale en cualquier dimensión! La versión 3D de un cuadrado es un cubo con ocho vértices. La versión 3D de un triángulo es una pirámide de base triangular (es decir, el tetraedro), y tiene tan solo cuatro vértices.

Si bien no tenemos experiencia con la cuarta dimensión espacial, el aspecto matemático igualmente es bastante claro. A continuación, he dibujado algunas aproximaciones para entretenernos un rato, pero no hace falta preocuparse por visualizar el aspecto de estas figuras hiperdimensionales. Para cada dimensión «n», hay una figura equivalente cuadrada llamada «n-cubo» y un triángulo equivalente llamado «n-símplex». Las figuras triangulares aumentan a una tasa de un vértice por dimensión, mientras que la cantidad de vértices de un cuadrado se duplica cada vez. La moraleja es que los triángulos se mantienen manejables, pero los cuadrados estallan.

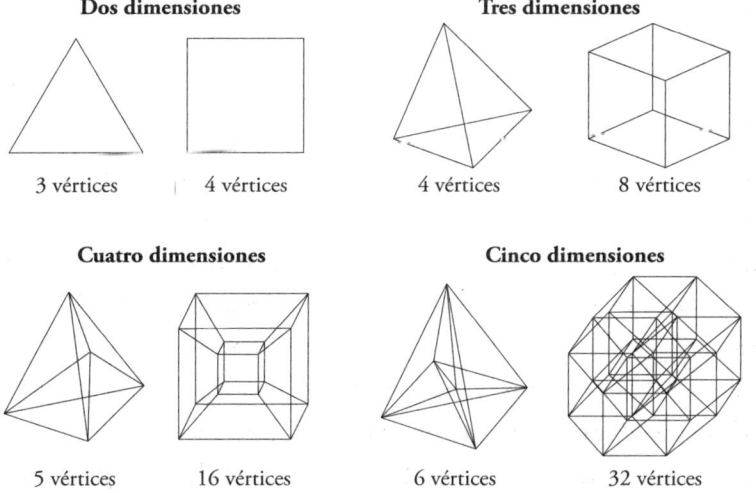

Dos dimensiones

3 vértices   4 vértices

Tres dimensiones

4 vértices   8 vértices

Cuatro dimensiones

5 vértices   16 vértices

Cinco dimensiones

6 vértices   32 vértices

Después de que a Ken Perlin se le ocurrió el ruido Perlin en 1983, estuvo un buen tiempo pensando y, en 2001, estrenó la secuela: el ruido símplex. Esta versión tenía algunas actualizaciones sin importancia respecto al ruido Perlin (que ahora además mezclaba los valores en los vértices en lugar de ser pseudoaleatorio), pero el gran cambio fue que pasó de una cuadrícula cuadrada a una triangular. Ahora se disponía de una malla de triángulos 3D, 4D e incluso más para poder acceder a ruido con cualquier nivel de complejidad que se necesitara. Yo usé la versión 3D del ruido símplex cuando hice las melodías aleatorias para Helen.

A4, D4, B3, A4, A4, F#4, B3, D4, E4, C#4, D4, G#4, F#4, A4, E4, B3, E4, D4, B3, D4, A4

A4, D4, A3, G#4, C#5, G#4, D4, C#4, D4, D4, F#4, G#4, C#4, B3, E4, E4, B4, G#4, C#4, D4, A4

A4, D4, G#3, C#4, E4, E4, D4, C#4, A4, D4, E4, E4, F#4, A4, E4, B3, A4, A4, D4, E4, A4

A4, D4, A3, C#4, A4, F#4, G#4, G#4, A4, B3, C#4, C#4, A3, G#4, A4, F#4, A4, G#4, D4, E4, A4

A4, D4, C#4, F#4, A4, C#4, G#4, E4, E4, G#4, B4, D4, F#4, F#4, A4, B4, F#4, G#4, E4, E4, A4

A4, D4, E4, F#4, G#4, A4, G#4, G#4, D5, G#4, A3, C#4, A4, G#4, E4, B3, A3, E4, E4, E4, A4

A4, E4, E4, A4, B3, E4, G#4, B3, C#4, F#4, F#4, D4, G#4, E4, C#4, F#4, A4, D4, E4, D4, A4

A4, E4, E4, F#4, B3, G#4, A4, E4, C#4, A4, A4, A4, C#5, E4, E4, A4, C#4, D4, E4, D4, A4

118

A4, E4, C#4, E4, D4, F#4, G#4, G#4, F4, F#4, E4, E4, C#4, B3, E4, C#4, D4, B4, E4, C#4, A4

A4, E4, C#4, G#4, F#4, C#4, E4, B4, A4, D4, D4, F#4, E4, C#4, D4, E4, E4, E4, C#4, C#4, A4

A4, D4, B3, A4, A4, F#4, B3, D4, E4, C#4, D4, G#4, F#4, A4, E4, B3, E4, D4, B3, D4, A4

Todas estas melodías empiezan y terminan en una nota A (la) porque consistían en recorridos circulares por el ruido. El círculo giraba alrededor de la superficie de un dónut, por lo que cada melodía cambia de forma homogénea a partir de la primera y, finalmente, vuelve adonde empezó sin haberse repetido ninguna melodía. Es muy ingenioso desde el punto de vista matemático, pero no garantiza ninguna calidad musical. No hay ninguna garantía de que las melodías generadas en una superficie con forma de dónut sean deliciosas.

Más allá de mis espantosas melodías aleatorias, esto es justamente lo que Seb hacía con los láseres. El público, impactado por los brillantes relámpagos interactivos, no sabía que en realidad estaban viendo un círculo que giraba alrededor de un dónut extraído de un campo tridimensional de aleatoriedad. Lo mismo sucede con todo tipo de efectos digitales en los que el ruido símplex es el héroe poco reconocido (aunque a veces sí se lo reconoce). Dado que una malla de triángulos puede rellenar con mayor eficacia el espacio de más dimensiones con menos vértices que los cuadrados, todo tipo de recorridos complicados por los campos de ruido están al alcance computacional. Un artista de efectos visuales puede empezar con una mancha 3D de aleatoriedad, moverla a su antojo y volver al punto de inicio, posiblemente por múltiples caminos que nunca se cruzan. Si eso no merece un Óscar, no sé qué lo merece.

Idioma de colores

Uno pensaría que elegir una foto del teléfono e imprimirla sería un proceso bastante sencillo. El teléfono solo debe transmitir la imagen a la impresora, que luego imprime. Pero la cuestión es que los teléfonos o, mejor dicho, todas las cámaras digitales, hablan un idioma de colores distinto al de las impresoras. Se produce una discusión entre los dispositivos respecto a quién debe ocuparse de la traducción. Y la discusión se resuelve con una malla triangular.

Cuando una cámara digital toma una foto, no almacena la imagen como una lista de píxeles con nombres de colores como «rojo», «azul» y «rojo pardo». Es un dispositivo digital, por lo que considera de lo más absurdo representar los colores como cualquier cosa que no sean dígitos. Así que usa números. En libros anteriores he hablado largo y tendido sobre el hecho de que las imágenes digitales almacenan cada píxel como un conjunto de valores de rojo, verde y azul, pero en realidad nunca me molesto en explicar qué son el rojo, el verde y el azul (o RGB en inglés). Eso cambia según cada dispositivo.

Si hacemos una foto con un iPhone, esta se guardará en una codificación de color llamada DCI-P3. Si la enviamos al ordenador y la vemos en una pantalla, probablemente se habrá convertido a sRGB. Cuando las ganas de imprimirla se apoderan de nosotros, la foto se convertirá una vez más, a CMYK, antes de enviarse a la impresora. Cada una de estas formas de representar los colores se denomina «espacio de color», y la conversión de un espacio de color a otro, es decir, la elaboración del código de color equivalente para cada color de la imagen, es un cálculo que sorprende por su complejidad.

En la situación hipotética anterior, el ordenador intermediario es la clave del éxito. Puede escuchar lo que el iPhone dice en DCI-P3 y convertirlo a CMYK para que la impresora lo entienda. Pero imprimir una foto de un teléfono a una impresora sin un ordenador en el medio plantea un problema: ni el teléfono ni la impresora están diseñados para hacer cómputos matemáticos complejos. Tienen procesadores no muy potentes a los que se les dificultaría traducir los espacios de color.

Este problema se presentó por primera vez a principios de la década del 2000, y uno supondría que el problema ya se habría resuelto con las mejoras que se han hecho en los teléfonos. Pero tomamos fotos de resolución cada vez más alta. Además, ¡ninguno de los dispositivos quiere hacerlo! El teléfono considera que los espacios de color son problema de la impresora, y las impresoras piensan que el teléfono debe enviarles el archivo final listo para imprimirse. Aparte de todo eso, estamos de acuerdo en que si el tedio de preparar una imagen para imprimirla se puede hacer con menos tiempo de procesador, esa capacidad queda libre para cosas más importantes, como tomar aún más *selfies*.

La solución consistió en dos partes. Primero, se acordó que sRGB sería el lenguaje intermedio común. Es una buena versión estándar de RGB, ya que todo el mundo supone que la «s» significa «estándar» en la sigla en inglés. Pero consulté directamente al Consorcio Internacional del Color, que se encarga de estas cuestiones, y me confirmaron que la «s» no tiene definición oficial. Así que, para mí, «sRGB» significa «supercalibralogísticorojoverdeazuloso» y nadie puede decirme nada.

El segundo paso consistió en hacer todos los cálculos por adelantado. En lugar de tener que hacer cada vez la conversión de cada píxel, que es un proceso computacional intenso, alguien como HP podría crear una tabla enorme con los mil millones de colores DCI-P3 y el teléfono solo tendría que buscar el valor sRGB correspondiente a cada píxel. Y, en 2002, Peter Hemingway, empleado de HP, publicó un artículo de investigación titulado «n-Simplex Interpolation» que resolvió el caso de la conversión del color. Peter había encontrado la manera de meter la tabla de conversión en una mínima parte del espacio esperado en el disco duro, y justo a tiempo para los albores de la era de la telefonía móvil.

Almacenar todos los colores posibles en una tabla gigantesca ocuparía un montón de espacio en el disco duro de un teléfono. Y si HP hacía una tabla con un valor cada dos y un teléfono necesitaba un valor intermedio, ¿podía sacar un promedio de los dos valores adyacentes? O nada más podría ponerse un valor cada cuatro en la tabla, y el teléfono podría interpolar los valores del medio. Ese plan es fantástico porque entonces la tabla puede ser mucho más pequeña, y los cálculos de interpolación son mucho más sencillos que las conversiones de espacios de color que se hacían originalmente. Esos cálculos de interpolación son eficientes por dos motivos: el gran esfuerzo de HP y los triángulos.

Necesitamos un método rápido que pueda tomar dos valores conocidos y estimar todos los valores intermedios desconocidos. Por lógica, cuanto más cerca está un punto a un valor conocido, más semejante debería ser. El aporte clave de HP fue que, a medida que un punto desconocido se acerca a un valor conocido, aumenta la distancia al valor que está del otro lado. Con eso, puede calcularse una «media ponderada» en la que cada valor conocido se multiplica por la distancia del otro lado. Si conocemos los valores «A» y «B», y queremos estimar el valor «x» del medio, el cálculo de la media ponderada es el siguiente:

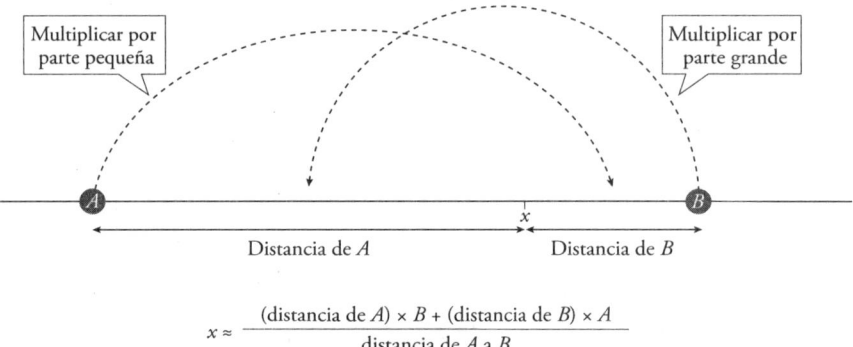

$$x \approx \frac{(\text{distancia de } A) \times B + (\text{distancia de } B) \times A}{\text{distancia de } A \text{ a } B}$$

Todo esto funciona genial si se necesita interpolar entre valores bien ordenados en una hilera. Pero los colores están formados por tres valores, como los valores rojo, verde y azul (o «Red», «Green» y «Blue») del RGB. Esto puede considerarse como un sistema de valores 3D, en el que R, G y B tienen cada uno su propio eje. Me parece una forma muy agradable de visualizar el RGB, así como cualquier espacio de color de tres colores. Es una coincidencia maravillosa que los seres humanos tengamos receptores de tres colores en los ojos y experimentemos una realidad espacial tridimensional.

Si imaginamos los valores R, G y B como dimensiones espaciales, entonces, conceptualmente, toda la tabla de valores de conversión RGB no es más que una retícula de un cubo 3D. Puede que cueste un poco visualizar esto, pero demuestra cómo podemos usar herramientas geométricas para domar una enorme tabla de conversión. Pone orden en lo que, de otro modo, sería una larga lista de números sin pies ni cabeza.

Si nos animamos a ampliar nuestra capacidad de visualizar espacios 3D, puede usarse el mismo método de interpolación en espacios con más dimensiones. En un espacio 2D, cada uno de los valores de los vértices se pondera por el área de la sección opuesta, lo que es más fácil de visualizar que el caso 3D que necesitamos en realidad. Para interpolar el punto 3D real, hace falta ponderar por el volumen del tetraedro opuesto.

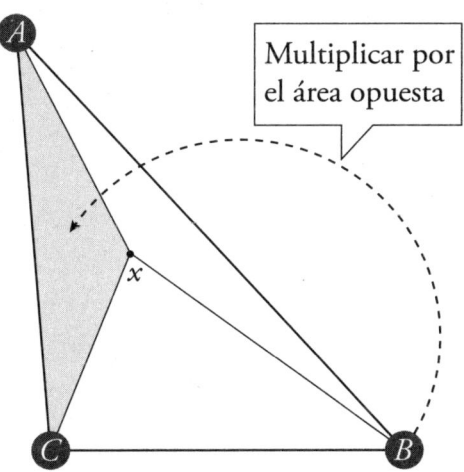

A, B y C se multiplican por el área opuesta
y luego el total se divide por el área total.

No se preocupen: estoy hablando de cubos pero mostrando triángulos a propósito. Eso es porque Peter Hemingway de HP llegó a la misma conclusión que Ken Perlin: los cuadrados y los cubos tienen demasiados vértices. Si un valor de color que falta puede interpolarse a partir de un tetraedro en lugar de un cubo, solo habrá que procesar cuatro valores de entrada en lugar de ocho. En el método que desarrolló Peter, se eligen las cuatro esquinas más cercanas del cubo circundante y se las trata como un tetraedro.

El proceso debe hacerse rápido y con la menor cantidad posible de cálculos. Necesitamos esos valores intermedios con una carga mínima de procesamiento, si no, voy a tener otro motivo para querer tirar mi impresora por la ventana. Peter necesitaba una forma de calcular rápidamente el volumen de un tetraedro. En realidad, Peter necesitaba calcular rápidamente el área de un triángulo, el volumen de un tetraedro o, de hecho, la «capacidad» de cualquier símplex. Quería que el método funcionara con cualquier aplicación de datos en cualquier cantidad de dimensiones. ¿Y qué método usó para hallar ultrarrápido esos volúmenes?

No es broma. LA FÓRMULA DEL ÁREA DE HERÓN.

Perdón. Este capítulo hace que me emocione mucho. Primero, la montaña rusa de revelaciones de Eugénie, y ahora la fórmula de Herón ha entrado en tromba con una aplicación práctica.

En la extrapolación de datos 2D, este método usa la fórmula de Herón tal cual la vimos anteriormente, y existe una versión 3D de la fórmula con la que se puede calcular el volumen de un tetraedro con tan solo las seis longitudes de lado. Y no hace falta calcular ningún ángulo: solo basta con hacer unas operaciones sencillas con las longitudes de lado, por lo que es muy sencillo de calcular.

A ti, que me estás leyendo, te pido que me creas que yo ya había escrito el capítulo sobre las leyes de los triángulos en el que dije que la fórmula de Herón era tonta (porque lo es) cuando leí la documentación oficial de HP acerca de esta técnica y me crucé con la oración: «El área de un triángulo se obtiene con la fórmula de Herón». La verdad es que aparté la silla, me puse de pie y salí en silencio de la casa a caminar un rato.

La próxima vez que imprimas una foto de tu teléfono, ten en cuenta que tanto este como la impresora están buscando valores en una malla de tetraedros y aplicando la fórmula de Herón, que ahora no es tan tonta.

Aplicaciones aerostáticas

Creo que deberíamos terminar el capítulo con una noticia que nos eleve el espíritu. El método de interpolación para conversión de colores de Peter Hemingway se publicó con el nombre de «interpolación de n-símplex» para que quedara bien claro que la técnica podía aplicarse a todo tipo de situaciones. Por supuesto, esta malla triangular que puede estar conformada por millones de triángulos se usa para… calcular la ubicación de un globo.

Un investigador de la Universidad RMIT, en la ciudad australiana de Melbourne, me contactó porque estaba usando la interpolación de n-símplex para seguir el recorrido de globos estratosféricos (que se usan como una especie de satélite). Se debe tener en cuenta cosas como vectores del viento, temperaturas, presiones y densidades para hacer un seguimiento de un globo tras el despegue. Por supuesto, los investigadores no conocen todos esos valores para cada ubicación posible en el cielo, así que los interpolan, curiosamente, con una malla de tetraedros de cuatro dimensiones.

Me explicaron que «si se hace correctamente, se pueden calcular tasas de ascenso con un margen de error de centímetros por segundo, y ubicaciones con un margen de varios cientos de metros después de horas (y cientos de kilómetros) de vuelo». Así que, aunque disponemos de triángulos de órdenes de magnitud superior y estos existen en una malla 4D virtual, se siguen usado para calcular dónde está un globo. Y de algún modo, se sumó la fórmula de Herón.

Cinco

BIEN CUBIERTO

Ya hablé de una oscura sociedad secreta de triangulistas (para explicar la omnipresencia del teorema de Pitágoras), pero si en verdad existiera una conspiración, sin duda sería la conspiración hexagonal. Sigo pensando que el triángulo es el rostro de la geometría, pero el hexágono sin dudas cumple una función clave. Miremos adonde miremos, hay hexágonos donde de ninguna manera debería haber. Las formaciones rocosas de la Calzada del Gigante, en Irlanda del Norte, están hechas de hexágonos regulares. El planeta Saturno lleva un hexágono de sombrero. Los copos de nieve son hexágonos mágicos y minúsculos. ¡Y las abejas! A las abejas les fascinan los hexágonos.

Me parece extraño que algo tan perfecto y preciso como un hexágono regular aparezca de forma supuestamente espontánea por todo el universo. Sin duda, más frecuentes que la aparición de triángulos regulares por cuenta propia. La humanidad también ha usado los hexágonos desde los albores de la civilización: se han encontrado baldosas de la antigua Roma con forma de hexágono regular. Nuestra tecnología de vanguardia sigue conteniendo hexágonos: el grafeno es una red hexagonal, y el telescopio espacial James Webb tiene un espejo primario compuesto por dieciocho hexágonos. ¿Puede ser todo una gran coincidencia?

¡Hexágonos en el espaaaacio!

Pero si nos fijamos en el aspecto geométrico de todo eso, resulta que las abejas, los romanos y los ingenieros de la NASA usan hexágonos por exactamente la misma razón. En palabras de la NASA, los hexágonos son seis veces más geniales porque tienen un «alto factor de relleno». Es decir, que encajan muy bien unos con otros.

Cuando se lanzó el telescopio espacial James Webb en 2021, pasó a ser el telescopio más grande del espacio. Tan grande que hubo que dividirlo en espejos más pequeños para transportarlo desde la Tierra. Una vez en el espacio, esos espejos debían volver a encastrarse, y los hexágonos son la mejor forma de reducir la cantidad de aristas. Cuando la luz llega al borde de un espejo, se difracta y se dispersa, lo contrario del enfoque que se desea en un telescopio. Los hexágonos minimizan esto, pero no del todo, ya que igual se hacen presentes: si miramos las imágenes que genera el telescopio James Webb, de todas las estrellas salen seis picos. Esos seis picos son los patrones de difracción de los seis bordes de los espejos hexagonales (dato curioso: el telescopio espacial Hubble usa un espejo primario circular, pero genera estrellas de cuatro picos debido a los cuatro brazos que sujetan el espejo secundario).

¡Hexágonos que rellenan el espaaaacio!

Las estrellas de seis puntas son el resultado de la hexagonalidad de los espejos.

Las abejas se enfrentaron al problema de cómo construir un panal con la máxima capacidad usando la mínima cantidad de cera. Los antiguos azulejeros querían azulejos que no requirieran demasiada lechada. El problema es siempre el mismo: ¿Qué figura encaja perfectamente con un mínimo de juntas? El mismo problema que siempre tiene la misma solución: hexágonos. No solo los hexágonos encajan unos con otros sin dejar huecos, una propiedad que comparten con los cuadrados, los triángulos e infinidad de otras figuras, sino que son la figura más eficiente posible sin ningún lugar a dudas.

Ya he dicho que los triángulos no rectángulos no son más que dos triángulos rectángulos disimulados, y en realidad veo muchas figuras como meros conjuntos de triángulos. Un hexágono puede verse como seis triángulos equiláteros que son muy buenos amigos. Los triángulos son la base de toda la geometría. Pero si solo nos obsesionamos con los triángulos, puede que los árboles no nos dejen ver el bosque. Pueden construirse otras figuras a partir de triángulos, pero una vez ensambladas adquieren sus propias cualidades, nuevas y, a veces, únicas.

Por eso los astronautas y las abejas usan hexágonos en lugar de triángulos equiláteros. Un hexágono ofrece un 50 por ciento más de superficie con el mismo perímetro. Las figuras son más que la suma de sus partes triangulares. Así que merece la pena dedicar un momento a explorar otras figuras que los triángulos hacen posibles y ver cómo encajan entre sí.

A colmar la colmena

Se suele afirmar que a las abejas se les dan bien las matemáticas. Durante siglos, la gente incluso ha intentado usar las estructuras geométricas construidas por las abejas como prueba de que algún tipo de deidad les habrá enseñado cómo funcionan los ángulos. Pero voy a decirlo ahora mismo: las abejas no aplican la geometría. No sacan transportadores diminutos y se ponen a medir ángulos. Aunque eso sería muy adorable. Hacen hexágonos por accidente. Del mismo modo que Saturno y la lava que formó la Calzada de los Gigantes generaron hexágonos.

Si las abejas no saben matemáticas, ¿qué hacen? Para averiguarlo consulté a un experto en abejas. Vincent Gallo es un desarrollador de *software* jubilado que se doctoró en abejas en la Universidad Queen Mary de Londres. A fin de investigar la lógica que siguen las abejas en la construcción de sus panales, hace dos cosas: las observa construir panales normalmente y luego les da unas condiciones iniciales extrañas (es decir, un poco de cera preformada con una forma inusual) para ver qué hacen.

Aquí pueden verse dos fotos de Vincent del mismo trozo de panal. A la izquierda aún está en construcción y algunas de las aberturas tienen una curiosa forma circular. Aisladas, las abejas construyen celdas circulares, no hexagonales. Así es: una sola celda de abeja sería un tubo cilíndrico de cera. Pero las abejas no construyen una sola, sino muchas celdas, una al lado de la otra. Es la interacción de las celdas adyacentes lo que hace que se formen los hexágonos.

La cera es una sustancia flexible y las abejas, aprovechando esa característica, la empujan constantemente mientras construyen, además de rasparla y volver a darle forma. Mientras una abeja construye una celda, empuja todas las paredes hacia fuera para formar un cilindro, y una abeja en la celda de al lado empuja hacia atrás. Es por ese vaivén de la cera maleable que las celdas terminan adoptando una forma hexagonal. Los hexágonos son una figura que puede resultar de forma natural, por eso aparecen en la naturaleza con tanta frecuencia.

El movimiento de vaivén que se produce al empujar la cera hace que las celdas adyacentes entren en una especie de equilibrio en el que el espacio se distribuye de manera uniforme. Las abejas no construyen hexágonos y no tienen idea de lo que es un ángulo de 120°. Han encontrado un sistema físico que divide los ángulos por la mitad. Cuando Vincent da a las abejas un ángulo inicial extraño, estas construyen una nueva pared de cera y la empujan hasta que alcanza un punto de equilibrio en el mismísimo centro. Esto se puede ver incluso en los bordes de los panales donde las abejas construyen celdas contra una pared plana: hay ángulos rectos perfectos de 90° a lo largo de todo el borde. Muy bien, diez para las abejas.

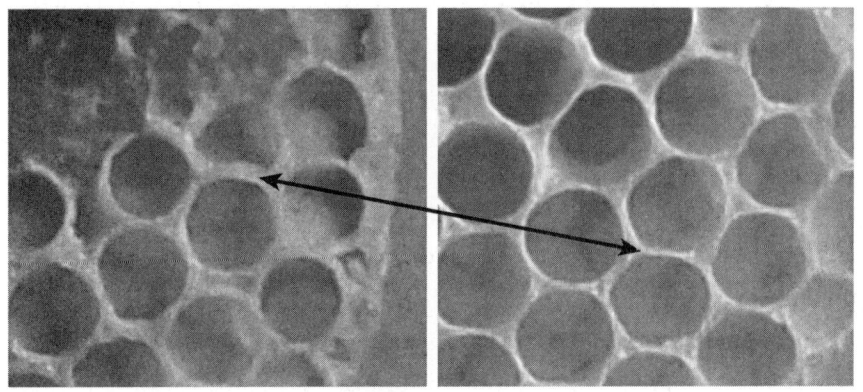

*La misma pared, antes y después de que las abejas terminaran
las demás celdas de arriba.*

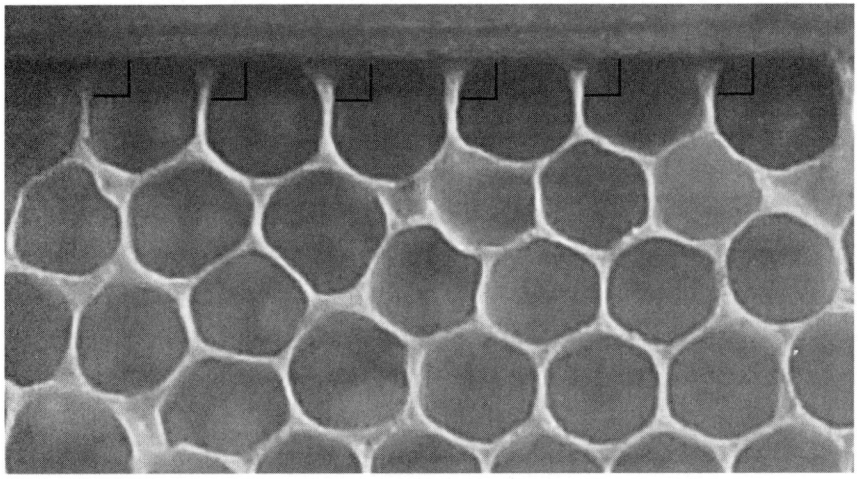

La rectitud en persona.

Los mosaicos pueden ser contagiosos

En matemáticas, el concepto de hacer que las figuras encajen entre sí sin
dejar huecos se denomina «teselado» o «mosaico», por los mosaicos que
venimos usando para decorar edificios desde hace al menos 3000 años.
Remontándonos aún más en el tiempo, los antiguos sumerios usaban

131

patrones repetitivos para decorar edificios hace 5000 años y existen colmillos de mamut de más de 10.000 años con patrones hexagonales repetitivos grabados por personas. Al igual que las abejas, las personas tenemos un deseo innato de ordenar las cosas siguiendo patrones ordenados y repetitivos, pero, a diferencia de ellas, podemos optar por todo tipo de figuras interesantes.

Me da tristeza que haya tanta obsesión con los rectángulos en los mosaicos y empedrados modernos. Funcionan bien, pero podemos hacer algo mucho mejor. Cuando cambiamos las baldosas del patio trasero de nuestra casa, decidí usar diseños nuevos y atractivos (mi esposa, Lucie, estaba contenta mientras yo me encargara de negociar con los albañiles). Hice un inventario rápido de todas las figuras que teselan formando un bonito patrón regular (que es lo que, por lo general, se llama «teselado») y me di cuenta de que tenía mucho para elegir.

Una figura plana con bordes rectos es un polígono, y había decidido limitarme solo a polígonos, ya que no quería complicar las cosas con bordes curvos. Aun así, tenía un amplio abanico de opciones. Se puede disponer cualquier tipo de triángulo para cubrir una superficie por completo. No solo el triángulo equilátero; cualquier triángulo sirve. Del mismo modo, cualquier cuadrilátero puede repetirse una y otra vez para formar un patrón de teselado. Incluso los que son «cóncavos», con aristas que se hunden. Si nos llega un envío de azulejos de tres o cuatro lados, no importa la forma que tengan, mientras sean todos idénticos, servirán para cubrir una pared del cuarto de baño.

Supuse que los polígonos cóncavos complicarían innecesariamente el corte de las figuras en piedra, así que me comprometí a buscar solo polígonos «convexos». Con esta decisión, borré de un plumazo todos los polígonos con siete lados o más. No existe un solo polígono convexo, a partir de los heptágonos, con el que se pueda teselar una superficie. Nada más me quedaron los pentágonos y los hexágonos.

Existen solo tres familias de hexágonos convexos que teselan bien y se pueden apreciar en el siguiente diagrama. Cada uno tiene sus propias restricciones: lados que deben tener la misma longitud y ángulos que deben dar una suma determinada. El tercer caso tiene una sutil diferencia, porque hay que darle la vuelta a algunos hexágonos para obtener una imagen reflejada. Lo interesante es que el hexágono regular (con todos los lados y ángulos iguales) cumple los criterios de las tres categorías. Para mí, el hexágono regular es el hexágono canónico del teselado, y las siguientes son tres formas en las que puede distorsionarse y que igual sirve para teselar una superficie.

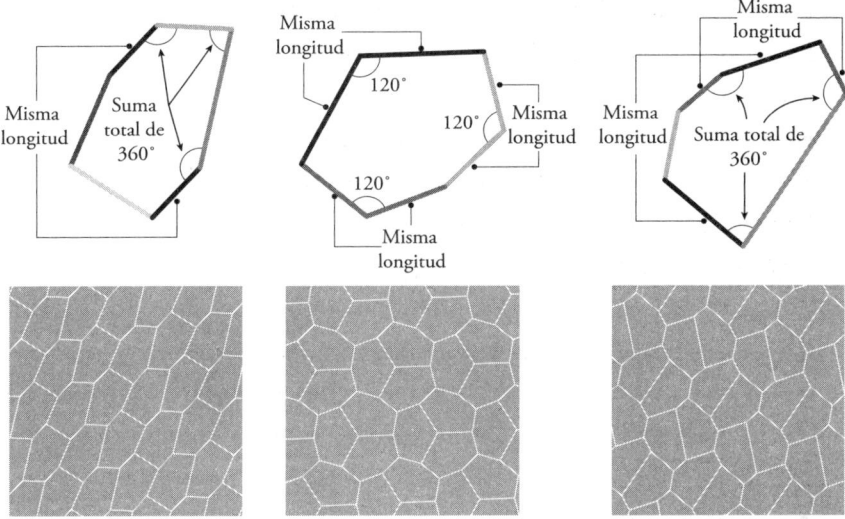

Estaba charlando con uno de mis seguidores de Patreon (un grupo de élite de amantes de las matemáticas que ayudan a financiar mis vídeos de YouTube) llamado Timon, y me contó que tanto él como su pareja tenían tantas inclinaciones matemáticas que decidieron decorar su pastel de boda con hexágonos. El hexágono, la opción de teselado por excelencia, es la figura perfecta tanto para representar un matrimonio en el que todo encaja a la perfección como para cubrir un pastel sin dejar huecos. Incluso enviaron a la pastelería una imagen renderizada de ejemplo que mostraba cómo quedaría el pastel con sus superficies cilíndricas cubiertas por completo de hexágonos regulares. Sin embargo, lo que vieron el día de su boda fue muy diferente.

No podría callarme para siempre.

Como pasó con las galletas octogonales identificadas como hexágonos en la caja, la persona que hizo el pastel oyó «hexágonos», pero hizo octógonos. ¿Qué pasa en el mundo de la pastelería que se confunden los hexágonos con los octógonos? Como ya se ha explicado, los octógonos no sirven para teselar una superficie por mucho que se intente, así que quien se encargó de hacer el pastel los metió como pudo y ya. Por suerte, Timon y su pareja tienen sentido del humor y supieron apreciar su pastel de boda de todos modos, pensando en lo mucho que se habrá enfadado quien lo hizo, maldiciendo a los octógonos por negarse a encajar como los hexágonos del render que estaba mirando. ¡Al fin una consecuencia por no prestar atención a los nombres de las figuras!

Dejé los pentágonos para el final de mi búsqueda del teselado para el patio porque son una locura. En el año 1918 se conocían cinco pentágonos convexos que podían usarse para teselar una superficie. Con el correr de los años se descubrieron tres más, hasta que en 1975 el matemático y escritor Martin Gardner informó que estos ocho patrones pentagonales de teselado eran los únicos posibles. Entonces, tan solo seis meses después, se descubrió otro. Al parecer, las demostraciones que se habían hecho no eran tan exhaustivas como todos esperaban, y ahora sabemos que se quedaron a medio camino.

En los años siguientes, algunos matemáticos profesionales descubrieron más pentágonos y otros los encontraron aficionados. A finales de las décadas de 1970 y 1980, la artista y matemática recreativa Marjorie Rice encontró cuatro patrones pentagonales de teselado que los matemáticos profesionales habían pasado por alto. Marjorie encontró los patrones dibujándolos en fichas sobre la mesa de la cocina. En 1985 ya se conocían catorce formas en que los pentágonos convexos podían usarse para teselar una superficie, y después no hubo más novedades. Pasó el tiempo. Celebramos la llegada del nuevo milenio. Escribí un libro con toda una sección sobre patrones de teselado (que, erróneamente, supuse que ya estaban escritos en piedra). Y después, en 2015, ¡apareció un nuevo patrón!

Esta vez lo encontró un ordenador. Los profesores de matemáticas Jennifer McLoud-Mann y Casey Mann de la Universidad de Washington Bothell (junto con el entonces estudiante de grado David von Derau) crearon el ingenioso código necesario para localizar un pentágono de teselado que nadie había visto durante 30 años.

Al final, en 2017, se hicieron aún más códigos y el matemático francés Michaël Rao consiguió encontrar y comprobar todas las 371 formas diferentes en las que los pentágonos podían encontrarse en un vértice, y confirmar que solo había 15 formas diferentes en las que un teselado era posible. El equipo de Washington Bothell también estaba trabajando en una búsqueda exhaustiva similar, pero perdieron por un pentágono. En teoría, con esto termina el descubrimiento y la categorización de todas las figuras poligonales convexas posibles que pueden teselar una superficie por sí solas.

Me siento obligado a añadir que se cree que la demostración de Rao es correcta, pero en el momento de escribir este libro, siete años después de que se publicara su investigación, todavía se está llevando a cabo la confirmación definitiva. No es tarea fácil comprobar una demostración informática tan compleja. Por eso quiero señalar que los matemáticos solo están seguros en un 99,9 por ciento de que no hay un decimosexto patrón de teselado que hayamos pasado por alto.

Armado con mi prolífica investigación, finalmente hablé con los albañiles. Resulta que los cuadrados y los rectángulos son las únicas formas de adoquines disponibles en el mercado, y cada corte adicional en la piedra supone un costo en términos de tiempo, esfuerzo y buena voluntad del albañil. Pero si podía combinar los cuadrados precortados con una segunda figura fácil de cortar, el proyecto seguía siendo factible. Con mucha tristeza, dejé de lado toda mi investigación sobre patrones de una sola figura, pero, por otro lado, lo que sí tengo es un patrón preferido de dos figuras: un teselado semirregular en el que convergen tres triángulos equiláteros y dos cuadrados en cada vértice. Decidí combinar los pares de triángulos y formar rombos para simplificar un poco el corte y la colocación. Con tan solo tres cortes a un rectángulo, ya tenemos un rombo.

Espero que nadie se maree con este diseño.

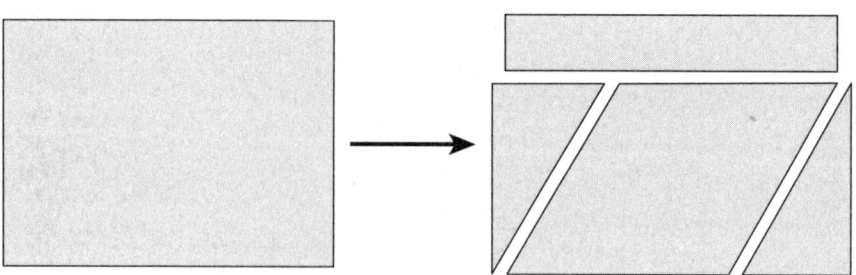

Una cantidad aceptable de cortes para entretenerse con una sierra.

Este patrón se basa en dos de las únicas figuras de teselado que tienen todos los lados y ángulos iguales: el triángulo equilátero y el cuadrado. Eso al menos compensaba el hecho de no haber aprovechado mi extensa investigación sobre los polígonos convexos, pero lamenté no haber podido incorporar el tercero de los tres únicos polígonos de teselado «regulares»: nuestro querido amigo el hexágono. Bueno, hasta que vi los recortes que sobraron de los rombos y se me ocurrió una idea.

Se puede formar un hexágono regular combinando seis triángulos equiláteros porque los ángulos coinciden muy bien: los ángulos de un hexágono miden 120° y todos los triángulos equiláteros miden 60°. Los recortes finitos de rectángulos no se podían aprovechar, pero los triángulos sobrantes tenían ángulos de 60° y 30° con los que podía formar hexágonos. Esbocé un diseño y les pedí a los albañiles que combinaran los recortes para embaldosar un pasillo al costado de la casa. Después de verlo un rato, se pueden identificar partes de hexágonos ocultos a la vista de todos.

En la foto se puede apreciar una gran labor y un labrador.

El segundo plato ahora viene con hexágonos de guarnición.

A la caja

En 2018 fui el anfitrión del lanzamiento del último modelo de una importante empresa de aspiradoras. Tenían que transmitir un montón de estadísticas y cifras sobre la duración de la batería y demás y, al parecer, es más fácil enseñarle a un matemático a desmontar una aspiradora mientras habla en el escenario que enseñarle a un vendedor de aspiradoras a memorizar y recitar números de forma coherente.

Charlando con los ingenieros, descubrí que también se encargaban de diseñar el *packaging*. Siempre había pensado que una vez diseñado el producto se pasaba a un equipo aparte de *packaging*, pero no: iba de la mano de la ingeniería eléctrica y mecánica. «¡Cuánto esfuerzo para hacer un cuboide!», pensé. (Los matemáticos usan el sufijo «-oide» para referirse a cualquier figura similar de la misma familia, pero con requisitos menos estrictos. Un cubo tiene todas las caras de la misma longitud, mientras que un cuboide —en sentido estricto, un cuboide rectangular— es cualquier caja aunque varíe la longitud de las aristas).

De lo que no me había percatado era la cadena de suministro. Estas máquinas se fabricaban en un país y después se enviaban a otros mercados para la venta. El transporte no es barato ni tampoco muy bueno que digamos para el medioambiente. Hacer el producto lo más conveniente posible para transportarlo se reducía a un solo factor: cuántos podían caber en un contenedor de carga.

Los contenedores vienen en tamaños bien estándar. La mayoría mide 2,44 metros de ancho, 2,60 metros de alto y un múltiplo de 3 metros de largo. Para empezar, fijémonos solo en el ancho: 2,44 metros son 244 centímetros, así que, si se tienen cinco cajas con un ancho de 48,8 centímetros exactos, entrarían a la perfección. Sin embargo, si una empresa no tuviera en cuenta los contenedores y fabricara sus cajas con un ancho de 50 centímetros, solo cabrían cuatro, y la quinta no entraría por muy poco. Al reducir 1,2 centímetros el ancho de la caja, esta empresa hipotética podría meter un 25 por ciento más de productos en un contenedor del mismo tamaño. ¡Y eso si se tiene en cuenta una sola dimensión!

Los ingenieros son sumamente conscientes de que el *packaging* final debe medir una fracción exacta de las dimensiones de un contenedor. Pero lograr ese equilibrio no es sencillo. Una aspiradora tiene una cantidad de partes sólidas que necesitan una determinada cantidad de espacio. Hacer que entren dentro de un cuboide que encaje perfectamente con otros para llenar el espacio exacto de un contenedor es como resolver un Tetris muy complejo, y para ello, las empresas recurren a sus mejores ingenieros como lo harían con cualquier otro problema de ingeniería. La próxima vez que uses tu aspiradora, tómate un momento para apreciar que el tamaño exacto del mango, la manguera y el cilindro puede deberse a que en la década de 1950 alguien pensó que 2,44 metros era un buen tamaño para un contenedor.

Le pregunté a James Bull, responsable de *packaging* de la cadena de supermercados Tesco, si también modifican el tamaño de sus productos para facilitar el transporte. La respuesta fue un sí rotundo, pero en lugar de contenedores, Tesco se preocupa por *pallets* y estanterías. El gurú del *packaging* de Tesco me explicó que necesitan fabricar productos que ocupen una fracción exacta del *pallet* y que quepan en la mayor cantidad posible de estanterías. James expresó sentir envidia absoluta por los supermercados más nuevos, como Lidl, que tienen tiendas modernas, construidas a medida, con estantes de tamaño estándar. Tesco tiene muchas tiendas viejas con estanterías de tamaños arbitrarios, por lo que diseñar productos que se adapten a ellas es una pesadilla.

Hablábamos concretamente del envasado del queso. Un cliente llamado Adam había comprado queso en Tesco y se dio cuenta de que el envase decía que contenía un 41 por ciento menos de plástico respecto del anterior. Adam se puso en contacto con mi pódcast de resolución de problemas, *A Problem Squared,* para ver si esto era geométricamente posible. Hice algunos cálculos y descubrí que era muy poco probable reducir el plástico en un 41 por ciento tan solo dando otra forma a un cuboide de queso. Sospechando algún tipo de chanchullo quesístico, fui directo a los responsables.

James me explicó que sí, que el cambio del cuboide (palabras mías, no suyas) había influido en el ahorro de plástico. También se introdujeron otros cambios estructurales, como la eliminación de un cierre que, según sus investigaciones, no usaban suficientes personas; pero el cambio del cuboide tuvo una segunda consecuencia: se redujo la longitud máxima. Esta nueva forma tenía una longitud máxima menor, y es este valor el que determina el grosor del envase. Si la longitud es mayor, el envase se somete a mayores fuerzas de estiramiento y desgarro, por lo que se necesita un plástico más grueso.

Pero ese grosor no puede estrecharse demasiado. Una vez más, todo se reduce al transporte. El propio envase solo representa alrededor del 10 por ciento del carbón producido para fabricar y vender el producto. Y si se disminuye el tamaño del envase, no se disminuye la cantidad de alimento que se estropea durante el transporte. Una reducción del grosor del envase podría compensar fácilmente cualquier posible incremento en la producción de carbón al aumentar la cantidad de productos que se estropean en tránsito y no pueden consumirse.

Se me ocurrió que esta libertad para cambiar las cajas de las aspiradoras y los envases de queso se debe a que cualquier cuboide puede ocupar por completo un espacio tridimensional. Al igual que los polígonos 2D, son poliedros 3D con aristas rectas y caras planas. Algunos poliedros encajan perfectamente sin dejar espacios y otros no. Al igual que cualquier cuadrilátero puede teselar un espacio 2D, cualquier cuboide puede teselar un espacio 3D. Los diseñadores de envases ni siquiera tienen que preocuparse por la apilabilidad cuando ajustan las dimensiones exactas de una caja. A raíz de esto, me puse a pensar en si habría poliedros más exóticos que podrían usar los diseñadores. Dudaba mucho que pudiera encontrar algo más práctico que un cuboide, pero estaba seguro de que podría descubrir algo mucho más divertido.

Cualquier figura que sirve para teselar un plano 2D puede convertirse en un prisma para teselar un espacio 3D. En cierto sentido, el prisma es la figura más sencilla de todas las que se pueden crear en 3D. Solo es cuestión de tomar dos copias de cualquier figura 2D que se tenga por ahí y unirlas formando un «tubo» con un montón de rectángulos. Todos los prismas triangulares y cuadrangulares sirven para teselar un espacio, al igual que cualquier prisma hecho a partir de las familias de pentágonos y hexágonos de los que ya hablamos. Pero los poliedros que no son prismas me parecen mucho más interesantes; no se limitan a repetir algo que funcionaba en 2D, sino que hacen algo nuevo por completo en 3D.

El tetraedro es la versión 3D de un triángulo (es como tres triángulos unidos a una base triangular), pero por desgracia no todos los tetraedros pueden apilarse en 3D. Ni siquiera el tetraedro regular con todas las aristas de la misma longitud. Es una gran crueldad que el universo permita al humilde triángulo equilátero teselar una superficie con absoluta perfección, pero luego niegue la misma capacidad al tetraedro equilátero. Es perdonable pensar que eso debería funcionar; nada menos que el gran Aristóteles escribió incorrectamente que el tetraedro regular puede repetirse para rellenar un espacio. (Tanto la retícula de tetraedro de Ken Perlin como los tetraedros de conversión de colores de HP eran irregulares con lados desiguales).

También voy a descartar los patrones de teselado que requieren más de un tipo de figura, a pesar de que el empaque más eficiente de la historia en términos de área-volumen es un teselado de dos figuras llamado «estructura de Weaire-Phelan», descubierto en 1994. Nadie quiere tener varias formas del mismo paquete de queso que deban engranarse correctamente para poder apilarse. Además, los teselados de dos figuras no requieren mucho esfuerzo: se puede disponer cualquier figura de forma repetitiva y luego inventar una segunda que rellene el exacto espacio de los huecos. Incluso el dodecaedro regular puede teselar un espacio si se combina con una figura llamada «endododecaedro» («endo» del griego, que significa «dentro»).

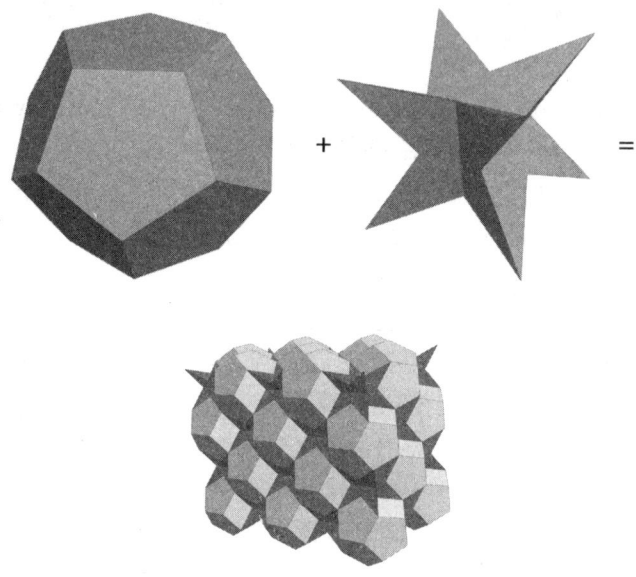

El endododecaedro es un chiste interno.

Para mi figura de relleno 3D definitiva, quiero un único poliedro convexo con todas las aristas de la misma longitud. Te voy a dar dos opciones para que elijas la que más te guste, ambas con derecho al título de «Versión 3D de un hexágono». El rombododecaedro se enfrenta al octaedro truncado en un duelo cara a cara.

El rombododecaedro está formado por doce rombos idénticos y rellena el espacio de forma muy gratificante sin necesidad de un endoamigo. Sé que todo el mundo tiene su dodecaedro preferido y creo que el mío es el rombododecaedro. Tiene un excelente corte transversal con forma de hexágono. Así como cuando se apilan y aplastan un montón de tubos se forman hexágonos (como ocurre en una colmena), si se apilan y aplastan un conjunto de esferas se obtienen rombododecaedros.

142

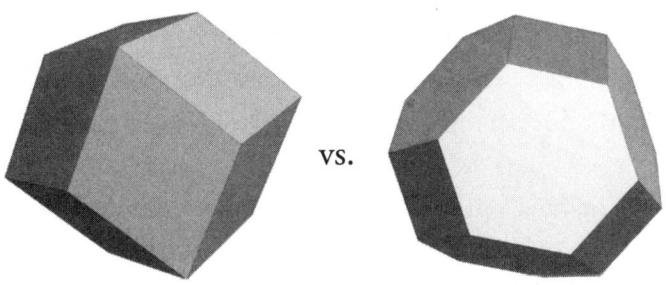

vs.

En particular me gusta porque tiene todas las caras iguales y los pares opuestos son paralelos. Por eso es ideal para proyectos de construcción. Cuando fui al taller de Adam Savage (conocido por ser uno de los *Cazadores de mitos*) para construir algo divertido para su canal de YouTube, Tested, nuestra única limitación era que debía terminarse en un solo día. Había visto unas instalaciones artísticas en las que se usan espejos unidireccionales y luz para que el interior de la figura parezca extenderse en todas direcciones. Pero las más artísticas se valían de una figura como el dodecaedro regular que, si bien es extravagante, no sirve para teselar un espacio. Quería usar una figura que teselara un espacio por sí sola, de modo que cada copia reflejada se alineara perfectamente con todas las demás. Decidimos diseñar una lámpara infinita a partir de rombos acrílicos cortados con láser. Si se mira su interior, se alcanza a ver una retícula infinita que se extiende y desvanece en todas direcciones.

¿Por qué usar un cuboide si un rombododecaedro da más miedo?

El octaedro truncado tiene más de un tipo de cara: está formado por ocho hexágonos regulares y seis cuadrados. No es tan ordenado como el rombododecaedro con sus doce caras idénticas. Pero si nos fijamos en los vértices del rombododecaedro, veremos que hay dos tipos: unos formados por tres rombos y otros, por cuatro. Todos los vértices del octaedro truncado son idénticos; todos están formados por dos hexágonos y un cuadrado. Cada figura es uniforme de una manera distinta.

El octaedro truncado también puede superar al rombododecaedro porque usa menos superficie para el mismo volumen. Es decir, se necesitaría menos plástico para envolver la misma cantidad de queso.

Este problema fue planteado originalmente en 1887 por William Thomson (también conocido como Lord Kelvin). Lo planteó en términos de espuma de burbujas de jabón y no de queso, pero tenía el mismo objetivo: apilar figuras sin dejar huecos para maximizar el volumen y minimizar el área de superficie. Gracias a la obsesiva costumbre de Thomson de anotar sus ideas en cuadernos, sabemos que el problema se le ocurrió cuando estaba tumbado en la cama la mañana del 20 de septiembre y que el 4 de noviembre ya había descubierto el octaedro truncado.

Aún nadie ha logrado superar la solución de Thompson del octaedro truncado. Sí, la estructura de Weaire-Phelan de dos figuras reduciría el envase en un 0,3 por ciento, pero si se busca una monotesela 3D, el octaedro truncado es el actual campeón. Sin embargo, los matemáticos aún tienen que demostrar que es la mejor solución posible; por ahora, sigue existiendo la posibilidad de que haya un poliedro mejor, esperando a ser descubierto.

Creo que el octaedro truncado también tiene más oportunidades de emular el atributo arrasador del cuboide: apilarse con unas convenientes caras planas. Sea cual sea la figura que elijamos para envasar queso, es innegable que el paquete tendrá que vivir en un mundo de cuboides. Los contenedores, los *pallets* y las estanterías son todos cuboides, lo que confiere una clara ventaja a los empaques cuboides. Los octaedros truncados se acercan a esta perfección porque pueden disponerse en un cubo y las caras exteriores se alinearán lo más bien si quedan al lado de una caja. Habría algunos huequitos en los bordes, sí, pero aprovechan el 88,6 por ciento del área de superficie de los cubos. Aunque quizá eso no baste para revolucionar el mundo de los empaques.

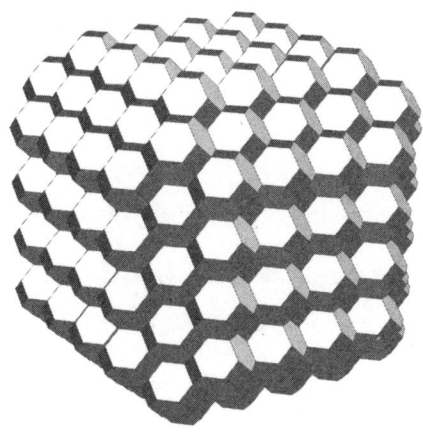

Es una retícula muy bonita.

Abejas: el regreso

La imagen clásica de un panal es una retícula de hexágonos, pero estos son solo las aberturas de las celdas. La entrada principal. También tiene que haber una pared en el fondo. Las abejas no solo apilan las celdas una al lado de la otra y fila sobre fila para que compartan paredes, sino que también las construyen adosadas, escalonadas a la perfección para que cada una pueda sobresalir y cuadrar con las de atrás. Parece que las abejas también tienen que resolver el problema de los teselados 3D.

Las condiciones son las mismas que antes: quieren ahorrar espacio y cera. Dado que las abejas han encontrado la solución óptima de los hexágonos en 2D, seguro que también habrán resuelto el caso en 3D y podrán arbitrar el debate sobre el rombododecaedro versus el octaedro truncado, ¿no? Bueno, sin duda las abejas han elegido un bando: el extremo de las celdas de una colmena es… un rombododecaedro.

145

El de la derecha soy yo, viendo los rombos de un panal con mis propios ojos. Sí, llevaba un modelo de cartón.

Al tener un corte transversal con forma de hexágono, parece la figura perfecta con la que terminar un tubo hexágono. Eché un vistazo a un poco de cera de abeja con un amigo apicultor, y no solo pude ponerme el traje de abeja completo, sino que pude ver el sitio en el que los hexágonos dan paso a tres rombos que finalizan el tubo. Pero ¿es la figura óptima? ¿Acaso las abejas son pequeños genios zumbadores matemáticos?

No. En 1964 el matemático húngaro L. Fejes Tóth publicó un artículo titulado «What the Bees Know and What They Do Not Know» («Lo que las abejas saben y lo que no»), y arrasa con todo. Esta es la primera oración: «En la primera parte de este trabajo construimos un panal más económico que el de las abejas de la colmena para todos los parámetros que intervienen en el problema». Eso sí que es echar en cara a las abejas que los humanos pueden hacerlo mejor.

Y podemos. Tóth señaló que, con algunos retoques, un octaedro truncado es mejor figura que un rombododecaedro. Si se lo distorsiona un poco, aplastando los hexágonos y modificando los cuadrados, es posible moldearlo para que el corte transversal tenga forma de hexágono regular, lo que significa que encajará perfectamente en el extremo de una celda hexagonal de una colmena. Además, se incorporará perfectamente a la capa de celdas que tiene detrás, y todo ello proporcionando la misma cantidad de volumen que un rombododecaedro con un 0,14 por ciento menos de cera.

La existencia de una figura superior al rombododecaedro descarta la posibilidad de que las abejas hayan tenido una especie de inspiración divina para encontrar soluciones óptimas a problemas matemáticos. Nada más han desarrollado una solución lo bastante buena, y la única solución apenas mejor tiene las diferencias suficientes como para que las abejas no hayan dado con ella por casualidad.

Y vale la pena recordar que las abejas ni siquiera intentan hacer rombododecaedros. Nada más empujan la cera, lo que justo hace que las celdas terminen en un extremo rómbico. Sí, puede que este comportamiento haya evolucionado porque justamente conduce a resultados casi óptimos, pero eso no significa que las abejas estén haciendo geometría.

Vincent Gallo también hizo experimentos con los extremos de las celdas de las colmenas. Cuando las abejas construyen una celda aislada, lejos de cualquier otra, empujan el extremo de cera hacia fuera hasta formar una pequeña cúpula esférica. Y si se induce a las abejas a hacer celdas directamente alineadas con las opuestas, con gusto construyen el peor final posible para la celda: una pared plana. Así que queda desacreditada la teoría de las «abejas son geómetras». Sí, han evolucionado de modo que ahora hacen panales de cera muy eficientes, pero no, no aplican las matemáticas.

No quiero tener que repetir

Durante mucho tiempo, el santo grial de los patrones matemáticos de teselado fue un polígono que cubriera una superficie a la perfección, pero sin repetirse nunca. Una cosa que tienen en común todos los patrones de teselado que hemos visto hasta ahora es que se repiten periódicamente. Solo tuve que darles a los albañiles un pequeño diagrama del teselado de triángulos y cuadrados porque, una vez que armaran bien el patrón, este podía repetirse una y otra vez. Fácil.

Los matemáticos soñaban con una figura que estuviera justo en la cúspide entre el orden y el caos. Algunos polígonos pueden cubrir una superficie siguiendo un patrón ordenado y sin dejar huecos, y otros no pueden acomodarse sin dejar espacios entre sí. Pero pensemos en una figura que reúna ambos aspectos: no puede formar un patrón repetitivo y, sin embargo, puede cubrir una superficie.

Este patrón místico de teselado se denomina «aperiódico». Muchas teselas pueden formar un patrón «no periódico»: las teselas cuadradas pueden disponerse de modo que cada fila quede desplazada una cantidad irracional diferente de la anterior. En rigor, ese es un patrón que nunca se repite. Pero un patrón aperiódico implica la condición fundamental de que debe ser imposible disponer las teselas de forma periódica. Las teselas cuadradas podrían volver a ponerse en un patrón periódico, así que no cuentan.

El primer conjunto de teselas aperiódicas se encontró en 1964, pero hubo que combinar 20.426 formas diferentes de teselas. En 1974 se había logrado reducir la cantidad a dos figuras que formaban el «teselado de Penrose», en el que las teselas eran aperiódicas al combinarlas; sin embargo, se seguía buscando una monotesela que pudiera ser aperiódica por sí sola. A esa figura misteriosa e hipotética se la solía llamar «einstein», como un gracioso juego de palabras en alemán que significa «una piedra».

Aunque los matemáticos aún no habían encontrado un *einstein*, sí sabían algunas cosas sobre cómo debía ser (si es que existía). Recordemos la demostración de Rao de 2017 que mostraba que se habían encontrado todos los pentágonos convexos que servían para teselar una superficie. Así se completó la búsqueda de todos los polígonos convexos, y cada uno de los que podía cubrir una superficie lo hacía de una forma bien periódica. Si en verdad existía una monotesela aperiódica, no era convexa. Debe tener partes cóncavas que se hundan en la figura.

¡En 2010 se descubrió un *einstein*! Pero era una figura espantosa. La tesela Socolar-Taylor, que recibió ese nombre por sus descubridores, era una monotesela aperiódica, pero no era contigua. En rigor, era «una tesela» formada por varias piezas pequeñas e inconexas. No daba ninguna satisfacción hacer teselas combinando partes dispares. En una publicación posterior, los descubridores la describieron como «un *einstein* según una definición razonable». Y eso es totalmente cierto. Pero tanto los matemáticos como los albañiles estaban de acuerdo en que el hecho de que cada tesela fuera una pieza sólida era una definición aún más razonable.

Entonces se encontró en marzo de 2023 la primera monotesela aperiódica de la historia. ¡A ver quién adivina si la descubrió alguien jugueteando en la mesa de la cocina de su casa o si se encontró por medio de un avanzado proceso informático! La respuesta, a continuación. Recuerdo perfectamente el comunicado: la noticia se dio el 21 de marzo y el 22 yo tenía que dar una conferencia en la Royal Society de Londres titulada «Todos los datos matemáticos interesantes habidos y por haber». Hubo una consecuente reescritura.

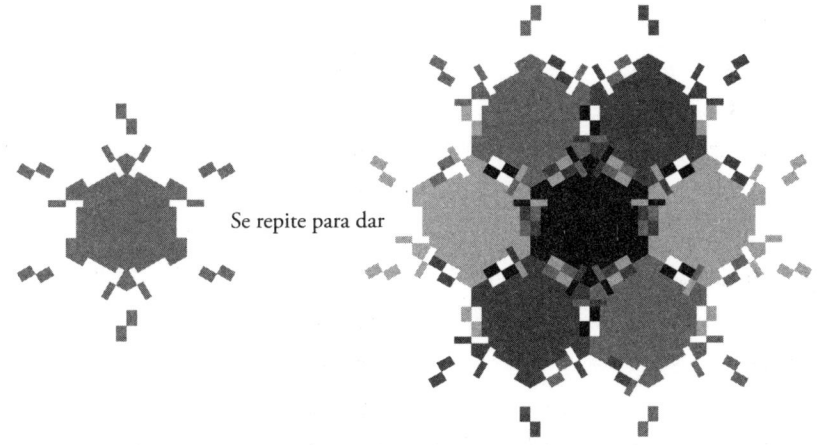

Se repite para dar

¿Alguien recubriría la pared del baño con este mosaico?
Tengo mis teselas dudas.

La conmoción fue instantánea. Se extendió rápidamente por el mundo de las matemáticas, y los principales medios de comunicación no se quedaron atrás. Los matemáticos que habían encontrado la figura la habían apodado «el Sombrero» porque pensaban que se parecía a eso. También se ha dicho que se parece mucho a una camiseta. La cuestión es que era una figura bonita, ordenada y accesible para el público. Al poco tiempo, la gente ya la imprimía en 3D y horneaba galletas con su forma. Mi amiga Ayliean MacDonald se presentó a mi conferencia en la Royal Society con un vestido cubierto de Sombreros que ella misma había hecho.

El Sombrero tenía algo que le ayudó a ganar popularidad tanto entre el público como entre los matemáticos: era sorprendentemente simple. Dado que esta figura había estado eludiendo a toda la comunidad matemática durante más de medio siglo, nadie esperaba que fuera tan sencilla. Es un polígono de 13 lados, muchos menos de los que hubiera previsto. Es cóncava, como era de esperar, pero no tiene ninguna parte separada ni fragmentada, ni tampoco ningún agujero. Cuando la miro, veo un triángulo equilátero ligeramente modificado.

Incluso en el artículo de investigación en el que se anuncia su descubrimiento se dice: «La figura roza lo común por su sencillez».

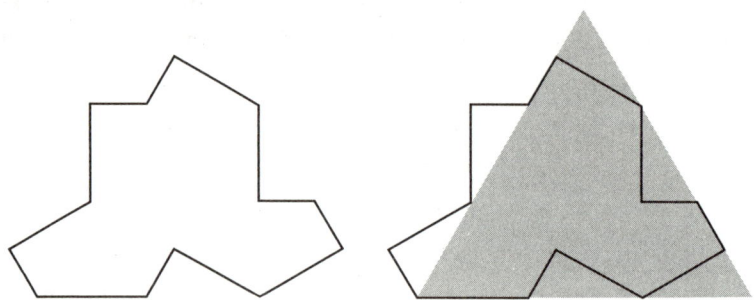

El Sombrero, que para mí es un triángulo equilátero con cuatro partes cortadas y una añadida.

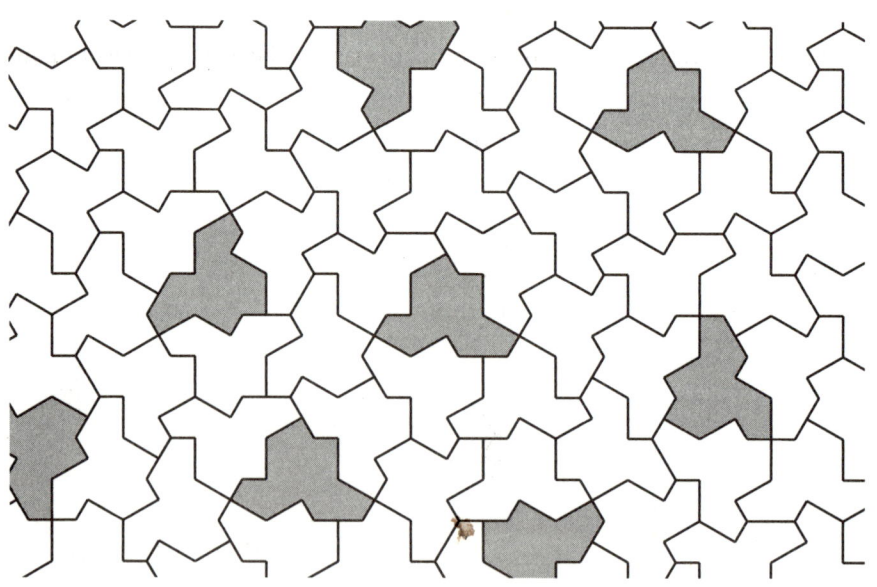

Un teselado con el Sombrero (las teselas invertidas están en gris). Es de una simplicidad insultante.

Nada de esto pretende menospreciar la increíble hazaña de encontrar el Sombrero. Lo descubrió un técnico de imprenta jubilado, David Smith, haciendo matemáticas recreativas en la mesa de la cocina. Había estado diseñando figuras con un *software* para hacer teselados, cuando esbozó el Sombrero y se dio cuenta de que no había una forma evidente de disponerlo en un patrón de teselado. Pero parecía que iba a encajar bien. David recortó 30 en cartón y comprobó que encajaban, pero sin un patrón evidente. Recortó otras 30 copias y las añadió al teselado; seguía sin haber un patrón.

Se puso en contacto con el matemático Craig Kaplan, que usó un *software* adaptado para explorar hasta dónde podía llegar el teselado con el Sombrero. La figura teselaba más que cualquier figura conocida que no permite teselar, lo que indicaba claramente que el Sombrero podía cubrir cualquier superficie infinita. Sin embargo, los patrones que formaba no eran periódicos. Se recurrió a más matemáticos y pronto consiguieron demostrar que el Sombrero era, en efecto, una monotesela aperiódica. Para ser exhaustivos, incluso lo demostraron de dos formas distintas. La primera demostración se hizo con un ordenador, lo que funcionó pero no permitió entender por qué la figura era aperiódica. Como afirmaron en el trabajo de investigación: «Estos cálculos son necesariamente *ad hoc* y, en esencia, poco esclarecedores». Así que volvieron a demostrarlo de una forma mucho más satisfactoria. Ahora no había duda de que esta era la figura *einstein* que todos habían estado buscando.

Y después David encontró otra.

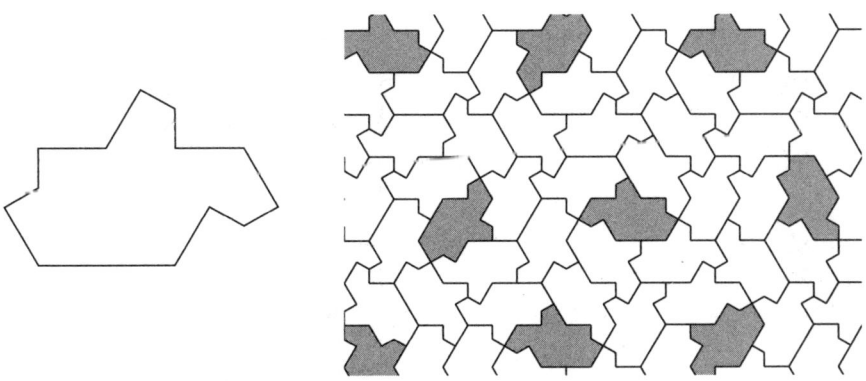

*Creo que todos estamos de acuerdo en que esta figura
es de una tortuga con sombrero.*

Apodada «la Tortuga», fue un segundo ejemplo de *einstein*. Parecía increíblemente improbable que dos *einstein* sin relación entre sí se hubieran encontrado tan cerca uno del otro y por la misma persona. Y, tras investigar un poco, el equipo de teselas determinó que el Sombrero y la Tortuga eran, de hecho, dos miembros de la misma «familia» de teselas. Esto es lo que también sucede al considerar que todos los rectángulos forman parte de la misma familia de figuras, en la que cada miembro de la familia tiene una relación de aspecto diferente entre las dos longitudes de las aristas. En realidad, como la relación de aspecto de un rectángulo puede ser cualquiera, la familia de rectángulos es infinita. Lo mismo pasa con la familia del Sombrero, pero la relación de aspecto no es tan sencilla. El Sombrero original está hecho con dos longitudes de lado diferentes (1 y $\sqrt{3}$) y esas longitudes se pueden variar para generar otros *einstein*.

Cuando las longitudes de lado son al revés, $\sqrt{3}$ y 1, la figura que se genera es la Tortuga. Todas las demás relaciones de aspecto también funcionan, salvo en tres ocasiones. Si toda la familia infinita de teselas Sombrero se colocaran en una hilera, y se rotularan con sus dos longitudes de lado distintivas, la fila comenzaría con la tesela 0, 1 y terminaría con la tesela 1, 0. En rigor, ninguna de las teselas de los extremos es aperiódica. Pueden disponerse de modo que sean no periódicas, pero también pueden disponerse de otras formas periódicas.

Lo curioso es que la tesela del medio, 1, 1, tampoco es aperiódica. Para que una figura sea aperiódica, tiene que encontrar el delicado equilibrio entre el orden y el caos: si hay demasiado orden, se convierte en periódica; si hay demasiado caos, deja de cubrir una superficie por completo. Si las dos longitudes de las aristas son iguales, en el caso de la tesela del medio, se tiene el orden justo para que sea periódica. Pero, por otro lado, aún nos quedan infinitas formas que sí funcionan.

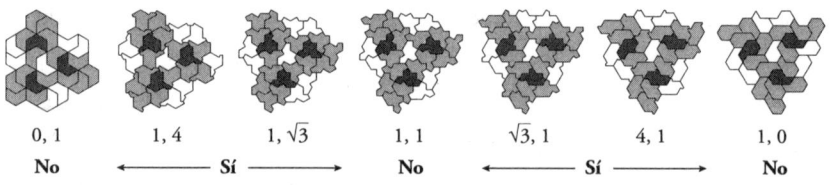

0, 1	1, 4	1, $\sqrt{3}$	1, 1	$\sqrt{3}$, 1	4, 1	1, 0
No	←	— Sí —→	**No**	←	— Sí —→	**No**

Algunos ejemplos de miembros de la familia Sombrero.

Un clásico de las matemáticas: esperas medio siglo a que aparezca una monotesela aperiódica y luego aparecen infinitas a la vez. La única pequeña decepción fue que todos esos teselados contienen también la reflexión de la tesela. Los matemáticos no tienen problema con eso, pero los azulejos de los cuartos de baño y los mosaicos para el suelo tienen un anverso y un reverso. Así que, para fastidio de todos, el Sombrero no sirve como azulejo de baño. Para eso habrá que encontrar un nuevo *einstein* que tesele una superficie sin necesidad de usar su reflexión. Hay que mantener la esperanza.

¡Y la esperanza ya ha dado frutos! En mayo de 2023, el mismo equipo volvió con una monotesela aperiódica quiral que tesela una superficie sin usar reflexiones, apenas dos meses después de que se anunciara el primer *einstein*. Añadiré que dos meses fue el plazo perfecto para que la comunidad de matemáticos comunicadores acabara de hacer todo tipo de pódcast, vídeos, entradas de blog y artículos de revistas en los que contaban la historia «definitiva» del *einstein* antes de que ¡zas!, todo quedara obsoleto (váyase a saber lo que se anunciará en cuanto se publique este libro).

Esta nueva figura fue bautizada como «el Espectro», y también se escondía a la vista de todos. David la encontró justo en medio de la familia del Sombrero: ¡es la figura con aristas 1, 1 que habíamos descartado anteriormente! En todos los teselados del Sombrero que eran aperiódicos, hacía falta usar su reflexión, pero fueron las versiones reflejadas de la tesela 1, 1 las que impidieron que fuera aperiódica. Si se prohibieran las reflexiones, entonces se volvería aperiódica. David y su equipo se dieron cuenta de que si se curvaban las aristas de una forma especial, podían eliminar la posibilidad de que la versión reflejada encajara, y así, el Espectro pasó a ser una «monotesela aperiódica estrictamente quiral». ¡Misión cumplida!

Tengo la impresión de que, a medida que pasa el tiempo, el público general va desarrollando la capacidad de prestar atención a una noticia matemática de última hora (como la barra de vida de un videojuego), y el Sombrero salió en el momento justo y agotó la reserva de entusiasmo. Cuando se anunció el Espectro dos meses más tarde, fue ignorado por completo por los principales medios de comunicación y el público. Claro que los matemáticos estaban entusiasmadísimos porque se trataba de un resultado fantástico, pero la población general no necesitaba otra figura tan pronto. Aunque esta sí sea ideal como azulejo para el baño.

A la izquierda, la tesela 1, 1, y a la derecha, la misma pero disfrazada de Espectro.

Mientras escribo este libro, me pregunto qué otra figura sorprendente aparecerá. Podría venir de cualquier lado. Me he puesto en contacto con el equipo del Sombrero para verificar que no tienen más teselados que anunciar en cuanto termine este manuscrito. Porque después de encontrar a toda la familia Sombrero y ver lo poco exóticas que eran las figuras, escribieron: «Por lo tanto, podemos esperar que surja todo un repertorio de interesantes monoteselas nuevas».

Y espero que así sea. Pero que no suceda hasta la próxima edición de este libro.

Seis

¿DE DÓNDE VIENEN LAS FIGURAS?

Dentro del sistema de cuevas Rising Star, en Sudáfrica, hay zonas en las que se está en un verdadero aprieto; para llegar a un conjunto de salas en particular, a 120 metros de la entrada más cercana, los visitantes tienen que pasar por huecos de menos de 20 centímetros de alto. El paleoantropólogo que las exploró por primera vez tenía tantas ganas de bajar que se puso a dieta y adelgazó 25 kilos para poder pasar (y se rompió el manguito rotador al salir). Algunos de los primeros visitantes de la cueva habrían entrado sin problemas: los *Homo naledi*, una especie ya extinta de humanos de menor estatura. Al parecer, iban bastante a esas cuevas profundas y dejaron lo que se considera el arte humano más antiguo que se conoce.

Hace unos 300.000 años, cuando los *Homo sapiens* estábamos pensando en la posibilidad de evolucionar y empezar a existir, y mucho antes de que evolucionara el lenguaje humano, estos antiguos primos nuestros tomaron piedras y, con mucho esfuerzo, hicieron marcas en las duras paredes de las cuevas. Marcas con patrones geométricos. Marcas que incluían triángulos. Sí, el primer garabato humano conocido, de hace más de un cuarto de millón de años, fue un triángulo.

¿Cuenta esto como la invención del triángulo? No creo que intentar responder esa pregunta merezca que me vaya de tema por completo, pero diré que no me convence que la noción de «triangularidad» no existiera en el universo hasta que a un animal sintiente se le ocurrió marcar uno en la pared rocosa de una cueva sumamente incómoda. Así que voy a manifestar que este libro pertenece al bando de «las matemáticas se descubren» y no responderé más preguntas al respecto.

Ahora podemos imaginar que el universo tiene un depósito imaginario en el que se encuentran todas las figuras. Cada tanto, descubriremos una nueva. El triángulo fue un descubrimiento primitivo «fácil», y el torrente de figuras nuevas no ha dejado de correr. Se ha descubierto más de una figura nueva mientras redactaba este libro, así que escribirlo parece una carrera para atrapar a todos los -gonos.

¿Y qué cuenta como una figura? Podríamos tomar un trozo de papel en este instante, garabatear unas líneas y curvas algo arbitrarias y declarar que el resultado es una figura nueva. No cabe duda de que nadie más ha dibujado el mismo conjunto de líneas de ese Frankenstein de figura. Pero voy a subir de categoría al depósito del universo y decir que es un conjunto seleccionado con criterio de «figuras hechas y derechas». Una figura hecha y derecha es aquella que tiene al menos una de las siguientes características distintivas: tiene algo que la hace única, cumple con algunas restricciones interesantes, resuelve un problema práctico o es la figura central de toda una familia de figuras. Ahora el depósito del universo tiene cierto nivel de control de calidad.

La aparición continua de figuras nuevas descubiertas por los matemáticos (y por entusiastas de las matemáticas) de vez en cuando capta la atención del público general. Como cuando en julio de 2018 unos matemáticos de España anunciaron una figura nueva que bautizaron como «el escutoide». Gracias a que la figura era accesible para los medios de comunicación y ese día no había muchas noticias interesantes, el escutoide llegó a la prensa popular y enseguida generó la respuesta típica: sorpresa e incredulidad ante la posibilidad de que aún quedaran figuras sin descubrir.

La figura nueva surgió del trabajo de un grupo de biólogos que debían resolver un problema que ya conocemos: juntar figuras sin dejar huecos. Los resultados se publicaron en un artículo científico titulado «Scutoids Are a Geometrical Solution to Three-Dimensional Packing of Epithelia»

(«Los escutoides son una solución geométrica al empaquetamiento tridimensional del epitelio»). La única palabra del mundo de la biología que necesitamos descifrar ahí es «epitelio» y, citando la primera oración del artículo: «Las células epiteliales son los componentes básicos de los metazoos». Gracias, biólogos, por aclarar la única palabra que no entendíamos con otra que tampoco entendemos. Es como si yo dijera: «Los escutoides son otro tipo de prismatoide».

Resulta que «metazoos» es una forma extravagante de decir «animales». No sé por qué no dicen eso y ya. La cuestión es que se refieren a nosotros. Las células epiteliales se forman en capas y conforman la superficie externa de todo: de la piel a los globos oculares, de los pulmones a prácticamente cualquier cavidad corporal que se nos ocurra. Los biólogos querían saber cuál era la forma exacta de estas células epiteliales que les permitía empaquetarse en tres dimensiones.

Hasta ahora he despreciado los prismas como forma de rellenar el espacio 3D, pero eso es porque busco cosas que sean interesantes desde el punto de vista matemático. Las células epiteliales, como las abejas, no buscan ser interesantes. Nada más han evolucionado para rellenar el espacio de forma eficiente y los prismas sirven para eso. Los prismas tienen una figura en cada extremo que coinciden en 2D, y luego esas superficies se unen con rectángulos y forman una figura 3D. Parece obvio que estas células se apilen así para formar una capa de tejido.

Sin embargo, los prismas por sí solos no explican la forma y curvatura que los biólogos habían observado en las estructuras formadas por estas células. Las capas de células epiteliales no eran planas, se curvaban de un modo que no podía explicarse con los prismas perfectos, que tienen lados paralelos con una misma figura en ambos extremos.

Así como un cuboide es un cubo más general con lados de distinta longitud, un prismatoide es un prisma con menos restricciones. Si la cara de un extremo es más pequeña que la del otro, ese tipo de prismatoide se denomina «tronco de prisma»; es un prisma que se estrecha, algo así como una pirámide con la parte superior cortada. Y, lejos de considerarse inútil, es lo que los biólogos habían pensado que permitía a las capas de células epiteliales adoptar formas curvas.

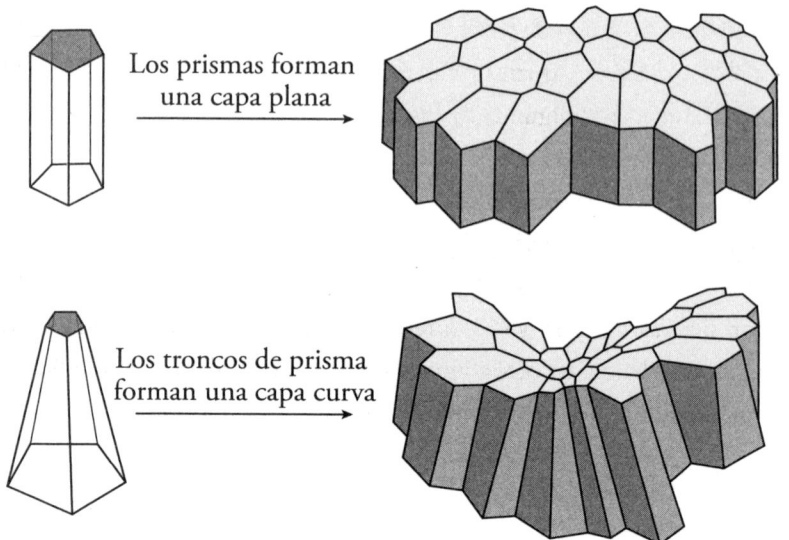

Los prismas forman
una capa plana

Los troncos de prisma
forman una capa curva

Estas capas se acomodan de un modo un poco más desordenado que los teselados que hemos visto, dado que cada célula tiene una forma distinta. Los biólogos se propusieron clasificar los tipos de figuras que podrían unirse para formar esas capas, y su razonamiento fue que las superficies celulares de un lado se hacen más pequeñas, por lo que las células con forma de prisma se volverían troncos de prisma al curvarse la superficie. Pero eso no alcanzaba para explicar lo que se observaba en los tejidos animales reales. Les faltaba una pieza del rompecabezas con forma novedosa.

El siguiente miembro de la familia de los prismas aparece cuando una cara gira en lugar de encogerse. Se produce un «antiprisma» cuando se gira una cara y esta deja de estar alineada con la cara opuesta, de modo que cada uno de los vértices se ubica en el punto medio de los vértices de la otra forma. Luego, en lugar de unir los dos polígonos con rectángulos, usamos a nuestro buen amigo el triángulo. ¡Con los triángulos se forma una figura mucho más interesante! Ya hemos visto que la aburrida arquitectura moderna nos ha dado un sinfín de edificios cuboides. Sí, claro, podríamos construir edificios con forma de pirámide y tronco de prisma para sumar un poco de emoción, pero eso es muy de hace cuatro milenios. Algo en verdad interesante sería hacer edificios antiprisma. ¡Y ya se ha construido un enorme ejemplo!

El edificio más alto de los Estados Unidos es el One World Trade Center, en el reconstruido distrito financiero de la ciudad de Nueva York. Mide 541 metros de altura, algunos de los cuales corresponden a una base cuboide y otros a la antena que se encuentra en la parte superior. El grueso del edificio es un antiprisma cuadrado. El edificio comienza con una forma cuadrada y luego ocho triángulos de cristal se elevan hacia el cielo: cuatro desde los bordes y uno desde cada esquina. Finalmente, llegan al cuadrado superior, que está girado 45° con respecto a la base. Como resultado, cada planta intermedia es un octógono, mientras que la planta del medio es un octógono regular con lados de igual longitud.

El One World Trade Center se estrecha a medida que aumenta la altura (es un antiprisma y un tronco de prisma; un antitronco de prisma). Cuesta un poco verlo bien desde el suelo, así que cuando estuve en la ciudad de Nueva York con mi amiga Laura Taalman, ella imprimió en 3D un modelo del edificio para que pudiéramos ver la forma geométrica con más claridad. Típico de Laura. La parte superior del edificio tiene el tamaño exacto para que, a pesar de estar girada 45°, las esquinas no sobresalgan.

Antes del viaje, habíamos estado debatiendo cuál sería el volumen de este tipo de antitronco de prisma, y el cálculo parecía bastante complejo.

Entonces a Laura se le ocurrió que, debido al tamaño específico de la parte superior del edificio, el volumen del antitronco de prisma es igual al volumen de un cuboide con la misma base, menos el volumen de una pirámide con una base del mismo tamaño que la parte superior del edificio. Me doy cuenta de que es una oración tremenda y no me cabía en la cabeza hasta que Laura me lo demostró con los modelos. ¿Es un concepto geométrico muy satisfactorio y tal vez innecesario? Sí. ¿Indica esto que el mundo está dirigido por un tenebroso grupo de geómetras? Sin comentarios.

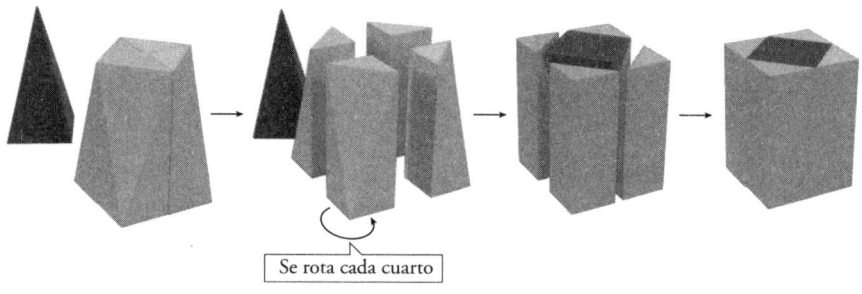

Se rota cada cuarto

La torre más una pirámide es igual a un cuboide con la misma huella.

En la búsqueda de la forma de las células epiteliales, después de los antiprismas (y los antitroncos de prisma) están todas las opciones mixtas denominadas «prismatoides». Para formarlos, se debe colocar dos polígonos planos distintos paralelos entre sí y unirlos mediante rectángulos, trapecios y triángulos de todo tipo. Estos entraron en juego porque los científicos investigaban células epiteliales que habían formado un tubo. Sabían que cada célula debe tener una cara a ambos lados de la pared del tubo, y la disposición que forman las células se conoce bastante bien (sigue un diagrama de Voronoi, para quien sepa de estas cosas). Podían ejecutar un modelo informático partiendo de los puntos centrales de las caras interna y externa de cada célula. Así, descubrieron que la forma en que las células se conectan con las vecinas cambia a cada lado de la superficie.

En un lado de la superficie, una célula puede entrar en contacto con cinco células circundantes, ¡pero en el otro lado toca seis! Las células no solo aumentaban o disminuían de tamaño en distintas partes de la capa, sino que cambiaban la cantidad de vecinas que tenían. De eso se desprende que se trata de una figura que tiene un pentágono en un extremo y un hexágono en el otro, lo que puede conseguirse si se introduce un triángulo en el prisma.

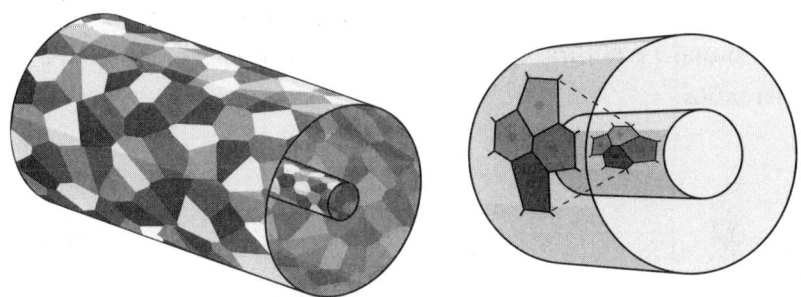

Un tubo completo de células, y solo algunas en las que la superficie externa coincide con la interna.

Pero parece que no funcionaba así. Hablé con Clara Grima, una de los matemáticos convocados para ayudar a los biólogos (palabras mías, no suyas), y me explicó que iteró un modelo matemático hasta que finalmente coincidió con lo que se veía al microscopio. Este es un proceso común en la ciencia, en el que los matemáticos proponen una explicación matemática hipotética de cómo podría funcionar la realidad: usan el modelo para hacer una predicción, y luego los observadores científicos comprueban si eso es lo que ven en realidad. La introducción de un triángulo completo en el lateral de las células no coincidía exactamente con lo que los biólogos veían que se manifestaba en el comportamiento de las células. Unas cuantas iteraciones más tarde, determinaron que la forma de las celdas era algo nuevo por completo que se valía de una forma de Y para unir dos vértices en uno. Lo bautizaron como «escutoide».

Esto significa que antes me he expresado mal, cuando estaba siendo obtuso a propósito: los escutoides no son en realidad un tipo de prismatoide, a pesar de estar muy relacionados. Los prismatoides tienen todos sus vértices en los extremos, en dos planos paralelos. El escutoide tiene un

pícaro vértice extra escondido en el centro; un vértice que pasó eones en
medio de capas de células epiteliales, ocultándose de la atenta mirada de
los biólogos. Lo único que logró revelarlo fue una ingeniosa investigación
matemática.

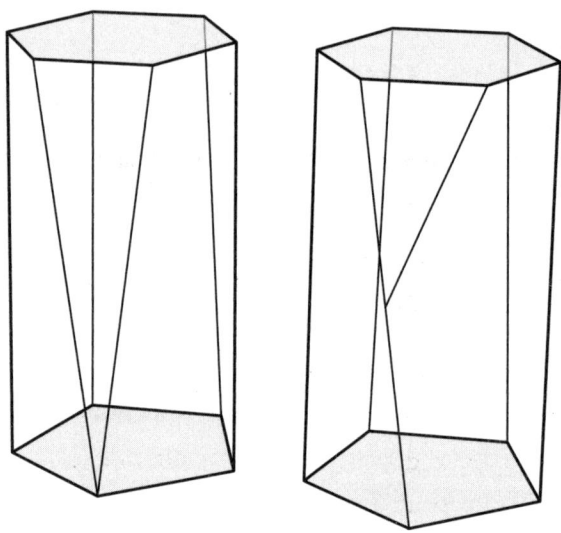

Un prismatoide que pasa de hexágono a pentágono con bastante pereza,
y la solución algo más interesante que en realidad
usa la naturaleza.

Hay otra característica que distingue a los escutoides de los prismatoides: las caras no son planas. Mi amiga Laura Taalman descubrió esto cuando fue la primera persona en intentar imprimir unos escutoides en 3D y
las figuras resultantes no encajaban entre sí a la perfección, como espera-
ríamos que hicieran las células reales. Tuvo que ajustar el código para tener
en cuenta las superficies curvas y entonces funcionó. Esto significa que,
como figuras, los escutoides se encuentran entre los «sólidos», que son más
abarcadores, en lugar de los «poliedros», que son más estrictos. Se pueden
encontrar los archivos STL de Laura en internet (2208 triángulos por escutoide).

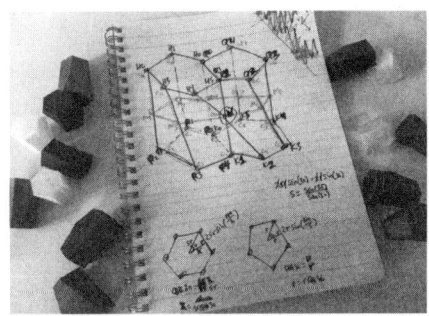

Los escutoides impresos en 3D de Laura y la hoja con los cálculos que necesitó hacer para conseguirlos.

El escutoide logró pasearse por publicaciones técnicas y científicas, medios de divulgación científica y medios de comunicación masivos. No ocurre muy a menudo que el tabloide inglés *Mirror*, que significa «espejo», informe sobre una figura sin simetría especular, pero el titular fue bastante claro: «Unos científicos descubrieron una figura nueva llamada escutoide en las células de la piel». El *New York Post* tituló la noticia con «Unos científicos encuentran una figura nueva que vive dentro de nosotros», que es un poco preocupante, y *Forbes* optó por algo más sobrio, pero igualmente gracioso: «¿Qué es un escutoide? Es una figura nueva que quizás tengas por todas partes».

Nadie usó mi sugerencia: «A todos nos crecen escutoides, una nueva figura».

La solidez hace la fuerza

Hay tres nombres en el sector de la búsqueda de figuras que destacan por encima de todos los demás: Platón, Arquímedes y Johnson. Cada uno tiene toda una colección de poliedros 3D con su nombre, y todos buscaban la figura perfecta.

En el caso de las figuras, la perfección significa mantener la constancia. Ya hemos visto triángulos equiláteros, donde «equilátero» significa que todas las aristas tienen la misma longitud, y otras figuras 2D regulares, donde todas las longitudes son iguales y, *además*, todos los vértices son idénticos. Platón, Arquímedes y Johnson trataron, cada uno a su manera, de ver hasta dónde podían llevar esos ideales en 3D.

Platón vivió entre los años 427 y 347 a. C. y fue todo un tipo importante entre los filósofos de la antigua Atenas. Comprendo que intentar resumir su pensamiento intelectual en una sola oración enfadará a mucha gente, pero todo su discurso era que nuestros garabatos matemáticos inexactos, en nuestra realidad desordenada, son solo aproximaciones a los verdaderos y bellos ideales matemáticos. Le encantaba lo ordenadas que eran las matemáticas en abstracto. Por eso es lógico que las figuras tridimensionales más regulares y puras reciban el nombre de «sólidos platónicos» (el término «sólido», que es una versión más amplia de «poliedro», no es necesario aquí, pero se usa por inercia histórica).

Platón fue «el primero en el mercado» y se hizo con todas las figuras más regulares. Los polígonos regulares se autoproclamaron la cara pública de las figuras 2D. Cuando decimos «pentágono» o «heptágono», lo que la mayoría de la gente imagina es un pentágono o heptágono regular de lados parejos (cuando en realidad un pentágono puede ser una figura con cualquier conjunto de cinco lados de cualquier longitud dispuestos sin orden alguno). Hay infinitos polígonos regulares 2D, pero solo hay cinco poliedros regulares 3D, y Platón se hizo con todos.

En tres dimensiones, formar una figura regular es algo más complicado. Además de que cada cara 2D tiene vértices idénticos, en las figuras 3D hay más vértices donde se unen las caras. Los sólidos platónicos son las cinco figuras en las que los polígonos regulares 2D pueden combinarse en poliedros 3D aún más regulares, que ahora también tienen vértices 3D idénticos. Aquí los que ganan son los triángulos, que se llevan tres de las cinco disposiciones posibles: cuatro triángulos equiláteros forman el tetraedro; ocho, el octaedro; y veinte, el icosaedro. Más atrás vienen los cuadrados y los pentágonos, ya que seis cuadrados consiguen formar un cubo y doce pentágonos darán como resultado el dodecaedro regular.

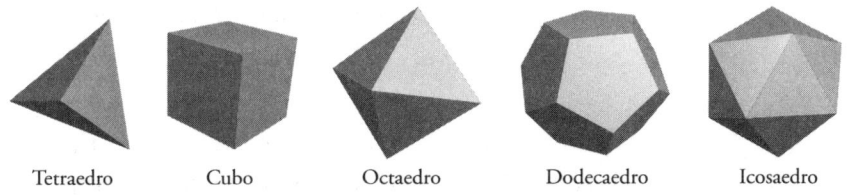

| Tetraedro | Cubo | Octaedro | Dodecaedro | Icosaedro |

La foto familiar de los platónicos.

Curiosamente, Platón en realidad no descubrió estas figuras, ni fue siquiera la persona que demostró que solo hay cinco. Hay ejemplos de humanos que hicieron estas figuras (u objetos que desde entonces nos hemos convencido de que son estas figuras) que se remontan a mucho antes de Platón, y parece que Pitágoras pudo haber estudiado las cinco un siglo antes. Y fue después de Platón, en los *Elementos* de Euclides, escrito cerca del 300 a. C., cuando se les dio un fundamento teórico firme. Irónicamente, parece que la obra de Euclides podría estar basada en la de Teeteto, contemporáneo y compinche de Platón. ¡Resulta que participaron todos menos Platón!

Lo que sí hizo Platón fue escribir sobre las figuras de una manera muy convincente. En su obra *Timeo*, describe cómo cada uno de los elementos estaba formado por «átomos» con forma de poliedros regulares. La Tierra estaba hecha de cubos diminutos; el fuego, de tetraedros (¡con puntas!); el aire, de octaedros; el agua, de icosaedros; y todo el cosmos era un gran dodecaedro. Esto bastó para que el nombre de Platón quedara vinculado para siempre a esas figuras ideales, aunque ahora sospechamos que su amigo Teeteto hizo el trabajo matemático pesado.

Si alguna vez pasas por Atenas y quieres presentar tus respetos a estos antepasados matemáticos, el terreno donde se levantaba la academia de Platón es ahora un parque público. En su época era un parque amurallado con estatuas y templos, usado para actividades deportivas, festivales y, en general, para pasar el rato. Platón vivía cerca y tenía un jardín en el parque que usaba para dar sus clases. Fue el hecho de que Platón se instalara en un terreno bautizado en honor a alguien llamado Academus que nos dejó la palabra moderna «academia» para designar un sitio de aprendizaje. Una vez pasé por allí y encontré un sector de ruinas que muy probablemente formaba parte del complejo donde Platón y Teeteto se sentaban a charlar sobre figuras. Ahora es solo un rejunte de piedras que, me entristece informar, son meros cuboides.

Donde se sentaron las bases de los sólidos platónicos.

La siguiente persona destacada es Arquímedes, que vivió entre los años 287 y 212 a. C., seguramente después de la confusión de los sólidos platónicos. En Sicilia, Arquímedes hizo todo tipo de increíbles trabajos matemáticos, entre ellos el de ser la primera persona en fijar un valor semiexacto de pi. Lo redujo a un valor entre $3\frac{1}{7}$ y $3\frac{10}{71}$, que es muy impresionante considerando la época. Platón se había quedado con todas las figuras con caras y vértices idénticos. Para obtener la siguiente familia de figuras hay que elegir qué restricción mantener: caras congruentes o vértices congruentes.

Los sólidos arquimedianos pasan por alto las caras y se centran en los vértices: todos deben seguir siendo iguales, pero ahora se permite mezclar y combinar los polígonos regulares que los componen. Los triángulos equiláteros y los cuadrados ya no tienen que permanecer en sus sólidos separados, sino que pueden unir fuerzas en el cuboctaedro, el rombicuboctaedro y el cubo romo. En total, tenemos trece figuras nuevas con toda la regularidad de los sólidos platónicos, pero ya no nos importa si las caras son indistinguibles. Me gustan las figuras arquimedianas porque tienen un poco más de picante y sabor que los sólidos platónicos, pero siguen teniendo una simetría que me satisface. Entre ellas también se encuentran el octaedro truncado, que ya hemos conocido, y el icosaedro truncado, que es la forma clásica de la pelota de fútbol.

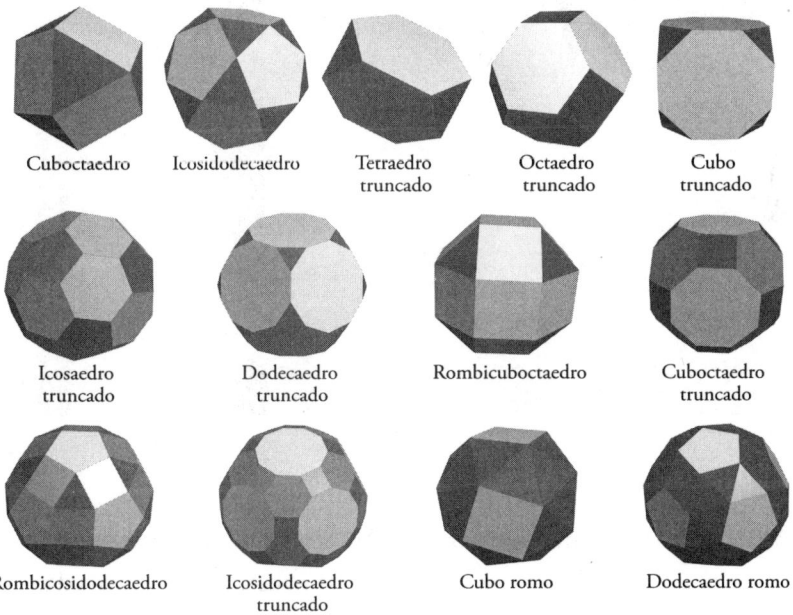

Cuboctaedro	Icosidodecaedro	Tetraedro truncado	Octaedro truncado	Cubo truncado
Icosaedro truncado	Dodecaedro truncado	Rombicuboctaedro	Cuboctaedro truncado	
Rombicosidodecaedro	Icosidodecaedro truncado	Cubo romo	Dodecaedro romo	

El único problema de llamar a este grupo de trece los «sólidos arqui-meadianos» es que estamos excluyendo un número infinito de otras figuras. En concreto, dos familias de figuras. Y eso se debe a estas cuatro razones:

- Los sólidos arquimeadianos están formados por combinaciones de polígonos regulares.
- Hay infinitos polígonos regulares.
- Cualquier polígono regular puede convertirse en prisma usando cuadrados.
- Cualquier polígono regular puede convertirse en antiprisma usando triángulos equiláteros.

Esto significa que podemos hacer tantos sólidos arquimedianos como queramos, todos con caras regulares y vértices idénticos. El único tecnicismo con el que se les puede atacar es que «son demasiados»; cualquier otra cosa es matemáticamente falsa. Dado que el prisma cuadrado y el antiprisma triangular sí forman parte de los sólidos platónicos como el cubo y el octaedro, yo diría que es un poco feo no incluir al resto en los sólidos arquimedianos. Así que, en rigor, los sólidos arquimedianos deberían incluir las trece figuras especiales, los sólidos platónicos y las dos familias infinitas de prismas y antiprismas.

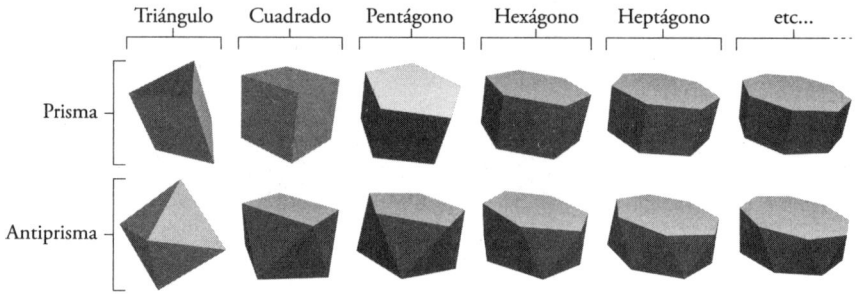

Ya que estamos agrandando la familia, llegó la hora de presentar a los sólidos de Catalan. Los sólidos de Catalan son los antiarquimedianos que responden la pregunta: ¿Y si nos importara que todas las caras sean iguales pero no les prestáramos atención a los vértices? Los sólidos de Catalan fueron catalogados por Eugène Charles Catalan en 1865 y son una sociedad de figuras-sombras que coinciden exactamente con los sólidos arquimedianos. El «dual» de un poliedro es la figura que se obtiene si se pone un punto justo en el centro de cada cara y luego se unen esos puntos como si fueran los vértices de un nuevo sólido. Si hacemos eso con cualquier sólido arquimediano, obtendremos el sólido de Catalan correspondiente.

En este grupo nos encontramos con algunos viejos amigos. El rombododecaedro ya ha pasado por aquí, y el dado de 120 lados, el hexaquisicosaedro, vino a jugar. Estas figuras con caras imposibles de distinguir son «transitivas de caras», y es por eso que son excelentes dados: si todas las caras son idénticas, entonces todas tienen la misma probabilidad de salir.

Además de incluir los duales de los sólidos arquimedianos, estas figuras transitivas de caras también incluyen los duales de los sólidos platónicos (que son... los sólidos platónicos) y todos los duales de las familias infinitas de prismas y antiprismas regulares.

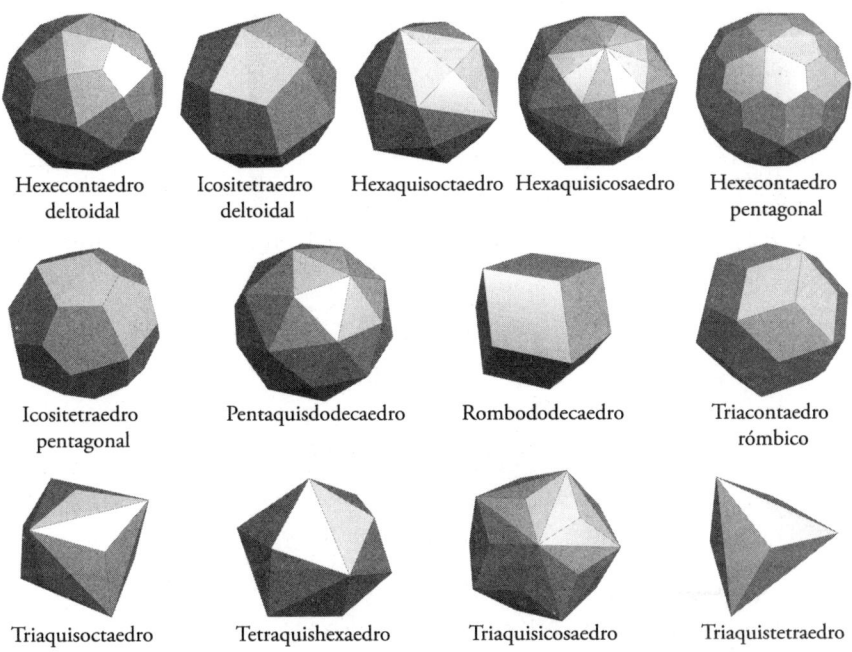

| Hexecontaedro deltoidal | Icositetraedro deltoidal | Hexaquisoctaedro | Hexaquisicosaedro | Hexecontaedro pentagonal |

| Icositetraedro pentagonal | Pentaquisdodecaedro | Rombododecaedro | Triacontaedro rómbico |

| Triaquisoctaedro | Tetraquishexaedro | Triaquisicosaedro | Triaquistetraedro |

Para completar, terminamos con los sólidos de Johnson. Después de los titanes Platón y Arquímedes, entiendo que es un poco chocante terminar con un matemático llamado Norman Johnson de la década de 1960, pero bueno. Norman completó el recorrido examinando todas las maneras posibles en que los polígonos regulares podían formar cualquier poliedro sin más restricciones. A los sólidos platónicos y arquimedianos, en 1966 añadió noventa y dos figuras más (y en 1969 Victor Zalgaller demostró que a Johnson no se le había escapado ninguna). No voy a mostrar las noventa y dos (a mi parecer, resultan un poco caóticas), pero aquí van algunas divertidas.

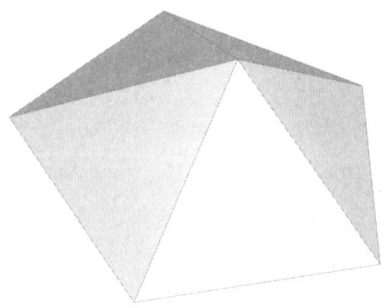

Pirámide pentagonal: cinco triángulos equiláteros sobre un pentágono. También amiga de la pirámide cuadrada, pero cuidado: la pirámide triangular en realidad no es más que el tetraedro del que ya se ha adueñado Platón.

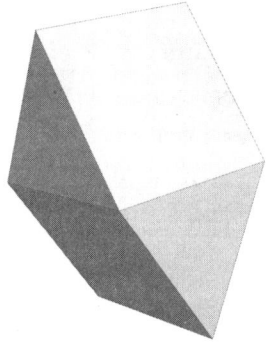

Girobifastigium: dos prismas triangulares con un giro distinto.

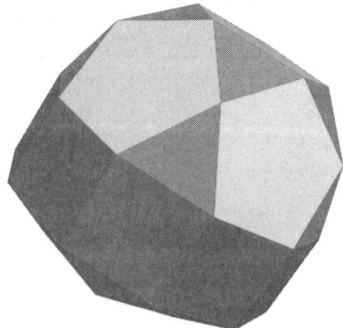

Girocupularrotonda pentagonal elongada: esta es muy tonta. Es una cúpula pentagonal y una «rotonda» pentagonal con un prisma decagonal en el medio. La odio, pero técnicamente cuenta.

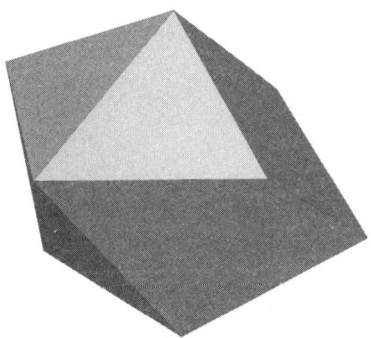

Esfenocorona: uno de los pocos sólidos de Johnson que no es un mero pirateo de otras figuras. Además, su nombre significa «corona en forma de cuña», que es bastante genial.

En total tenemos 110 poliedros convexos que pueden formarse a partir de polígonos regulares: los cinco sólidos platónicos, los trece sólidos arquimedianos y los noventa y dos sólidos de Johnson. Además de las infinitas familias de prismas y antiprismas regulares y, ya que estamos, por qué no añadir los sólidos de Catalan para completar. *Uf.* Al menos ya terminamos.

Un caso con varias aristas

Si piensas que el caso estaba cerrado, ¡te has equivocado! Aunque se considera que en las matemáticas solo hay respuestas correctas e incorrectas indiscutibles, a los matemáticos les encanta debatir sobre lo que creen que es correcto. Y eso nos lleva a la girocupularrotonda pentagonal elongada, una figura cuyo nombre es tan molesto como su clasificación.

A la izquierda vemos el rombicuboctaedro, formado por dieciocho cuadrados y ocho triángulos equiláteros que se encuentran en vértices de tres cuadrados y un triángulo. A la derecha tenemos la girocupularrotonda pentagonal elongada, también formada con dieciocho cuadrados y ocho triángulos equiláteros que se encuentran en vértices de tres cuadrados y un triángulo. La figura de la izquierda es un sólido arquimediano. ¿Qué habría que hacer con la de la derecha? ¿Debería ser también arquimediana?

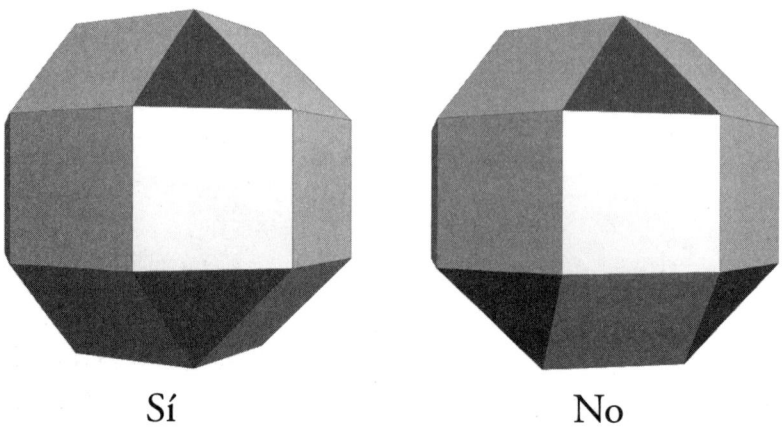

Sí   No

Para convertir un rombicubo en una girobicúpula solo hay que tomar uno de los seis «cuadrados rodeados de cuadrados» y girarlo una vez con firmeza. Se desplazará un paso, arrastrando con él a los cuadrados y triángulos adyacentes. Si miramos con detenimiento las dos figuras un buen rato, nos daremos cuenta de que en la de la izquierda todos los pares de triángulos cercanos flanquean un cuadrado, mientras que en la de la derecha eso ya no ocurre. Si me dieran estas dos figuras, estoy seguro de que, tras una inspección minuciosa, podría distinguirlas. Son dos figuras distintas. Si ambas cumplen el criterio arquimediano de tener caras regulares y vértices idénticos, ¿por qué hay ambigüedad?

Porque los matemáticos se ponen muy quisquillosos con el significado de «vértices idénticos». Puede que todos los vértices de una girobicúpula sean iguales de forma aislada, pero si nos fijamos en los vecinos que tienen, veremos que terminan en dos bandos diferentes.

Yo lo veo como una comparación entre el rombododecaedro y una figura llamada «dodecaedro de Bilinski», descubierta en 1960 por el matemático croata Stanko Bilinski. También tiene doce caras romboidales idénticas. Pero mientras que todas las caras del rombododecaedro son indistinguibles incluso al tener en cuenta a las vecinas (la verdadera definición de ser transitivo de caras), las caras del dodecaedro de Bilinski son idénticas localmente, pero distinguibles globalmente. No conviene usar un dodecaedro de Bilinski como dado porque tiene una «zona plana» en el centro en donde es más probable que caiga.

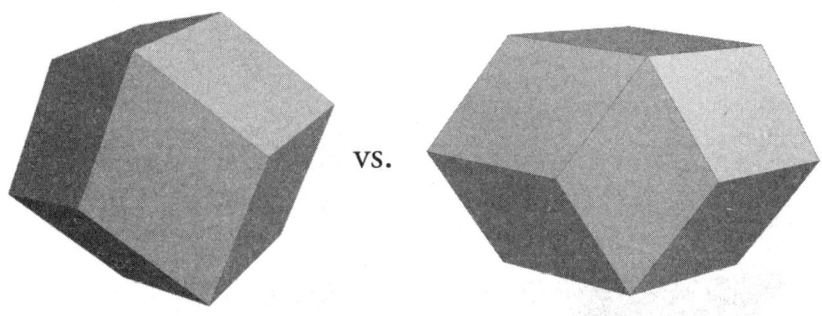

VS.

El consenso general es que la falta de simetría global relega la girobicú-pula a los sólidos de Johnson, pero se ha tratado de promoverla de nuevo a sólido arquimediano (los intentos más recientes correspondieron a los matemáticos Branko Grünbaum, en 2009, y Katie Steckles, en 2018). El debate continúa con toda intensidad. No podemos comprobar lo que dijo el propio Arquímedes porque, si bien sabemos con seguridad que encon-tró trece figuras, lo que escribió sobre ellas se ha perdido con el paso del tiempo. Muchos de los escritos de Arquímedes han sobrevivido y tuvimos la posibilidad de leerlos, pero no este texto fundamental. Sabemos que existe porque el autor Papo, en un texto que escribió en el siglo IV a. C., menciona esta obra de Arquímedes y el hecho de que contenía las trece figuras. Pero no sabemos cuál fue la lógica de Arquímedes para seleccionar esas trece.

Sospecho que el número trece se ha convertido en una profecía auto-cumplida y hemos acomodado nuestra definición moderna de figura arqui-mediana de modo que el total coincida con lo que pensaba Arquímedes. Sería interesante comparar nuestra lógica moderna con la versión de la An-tigüedad para ver si hemos llegado al mismo resultado por la misma vía o si le hemos dado una vuelta de tuerca.

Con esto sí terminamos, ¿no?

Uno diría que, después de buscar durante milenios, ya se habrían encontra-do y categorizado todos los poliedros regulares. Así que sorprendió un poco cuando, en 2011, un chico de quince años encontró uno nuevo.

En este caso, se trató de un dodecaedro pentagonal equilátero. Existe un solo dodecaedro pentagonal regular con todos los vértices idénticos, pero para que sea *equilátero* solo necesitamos que las longitudes de las aristas sean todas iguales. Ya hemos visto un dodecaedro pentagonal equilátero: el endododecaedro que rellenaba los huecos entre dodecaedros pentagonales regulares para poder teselar una superficie en 3D. Es una figura cóncava y puntiaguda para meter en los huecos, pero como necesita concordar perfectamente con los sólidos regulares, también tiene aristas de igual longitud.

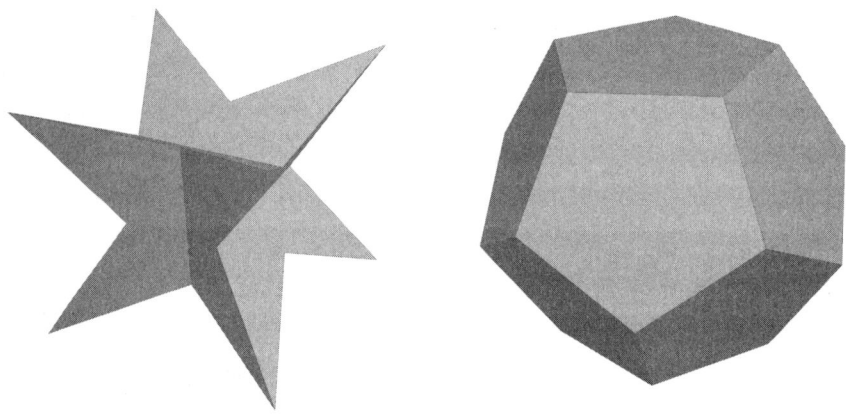

Por dentro y por fuera.

Eso fue precisamente lo que encontró Julian Ziegler Hunts en 2011: otro dodecaedro equilátero regular más. Estaba jugueteando con un código para explorar figuras 3D de diez caras porque estaba por ir a la décima Gathering 4 Gardner, una conferencia de matemáticas recreativas que también suelo frecuentar (para sorpresa de nadie). Cada año los asistentes muestran sus locos descubrimientos matemáticos y hay una motivación adicional para buscar cosas relacionadas con el número de la conferencia en curso. Anticipándose a conferencias futuras, Julian ejecutó el código con figuras de más caras y, después de un rato pensando, el ordenador arrojó que había un dodecaedro equilátero con una altura de −1,0615284. Sí, una altura negativa.

La altura negativa es un artefacto que se desprende de definir el clásico dodecaedro platónico como cero, y las alturas positivas equivalen a figuras estiradas. Resulta que si se «colapsa» un dodecaedro, hay un punto mágico en el que las aristas tienen todas la misma longitud y pueden colocarse de forma que todas las nuevas caras irregulares sean completamente planas. Julian le mostró esta nueva e interesante figura al matemático Bill Gosper y ambos supusieron que se trataba del redescubrimiento de una figura ya conocida. Pero, por más que lo intentaran, no había pruebas de que alguien ya hubiera hecho ese dodecaedro. Lo venían llamando «tympanoedro» porque «tympanum» significa «tambor» en latín y la figura tenía cierta similitud con el instrumento. Pero era un poco difícil de decir, así que empecé a llamarlo «dodecaedro tambor».

Desempeño un modesto papel en esta historia porque Bill Gosper tenía dificultades para incluir el dodecaedro en la página de Wikipedia sobre dodecaedros. Y con razón, porque Wikipedia no es sitio para publicar nuevas investigaciones y el dodecaedro no aparecía en ningún otro sitio de internet. Se encontraba entre dos aguas: era lo bastante importante como para que la gente quisiera oír hablar de él, pero no lo bastante novedoso como para justificar una publicación científica (ah, y el descubridor ya no tenía quince años y había seguido adelante con su vida). No era la primera vez que le tocaba a YouTube dar la noticia matemática.

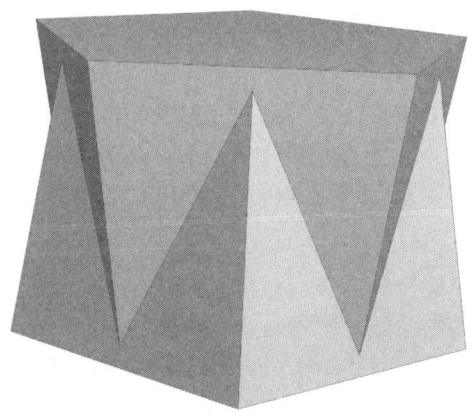

El dodecaedro tambor fue un éxito instantáneo.

Para hacer el vídeo, le pedí a un amigo que se daba maña con las manualidades que me construyera un modelo 3D del dodecaedro tambor.

Entonces, por capricho, se me ocurrió que podríamos hacer un modelo de la figura que también sirviera de tambor. Al final encargué a tres personas diferentes que construyeran tambores con la forma del dodecaedro. Luego le pedí a un batería que los tocara todos y criticara el desempeño de los tambores para acompañar mi crítica geométrica. Los resultados fueron muy claros: genial como figura, pésimo como tambor.

El dodecaedro tambor nos sorprendió a todos porque «un dodecaedro pentagonal con todas las aristas de la misma longitud» es una combinación de restricciones tan fácil de cumplir que lo asombroso era que nadie se hubiera topado con él. Incluso se parece un poco al endododecaedro, y puede formarse sentándose por accidente sobre un dodecaedro normal. Pero, por lo que sabemos, nadie pensó en una figura así antes de 2011 y nadie decidió hacer un modelo físico de una hasta que yo lo hice en 2023. La figura equilátera de Julian también era bonita de contemplar (no tanto de tocar).

La moraleja es que, si se está dispuesto a investigar algunas restricciones interesantes, todavía hay un montón de figuras esperando a ser descubiertas. En realidad, es tan habitual encontrar una figura nueva que el hecho de que una sea furor en los medios de comunicación, como el escutoide o la tesela Sombrero, es más la excepción que la regla. Por ejemplo, en 2018 un profesor de matemáticas de los Estados Unidos llamado Robert Austin tenía curiosidad por saber si existían figuras formadas solo por rombos y deltoides. Ya hemos hablado de los rombos, unos cuadrados torcidos con cuatro lados de la misma longitud; y los deltoides también son cuadriláteros, pero con pares de lados adyacentes de la misma longitud. Tienen forma de cometa, por eso también se los llama así.

Robert puso en marcha un *software* de geometría llamado Stella 4D: Polyhedron Navigator y jugueteó un rato. Encontró ocho «sólidos de rombos y deltoides» y publicó una entrada de blog en su sitio web acerca de las figuras. Y nada más.

Estas figuras «nuevas» pasaron desapercibidas en el sitio web de Robert hasta 2022, cuando yo buscaba unas figuras con un conjunto de cualidades inusuales pero específicas. Hay un festival en los Cotswolds, en Inglaterra, llamado Big Feastival, que se celebra todos los años en los campos del bajista de Blur, Alex James. El Big Feastival ya de por sí celebra las dos pasiones de Alex: la comida y la música, pero también cuenta con un espacio de bar y baile llamado Cheese Hub, que se centra en intereses de Alex aún más específicos, el queso y la música *dance*. Sin embargo, yo desconocía su tercer amor: las matemáticas. A Alex siempre le han interesado las matemáticas y las ciencias; de hecho, la señal de llamada de la sonda marciana Beagle 2 fue una melodía compuesta especialmente para la ocasión por Blur.

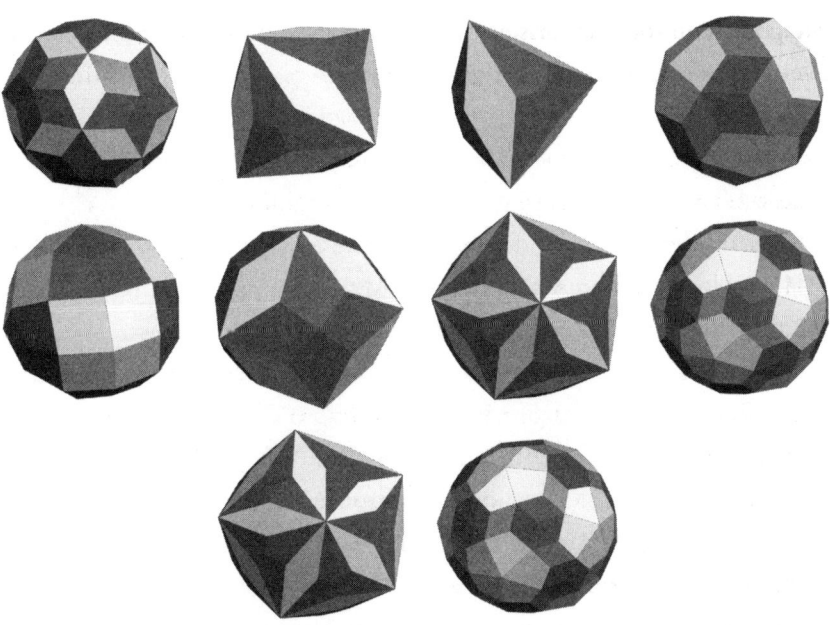

¡Ey, hay cometas en mis rombos!

Alex me pidió si podía diseñar una instalación matemática que complementara a los DJ y el queso. Para mí la solución era obvia: una bola de espejos geométrica. Entiendo por qué las bolas de espejos tradicionales son solo un montón de espejos cuadrados pegados a una esfera, pero hay tantas maneras muchísimo mejores de conseguir el mismo efecto. Así que me puse a buscar una figura que se acercara a la esfera y tuviera una cantidad de caras tal que permitiera construir e instalar algunas durante el festival (quería que los asistentes al festival ayudaran a construir las bolas). También quería que tuviera «un aire matemático» para el público lego. No quería que la gente las viera como meras bolas de espejos poco ortodoxas; quería que captaran enseguida que tenían algo de matemático.

Por último, quería que la figura tuviera quiralidad. Es decir, que viniera en versiones izquierda y derecha, como las manos. Si nos miramos la mano izquierda en un espejo, ya no parece la mano izquierda; está dada vuelta y parece la mano derecha. Las manos son distintas pero simétricas. Hay muchas figuras que no tienen esa cualidad de las manos; si miramos un dodecaedro regular en un espejo parece un… dodecaedro regular. Su imagen especular es idéntica a la figura original.

Mi búsqueda me terminó llevando al sitio web de Robert. No estaba buscando específicamente figuras con rombos y deltoides, sino que había hecho una búsqueda de imágenes y estaba revisando una infinidad de resultados intentando encontrar cualquier cosa que tuviera la estética correcta. Y el octavo de los ocho sólidos de Robert captó mi atención.

Cuando Robert se dispuso a explorar las opciones para combinar rombos y deltoides, decidió juntar sólidos arquimedianos con su figura de Catalan dual. Colocó cada sólido arquimediano dentro de la figura de Catalan correspondiente y luego formó una figura nueva uniendo todos los vértices expuestos. De las trece opciones, ocho resultaron en figuras hechas de rombos y deltoides (las otras cinco solo tenían rombos).

Yo dije que había trece sólidos arquimedianos: Robert en realidad probó con quince en total. No me animé a decirlo antes, pero el cubo romo y el dodecaedro romo vienen en dos versiones (es decir, tenemos incluso más figuras para excluir si queremos ceñirnos al total de trece de Arquímedes). Ambos se forman al expandir el cubo o el dodecaedro y luego llenar los huecos con triángulos

178

equiláteros. Este proceso consiste en girar las caras cuadradas o pentagonales, y esa rotación puede ser en el sentido de las agujas del reloj o el contrario. Como resultado, se obtienen pares de imágenes especulares que se cuentan como un solo sólido. Pero, en rigor, son figuras distintas. ¡Tienen quiralidad!

El proceso de rombos y deltoides que usó Robert llega al mismo resultado con ambas versiones del cubo romo; la quiralidad no sobrevive a la transformación. Pero en el caso del dodecaedro romo ¡eso sí sucede! La figura resultante es un sólido de 150 caras con quiralidad. Tenía suficiente cantidad de caras para ser una bola de espejos decente y se podían hacer pares de esas bolas especulares. Mi plan era colgarlas una al lado de la otra, para que rotaran en direcciones opuestas, como si se mirara una bola en el espejo. ¡Y así serían bolas de espejos especulares! Hasta el día de hoy sigo sintiendo un orgullo desproporcionado por la idea de hacer bolas de espejos dispuestas de forma especular.

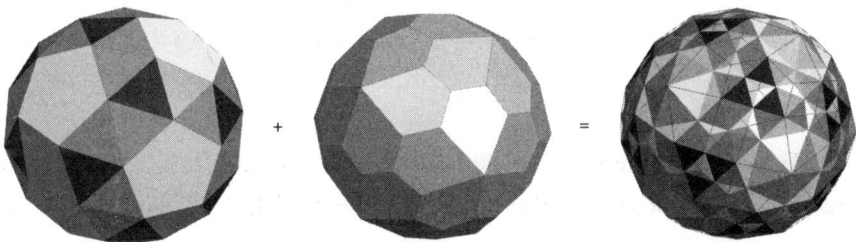

Cuando un dodecaedro romo y un hexecontaedro pentagonal
se llevan muy bien.

¡Pares de bolas pero que no son idénticas! Algo perfectamente normal.

179

Simon Pegg pinchando debajo de mis bolas.

Para mí, esta es la última etapa de la secuencia del nacimiento de una figura nueva. Empieza cuando alguien explora algunas restricciones interesantes o una aplicación novedosa y termina cuando alguien hace un modelo de la figura. Sé que, en un sentido técnico, una figura no es «más real» porque se haya hecho un modelo físico, pero sí creo que eso sucede en un sentido humano. Ver las bolas de espejos especulares girar encima de la abarrotada pista de baile fue un momento especial. Alex James dijo: «Puede que este sea el logro que más me enorgullece», lo que me suena a exageración, pero se lo voy a creer por todas y cada una de esas caras de rombos y deltoides.

Figuras por ordenador

Algo que tienen en común las figuras descubiertas recientemente es el uso de ordenadores. Desde luego, no hace falta un ordenador para descubrir figuras (a Platón, Arquímedes y Johnson les fue de lo más bien sin uno de esos), pero no hay dudas de que acelera el proceso.

En 1965 el matemático suizo Jean-Pierre Sydler necesitaba una figura 3D que consistiera solamente en ángulos rectos a 90°, con excepción de uno solo de 45°. Era un eslabón importante dentro de una demostración de qué figuras pueden formarse a partir de las partes que se obtienen al cortar un cubo. No vamos a profundizar en la demostración en sí, pero lo que puedo decir es que, después de bastante trabajo analógico, Sydler pudo describir una forma en que podía hacerse un «sólido de Sydler» con los ángulos requeridos. Parece una pesadilla de Escher, pero todos y cada uno de los ángulos que se ven son de 90°, salvo una cuña de 45°.

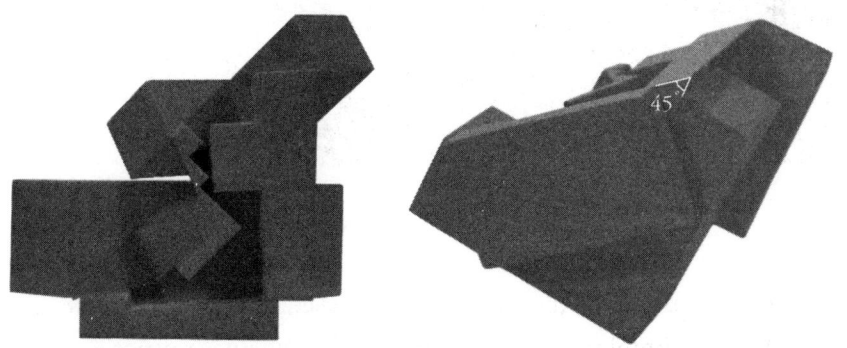

El hermoso caos del sólido de Sydler. Esa cuña puntiaguda que sobresale del lado izquierdo es el ángulo de 45°.

En 2022 el matemático Robin Houston se cruzó con el modelo 3D del sólido de Sydler y decidió que seguramente habría una versión mejor. Tampoco es que hiciera falta: la monstruosidad de 1965 demostró que era posible hacer una figura así, que es todo lo que se quería demostrar. Nadie se molestó en continuar con la búsqueda, hasta que Robin puso en marcha su ordenador y encontró una mucho más bonita casi al instante.

Eso nos da una idea del tremendo cambio de paradigma que supuso el ordenador en el campo de la búsqueda de figuras. Siguen haciendo falta los mismos conocimientos matemáticos para determinar las restricciones que debe cumplir una figura nueva hipotética y cómo podría realizarse la búsqueda, pero esos pasos pueden hacerse mucho más rápido con un ordenador que con lápiz y papel.

La figura de Robin con un ángulo de 45° en ese trocito que sobresale en la parte superior.

La búsqueda de la figura más grande lo ejemplifica a la perfección. No hablamos de la figura más grande sin límites (eso sería volver a los orbes espaciales), sino de la figura más grande que puede caber dentro de una esfera con una determinada cantidad de vértices. Si resulta inquietante la idea de atrapar el poliedro más grande en una esfera pequeña, hay que tener en cuenta que nadie podría impedir que imaginemos una esfera grande y ya.

Vamos a ver el caso en 2D rapidito porque es aburrido. ¿Cuál es la figura más grande con cinco vértices que cabe en un círculo? El pentágono regular. ¿Con seis puntas? El hexágono regular. ¿Con n puntas? El n-ágono regular. Es siempre la figura regular con esa cantidad de vértices. Si se distribuyen los vértices por el círculo de manera uniforme, siempre se obtendrá el área máxima. En 3D, la cosa se pone mucho más complicada.

Para empezar, no existe una forma sencilla de distribuir de forma equitativa una cantidad dada de puntas dentro de una esfera. Eso se conoce como el «problema de Thomson», por el físico J. J. Thomson, que estudiaba la disposición de electrones dentro de un átomo. El aspecto físico estaba mal (los electrones no se quedan a pasar el rato en una esfera), pero el aspecto matemático terminó despertando un muy prolongado interés. Las soluciones son sencillas para los casos de 4, 6, 8, 12 y 20 porque coinciden con la cantidad de vértices de un sólido platónico, por lo que se obtiene una distribución perfectamente uniforme. Pero nos queda un sinfín de otros casos. Al día de hoy, no se ha resuelto el problema de Thomson. Estoy seguro de que los fabricantes de pelotas de golf están muy atentos.

Aunque un día un matemático logre resolver el problema de Thomson, no habrá una solución automática para el problema de la figura más grande. Es posible que un conjunto de vértices distribuidos de manera uniforme no corresponda al mayor volumen posible de una figura. Los vértices de un cubo se distribuirán de manera uniforme en ocho puntos de una esfera. Pero ¡el cubo no es el mayor volumen posible!

Si el cubo no sirve, entonces ¿cuál es la figura con ocho vértices más grande? Podemos comenzar con la figura formada por dos pirámides hexagonales para explorar un volumen más grande. Un cubo dentro de una esfera tiene un volumen de casi 1,5396 (comparado con el radio de la esfera = 1), mientras que las lindas pirámides tienen un volumen de 1,732 (que, en realidad, es la raíz cuadrada de 3, ¡a ver si puedes calcular eso!). ¡Es casi un 12,5 por ciento más grande! Y una vez demostrado que el cubo no es óptimo, se abre la posibilidad de otras figuras mucho mejores que las pirámides hexagonales.

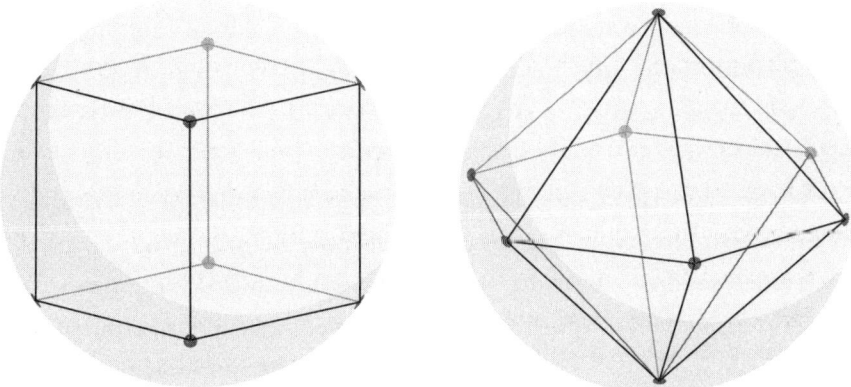

A principios de la década de 1960, Donald W. Grace, un estudiante de la Universidad de Stanford que cursaba una maestría en Análisis Computacional (lo que hoy llamaríamos ciencias de la computación), pensó que podría usar ordenadores para resolver justo este problema. A diferencia de cuando Robin buscó figuras de 45°, Don no tenía un ordenador propio que podía poner en marcha y ya. Stanford acababa de recibir en 1960 un nuevo y costoso ordenador Burroughs 220 que ocupaba una sala entera, y no era sencillo reservar tiempo para usarlo, en especial si se era un mero estudiante de maestría que soñaba con buscar una figura. Don tuvo que ofrecerse a tomar el turno de la noche y pasar su código cuando no había más nadie.

Su plan era darle al ordenador la tarea de mover ocho puntos alrededor de una esfera. Don empezaba con ocho puntos ubicados en posiciones arbitrarias y, con cada paso, el ordenador calculaba el volumen abarcado por los puntos. Para decidir el siguiente paso, el código también calculaba todos los volúmenes de las posibles figuras nuevas si cada punto se movía levemente en cada dirección posible. ¡Eso es un montón de figuras en potencia!

Siguiendo ese proceso, el ordenador podía calcular la «gradiente» de cuánto cambiaría el volumen ante el movimiento más ínfimo de cualquiera de los puntos. Luego los puntos se movían en la dirección del volumen nuevo más grande (que Don imaginó como «una subida por la gradiente más empinada») y se repetía el proceso. Al repetir esto una y otra vez hasta que ningún otro cambio mínimo pudiera aumentar el volumen, poco a poco se desarrollaría un poliedro máximo. Eran necesarios más cálculos de los que cualquier persona podría hacer en toda su vida, pero solo sería un pequeño esfuerzo para esos nuevos ordenadores electrónicos modernos.

No sé qué pasó cuando Donald Grace puso en marcha el Burroughs 220 y activó el código. Me imagino que habría un montón de tarjetas perforadas yendo y viniendo y carretes de cinta magnética girando. Un estallido de actividad informática en plena madrugada, en la quietud del campus de Stanford. Pero, más allá del alboroto computacional que se hubiera producido, en un momento se detuvo. Apareció una figura nueva. Una figura jamás vista ni imaginada por los seres humanos. Un poliedro con ocho vértices que tenía más volumen que cualquier otra figura de ocho vértices conocida hasta la fecha.

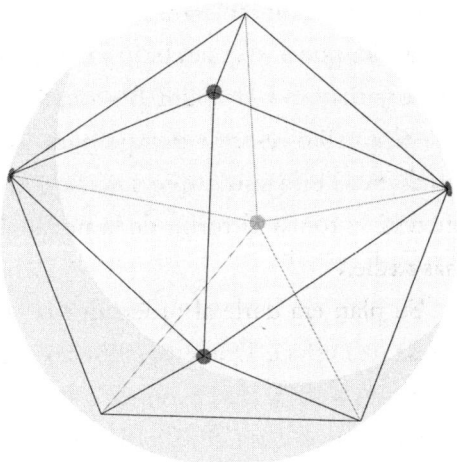

El modelo usado por Grace para visualizar
cómo era la figura. Para nuestra satisfacción,
está hecha por completo de triángulos.

Publicó su hallazgo en 1962 bajo el título de «Search for Largest Polyhedra» («Búsqueda del poliedro más grande»). En el artículo científico
describe los cálculos que usó y también reconoce que el ordenador hizo que
todo fuera mucho más rápido.

Se aceleró la convergencia al permitir que el ordenador buscara el
multiplicador, M, que causaba el mayor aumento en V [volumen]
en cada iteración.

Leí muchos artículos de investigación sobre matemáticas de todas las épo-
cas y, mientras hojeaba el de Donald, me extrañó ver la siguiente oración: «La
búsqueda se llevó a cabo con métodos de gradiente en el ordenador Burroughs
220». Parecía totalmente anacrónico porque los artículos matemáticos de esa
época jamás mencionan el uso de ordenadores. Stanford ni siquiera tuvo un
Departamento de Ciencias de la Computación hasta 1965. Fue un adelantado
a su época.

De hecho, creo que la figura de Donald es la primera descubierta con
un ordenador.

Desde luego que puedo equivocarme. Podría haber una figura geométrica aún menos conocida que se haya publicado antes del 28 de agosto de 1962, pero yo no la he encontrado. Si alguien tiene un contraejemplo, que por favor se ponga en contacto conmigo pero, hasta que se demuestre lo contrario, declaro que esta es la primera figura de la historia encontrada con un ordenador.

Por eso, el Burroughs 220 es un ordenador muy importante en la historia de las matemáticas. ¡Y debería estar en un museo! Por desgracia, tras una revisión exhaustiva de todos los museos de ordenadores, no obtuve ni un solo resultado positivo. Investigué un poco más y parece que solo se produjeron cincuenta y cinco de ese modelo. El Burroughs 220 fue uno de los últimos ordenadores de tubo de vacío, que pronto fueron reemplazados por máquinas de transistores. Stanford recibió su ordenador en 1960, Don lo usó en 1962, y en 1963 ya se había reemplazado. Nadie sabe a dónde fue a parar.

Nadie sabe a dónde fue a parar ninguno de los que se habían fabricado. Salvo uno. Bueno, partes de uno. En algún momento de 1970, una universidad de Illinois (no sabemos cuál) arrojó a la basura su ya obsoleto Burroughs 220. A un empleado de la institución no le gustó nada que terminara desguazado, así que se las arregló para llevar partes a su casa y las guardó en el sótano durante cincuenta años, tras lo cual se pusieron a la venta en eBay y las compró el dueño de un estudio de cine en Nebraska.

Es que, aunque el Burroughs 220 tuvo una existencia muy corta al final de la era de los tubos de vacío, vaya si parecía un ordenador. Parecía un ordenador en serio. Si nos imaginamos un ordenador de la década de 1960, prácticamente pensamos en el Burroughs 220. Por eso, cuando los departamentos de computación dejaron de usarlos, además de que uno de ellos terminara en un sótano de Illinois, muchos otros se mudaron a Hollywood para seguir una carrera como *atrezzo*. Se pueden ver los paneles de control del Burroughs 220 en programas de televisión de la década de 1960 como *Viaje al fondo del mar* y *Tierra de gigantes*. Uno aguantó tanto que llegó a protagonizar un episodio de *Laverne & Shirley* en 1980.

Pero después llegaron ordenadores más jóvenes y sensuales y Hollywood descartó las partes del Burroughs 220, como lo habían hecho los departamentos de computación unas décadas antes. Hasta que hubo una segunda ola de entusiastas del cine que quisieron recrear la estética de las producciones de ciencia ficción clásicas de mediados de siglo. Una de esas personas fue Bill Hedges, de Cosmic Films Studio, que vio en eBay la publicación de venta del Burroughs y lo reconoció, no por su importancia en la historia de la búsqueda de figuras, sino en la historia del cine y la televisión. Lo compró y lo instaló en su estudio de cine, por lo que las únicas partes de un Burroughs 220 que existen en el mundo están en un estudio de cine de Nebraska. Preparé las maletas.

No se me ocurre ningún otro motivo por el cual viajaría al pueblo de Lyons, en Nebraska (de 824 habitantes), pero allí estaba. De visita en Cosmic Films Studio. Después de jubilarse, Bill dedicó mucho esfuerzo a coleccionar y construir *atrezzo* de los programas de televisión clásicos de ciencia ficción, y había convertido el cine de Lyons (que cerró en 1985) en un hogar digno y práctico para su colección. Tuvo la amabilidad de mostrarme el estudio y, en una sala del fondo, ambientada como una guarida subterránea, se encontraban las únicas cuatro partes que existen de un Burroughs 220: una consola de control, dos unidades de cinta y el controlador de las unidades de cinta, del tamaño de un armario. Lamentablemente, faltan muchos componentes clave, como el procesador en sí, pero por ahora es todo lo que tenemos. Si bien no funciona, Bill había cableado la consola para que al menos encendieran las luces y así pareciera que el ordenador cobraba vida.

La consola principal del Burroughs 220. Las luces parpadeantes son lo más cercano a un monitor que tenía este ordenador.

Puede que haya sido por el agotamiento tras el largo peregrinaje, pero este fue otro momento emotivo. Delante de mí tenía los únicos componentes conocidos del modelo de ordenador que había encontrado la primera figura descubierta con una máquina. Dejé mi ofrenda sobre el Burroughs 220: una copia impresa en 3D de la figura de Donald, que ahora vive con el ordenador en su nuevo hogar. Allá por 1962, Donald no tenía idea de que sería el primero de una larga serie de personas que descubrirían todo tipo de figuras emocionantes ayudadas por ordenadores para poder llevar a cabo sus búsquedas. Sesenta años después, tengo la sensación de que seguimos en los albores del descubrimiento de figuras.

Dos unidades de cinta y el gabinete de circuitos necesarios para operarlas. Una especie de memoria USB del tamaño de una sala.

Siete

HORA DE TRIGONOMETRAR

El Sphere de Las Vegas es superimpresionante. Es una esfera de 111 metros de alto que, hasta la fecha, es el edificio más costoso de la ciudad. Además, en el sitio web del Sphere, se puede encontrar elogios inesperados a los ángulos y algo llamado «la ley del seno».

> Al igual que todo ícono del entretenimiento mundial, el Sphere no sería nada si no supiéramos de ángulos. La ley del seno se usó para calcular los ángulos arquitectónicos del edificio, desde el grado de inclinación de las escaleras mecánicas del Atrium hasta la curva de los arcos que tienes enfrente.
>
> —Sphere Entertainment Co.

Este texto se encuentra en la sección «Science» del sitio web, donde también se destaca que el Sphere se hizo como una malla triangular («¿Qué se necesita para construir el edificio esférico más grande del mundo? Un montón de triángulos») e incluso se elogia el análisis de elementos finitos utilizado en la construcción, que vimos hace unos capítulos. Pero el término «ley del seno» me llamó la atención porque, así como si nada, pasa de ángulos a senos, una función trigonométrica.

En este libro, he ido preparando el camino para el momento en que llegara la trigonometría. La trigonometría es la versión turbo de la geometría y tiene fama de ser poco clara y confusa. Pero en el fondo es tan sencilla como montar en bicicleta.

Como les pasa a muchas personas de mediana edad que van cayendo en la cuenta de que la vida es finita, hace unos años empecé a practicar ciclismo. Es un excelente pasatiempo que, por lo general, brinda todo tipo de beneficios (con algunas partes insalubres condensadas en terroríficos arrebatos esporádicos). La zona del Reino Unido donde vivo es conocida por el ciclismo, aunque no al estilo neerlandés relajado con sus caminos llanos, sino por sus espectaculares colinas que ponen a prueba el dominio de la mente sobre el cuerpo. Son las mismas colinas que pusieron freno a los romanos y sus calzadas rectas.

Un día, decidí salir a dar una vuelta por una zona llamada Hurt Wood, o Bosque Dolido. Debería de haber captado la indirecta de que ese bosque me iba a doler. Enseguida me encontré tratando de subir (la dirección es importante) por la carretera Barhatch Lane sin saber que esta se había calificado como la segunda subida más difícil de todas las colinas Surrey Hills en términos de ciclismo. Una señal de tráfico me dio la primera pista, lo que me ofreció una grata distracción mental junto con una sombría advertencia de lo que me esperaba.

La señal tenía una imagen sencilla de un triángulo y un porcentaje: 21 %. «Qué específico ese dato», pensé mientras resoplaba. Algún topógrafo se había negado a redondear la cifra a 20 por ciento, cosa que respeto. La señal advierte que por cada 100 metros que se avance en esa carretera, también se sube un 21 por ciento de esa distancia. Se avanza a razón de 0,21 a 1.

Lo siguiente que pensé fue: «Eh…, esta carretera tiene una tangente de 0,21», y después: «¿Cuánto será eso en grados?». Eso es trigonometría. Todo en un mismo pensamiento exhausto.

Eso no es buena señal.

La trigonometría consiste en puras relaciones o razones (en este caso, entre la distancia de subida y la distancia horizontal) y en el hecho de que esos valores son solo otra forma de medir el tamaño de un ángulo. Se puede medir un ángulo en grados, radianes, fracciones de un círculo, gradianes (si se quiere subir a nivel de posgrado) y ahora una nueva: la tangente. Esta razón se llama «tangente» («tan» para los amigos) porque en matemáticas «tangente» suele usarse como sinónimo de «gradiente» o «pendiente».

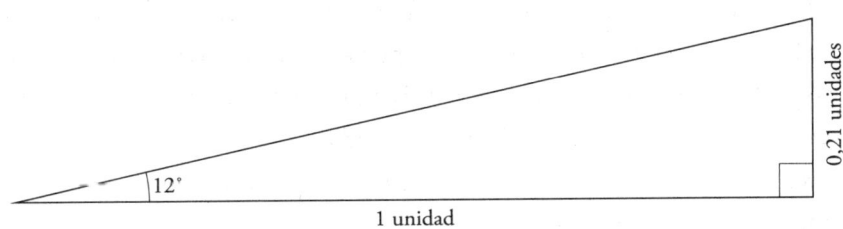

Para calcular el ángulo de ascenso en una pendiente del 21 por ciento, podría trazar un triángulo cualquiera en el que la elevación sea el 21 por ciento de la base y medir ese ángulo. Pero eso parece complicado e impreciso. Podría buscar el dato y ya. Aunque eso parece arcaico e impreciso. Pero así es la cosa.

De hecho, busqué el dato de dos formas distintas. Por respeto a la tradición, primero lo busqué en un libro. Tomé mi ejemplar de *Chambers's*

Shorter Six-Figure Mathematical Tables y busqué la tabla de tangentes. Busqué 0,21 y leí que le correspondía un ángulo de 11° y 51 minutos. *Uf*, claro que iba a estar en minutos, si este libro se publicó en 1844 (mi edición es una relativamente moderna de 1959). Pero podría ser incluso más vieja: las primeras tablas trigonométricas que se conocen datan de alrededor de 1800 a. C. Hice una conversión rápida y obtuve 11 + 51/60 = 11,85°.

Durante mucho tiempo, estas tablas fueron la única manera de obtener valores trigonométricos con rapidez. Pero son imprecisas porque la cantidad de dígitos que puede incluir para cada valor es limitada. Después, finalmente, llegaron los ordenadores. Así que, para tener el dato completo, presioné el botón «tan» de la calculadora de mi teléfono inteligente de vanguardia, que me dijo que el ángulo mide 11,85977912°. Sé que a la persona que diseñó la señal le gustaba la precisión, pero sospecho que eso ya es demasiado detalle, incluso para ella. Nada más digamos que yo estaba subiendo por un triángulo con un ángulo de casi 12°. Lo importante es que una razón de 0,21 y una medición de 12° son dos formas de representar el mismo ángulo.

Quienes crearon la señal podrían haber puesto 12° y ya. Sin embargo, optaron por 21 por ciento. Supongo que habrán pensado que esa era una forma más intuitiva de expresar lo empinada que era la carretera. Y en parte estoy de acuerdo: a casi todos se nos da bastante mal calcular el ángulo del terreno en el que estamos. Casi nadie se inmutaría si le dijeran que una carretera está en una pendiente de 20°. Parece un ángulo pequeño, pero en realidad, ¡sería una pendiente peligrosa! Basta con 12° para merecer una señal de advertencia, y las carreteras más empinadas del Reino Unido tienen 18° como máximo.

Si las peores carreteras del Reino Unido están a 18° (una pendiente del 32,5 por ciento), y conducir un coche en una pendiente como esa puede ser peligroso, entonces tenemos un problema si 18° no es un número que dé miedo. Si una señal indicara que hay una inclinación del 30 por ciento, sin dudas sonaría un poco peor. Así que entiendo por qué se ha elegido la tangente como la unidad para expresar los ángulos en las señales de tráfico. Sin embargo, no es la única forma que se usa en el Reino Unido. Si se consultan las señales de tráfico oficiales del *Highway Code* (el libro que contiene las normas de conducir del Reino Unido, publicado por mis queridos amigos del Ministerio de Transporte), se podrá apreciar que, además de porcentajes, «las pendientes pueden expresarse como una razón, es decir, 20 % = 1:5».

En las carreteras del Reino Unido, las señales de pendientes antes tenían razones como 1:5 o 1:10, lo que indicaba que, para un ascenso de 1 se debía avanzar 5 o 10, pero esas señales dejaron de usarse en la década de 1970. En parte, eso se hizo porque lleva más tiempo leer y entender algo como «1:5» en comparación con un «20 %», que tiene más gancho. Pero lo más importante es que en este sistema, cuanto más pequeño sea el número, más grande es la pendiente. Si un coche pasa de un tramo de carretera con una razón de 1:10 a un tramo de 1:5, la inclinación es el doble de empinada, a pesar de que los números sean menores.

Aunque la transición a las señales modernas comenzó hace casi medio siglo, me han dicho que aún quedan señales viejas. Y como el Ministerio de Transporte igual considera necesario destacar en una nota al pie que hay señales de pendientes no estándar (la única señal de tránsito en la documentación oficial con tal aclaración), intuyo que el rumor es cierto.

Por desgracia, todavía no he encontrado una señal de pendiente «1:n» para verla con mis propios ojos. Pero solo espero tener ese problema con la primera edición de este libro; en cuanto se publique, recibiré correos electrónicos de personas que sabrán dónde hay alguna. Por lo tanto, dejaré un espacio en blanco para la foto obligatoria en la que estaré sonriendo y apuntando con el dedo a dicha señal.

IMAGEN MÍA JUNTO A UNA SEÑAL

Este fue el momento más inspirador de mi vida.

Hay una cosa más sobre las señales de pendientes que me parece muy entretenida: lo que pasa cuando la gente trata de calcular qué representaría una señal de 100 por ciento. Si miramos la imagen anterior del triángulo y nos ponemos a pensar, podremos deducir que una pendiente del 100 por ciento es un ángulo de 45°. Pero cuando aparece de la nada, la gente responde todo tipo de cosas, e incluso llegan a pensar que representa una pared vertical, como una de las carreteras del Coyote y el Correcaminos que termina en un precipicio.

Una vez, durante una actividad de matemáticas que organizamos para estudiantes de secundaria, dimos esta señal como una pregunta de opción múltiple. De las 590 respuestas que recibimos, el 51 por ciento decía que una inclinación del 100 por ciento representaría una pared vertical. Hace muchos años, cuando un lector del *Guardian* en Glasgow escribió para manifestar su enfado por esas señales de pendientes modernas, afirmando que los porcentajes no tenían sentido y que el viejo sistema «1:n» era mejor, se desató una acalorada discusión en la sección de comentarios. De ahí surgió uno de mis comentarios preferidos de alguien obstinadamente equivocado en internet, cuando le preguntaron qué significa una pendiente del 100 por ciento: «El 100 por ciento es una pared de ladrillos, con la que al parecer la mayoría de vosotros os habéis estrellado».

Lenguaje de senos

Si volvemos a mi diagrama de la carretera con la pendiente de 12°, podremos apreciar que usamos la relación entre el «ascenso» (el lado opuesto al ángulo) y la «base» (el lado inferior, adyacente al ángulo) para calcular la razón de la tangente. Pero hay dos relaciones que no tuvimos en cuenta. Si también conocemos la longitud del lado largo, o la hipotenusa, que con un poquito del teorema de Pitágoras sabremos que mide 1,0218 (¡un aumento sorprendentemente pequeño respecto a la base!), ahora podemos hallar las relaciones del lado opuesto y el adyacente a la hipotenusa. Y esas, queridos amigos, son las razones trigonométricas de seno y coseno. Tal vez sean más conocidas por sus sobrenombres: sen y cos.

El seno y el coseno son dos caras de una misma moneda triangular. Los nombres de los lados de un triángulo rectángulo se han cristalizado como «hipotenusa» para el lado más largo opuesto al ángulo recto, y «opuesto» y «adyacente» para los otros dos lados en relación con cualquiera de los demás ángulos. Pero como esos dos ángulos están relacionados entre sí (suman 90°), la situación puede parecer un poco circular, ya que el seno de un ángulo es el coseno del otro ángulo.

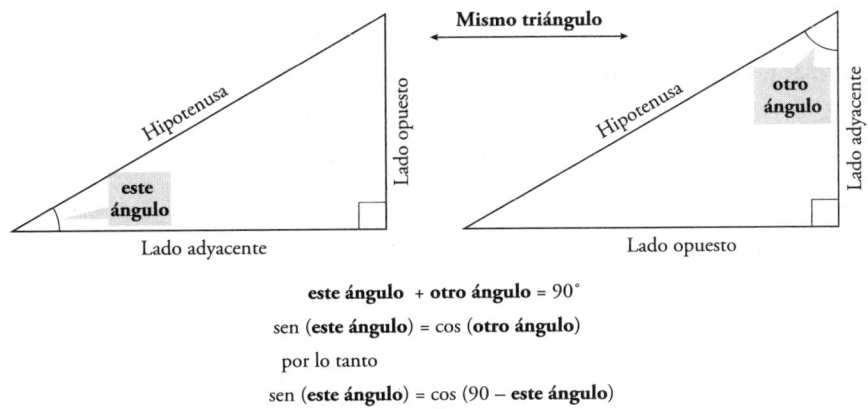

$$\text{este ángulo } + \text{otro ángulo} = 90°$$
$$\text{sen (este ángulo)} = \cos (\text{otro ángulo})$$
por lo tanto
$$\text{sen (este ángulo)} = \cos (90 - \text{este ángulo})$$

Es posible que a estas alturas ya te hayas topado con una de las barreras más comunes en el mundo de la trigonometría: recordar qué nombre representa cada razón. Esto podría haberse resuelto si en lugar de «seno» lo hubiéramos llamado «opuestodivididoporhipotenusa», pero ya es tarde para eso. De ahí que generaciones de escolares hayan aprendido el acrónimo SOHCAHTOA, que corresponde a Seno: Opuesto / Hipotenusa, Coseno: Adyacente / Hipotenusa, Tangente: Opuesto / Adyacente. Suele decirse como una sola palabra, «sohcahtoa», y no es una mala manera de recordar las razones. O quizás a alguien se le ocurra algún otro acrónimo heurístico útil y pegadizo, que suele ayudar.

$$\text{sen} = \frac{\text{opuesto}}{\text{hipotenusa}} \qquad \cos = \frac{\text{adyancente}}{\text{hipotenusa}} \qquad \tan = \frac{\text{opuesto}}{\text{adyancente}}$$

Es posible que todo eso haya causado que a algún lector se le vidriaran los ojos o que de repente recordara a una profesora gritando «¡SOHCAHTOA!», pero no hay que entrar en pánico. No es necesario memorizar cómo se llama cada razón (a menos que se vaya a hacer un examen). Las personas que sí se dedican a las matemáticas pueden consultarlas cuando lo necesiten y, si las memorizan, no será a propósito sino por usarlas muy seguido.

Tampoco sirve de mucho memorizarlas todas porque hay muchas, muchas más de tres. Hay un nombre diferente para cada razón cuando se les da la vuelta y cada una tiene su propia abreviatura de tres letras. La secante («sec») es la hipotenusa dividida por el adyacente, la cosecante («csc») es la hipotenusa dividida por el opuesto, y la cotangente («cot») es el adyacente dividido por el opuesto. Pero a los niños no se les obliga a memorizar SHACHOCAO, aunque diga que la razón «sa chocao».

Podría decirse que no se necesitan nombres para estas otras razones porque solo son las inversas de sen, cos y tan. En ese sentido, son como un montón de otros subproductos trigonométricos obsoletos: la exsecante, la excosecante, el coverseno y, la que más me gusta, el semiverseno. Todas esas razones pueden calcularse a partir del trío original. El semiverseno de un ángulo es igual al cuadrado del seno de la mitad de ese ángulo. Estas funciones son reliquias de la época previa a los ordenadores, en la que había que buscar las funciones trigonométricas en una gran tabla impresa. Para ahorrar cálculos más tediosos, se les dio nombre propio a estos resultados de cálculos trigonométricos comunes y se enumeraron por separado.

Para sumar a la pila de diferentes funciones, también tenemos «identidades trigonométricas» en abundancia. Las razones trigonométricas están tan interrelacionadas que con un poco de álgebra se puede revelar todo tipo de relaciones. Por ejemplo, se puede obtener el valor de la tangente dividiendo el seno entre el coseno del mismo ángulo. Si se combina con el teorema de Pitágoras, veremos que si sumamos el seno elevado al cuadrado y el coseno elevado al cuadrado (del mismo ángulo), el resultado siempre es uno. Hay todo un mundo de identidades trigonométricas como esa, que son formas ingeniosas de unir a sen, cos, tan y sus amigos. Incluso hay identidades para dividir un ángulo en dos o tres más pequeños. A continuación, una breve muestra de ellas:

Clásicas

$$\tan(\theta) = \frac{\text{sen}(\theta)}{\cos(\theta)} \qquad \text{sen}(\theta)^2 + \cos(\theta)^2 = 1$$

Anticuadas

$$\text{semiverseno}(\theta) = \text{sen}\left(\frac{\theta}{2}\right)^2$$

$$\text{exsecante}(\theta) = \sec(\theta) - 1$$

Multiángulo

$$\text{sen}(A + B) = \text{sen}(A)\cdot\cos(B) + \cos(A)\cdot\text{sen}(B)$$

$$\tan(A + B + C) = \frac{\tan(A) + \tan(B) + \tan(C) - \tan(A)\cdot\tan(B)\cdot\tan(C)}{1 - \tan(A)\cdot\tan(B) - \tan(B)\cdot\tan(C) - \tan(C)\cdot\tan(A)}$$

Las identidades clásicas son útiles para pasar de una función trigonométrica a otra. Las de ángulos múltiples, como el mastodonte de tangente de arriba, pueden ser útiles si se tiene un ángulo de 34° que se quiere dividir en tres ángulos de, por ejemplo, 13°, 1° y 20°. Y eso no va a suceder con una frecuencia que merezca memorizarla. El objetivo es que los estudiantes de trigonometría tengan una idea del sabor de estas identidades trigonométricas. Luego pueden buscarlas en la caja de chocolates de opciones cuando intenten hacer algún ejercicio geométrico complicado.

Es una lástima que muchos estudiantes desistan de la trigonometría por la obligación aparentemente inútil de memorizar esas razones extrañas. En realidad, estas funciones trigonométricas, y la multitud de relaciones que las unen, son nuevas herramientas que podemos sumar a las leyes de triángulos que ya vimos. Con la trigonometría, podemos resolver las partes que faltan de un triángulo aún más fácilmente y en más situaciones. Es por la trigonometría que muchos problemas pueden resolverse reduciéndolos a triángulos.

En la Introducción de este libro mencioné al trabajador de un yacimiento petrolífero que tuvo que aprender geometría para ascender al puesto de perforador. Lo que no mencioné es que, para ascender al puesto inmediatamente superior, el de perforador direccional, se necesitaba saber trigonometría. Un día, vino un superior y dijo: «¿Alguna vez trabajaste con trigonometría?». El perforador tuvo que sentarse a estudiar y dominar la trigonometría para avanzar en su carrera, y deseó haberla aprendido antes. La trigonometría es, sin duda, muy superior a la geometría.

De hecho, me ha costado mucho no mencionar las razones trigonométricas de sen, cos y tan hasta ahora, porque aparecen en muchas situaciones de triángulos. En la ecuación para calcular la altura del globo que voló sobre los cerdos se usó la tangente del ángulo de visión; la fricción interna dentro del asteroide Dimorphos se calculó con el seno del ángulo de reposo; la medida en que la gravedad intentaba inclinar mi moto de MotoGP es el coseno del ángulo en el que se encontraba; los cálculos de Paul para el ovni incluyeron el seno y el coseno; en la investigación de William Thomson sobre el octaedro truncado que rellena un espacio hizo falta el cuadrado de la tangente; y en la demostración de la figura del «poliedro más grande» que hizo Grace, ella usó el coseno de sus ángulos internos.

Eso es solo un ejemplo de cada capítulo hasta ahora y podría haber enumerado muchos más. La trigonometría es tan poderosa que es muy difícil encontrar un cálculo de triángulos moderno que no implique una razón trigonométrica.

Dale a tu cuerpo funciones, Macarena

Todos los ejemplos de los capítulos anteriores están muy bien, pero olvidémonos de los triángulos rectángulos: quiero centrarme en la idea de que las razones trigonométricas simbolizan una forma de representar ángulos nueva e interesante. Cada función trigonométrica puede tomar un ángulo y convertirlo en un valor equivalente. Aquí tienes un cuadro con algunas funciones y los valores que arrojan entre 0° y 90°.

GRADOS	SENO	COSENO	TANGENTE	SEMIVERSENO
0°	0	1	0	0
10°	0,1736…	0,9848…	0,1763…	0,0075…
20°	0,3420…	0,9396…	0,3639…	0,0301…
30°	0,5	0,8660…	0,5773…	0,0669…
40°	0,6427…	0,7660…	0,8390…	0,1169…
50°	0,7660…	0,6427…	1,1917…	0,1786…
60°	0,8660…	0,5	1,7320…	0,25
70°	0,9396…	0,3420…	2,7474…	0,3289…
80°	0,9848…	0,1736…	5,6712…	0,4131…
90°	1	0	∞	0,5

Estas funciones serían funcionalmente inútiles si lo único que hicieran fuera producir otra forma lineal de medir ángulos. Los grados son lineales: si un ángulo es el doble de grande, su valor en grados simplemente se duplica. *Uf*, divertidísimo. Estas funciones trigonométricas de lineales no tienen nada, así que son pésimas para medir el tamaño de un ángulo, pero sí revelan otras propiedades. Echemos un vistazo a la variedad de formas en que las funciones trigonométricas nos sacan de apuros.

1. Componentes

El seno y el coseno son los «anti-Pitágoras». Si tenemos un triángulo rectángulo, es posible hallar la longitud de la hipotenusa si elevamos al cuadrado cada uno de los dos lados cortos, los sumamos y sacamos la raíz cuadrada. Pero ese proceso no puede invertirse sin introducir cierta ambigüedad. Existen muchas combinaciones posibles de lados cortos de distinta longitud que tienen todas la misma hipotenusa. Sin embargo, si conocemos uno de los ángulos del triángulo, podemos usar el seno y el coseno para invertir el cálculo con precisión y averiguar cuánto medían los lados originales.

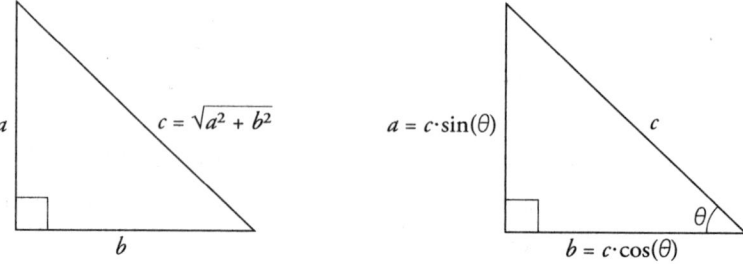

Hallar el lado largo 'c' usando 'a' y 'b'.

Hallar los lados cortos 'a' y 'b' usando 'c' y un ángulo.

El seno de un ángulo da la razón entre el lado opuesto y la hipotenusa, y el coseno da la razón con el lado adyacente. Podría decirse que esta es solo la definición de esas razones trigonométricas, pero sigue siendo una de sus aplicaciones más útiles debido a la frecuencia con la que queremos convertir a coordenadas y desde ellas.

Retomemos los datos de tiros de baloncesto de la NBA: usé el teorema de Pitágoras para tomar las coordenadas x e y en la cancha y calcular la distancia y la dirección desde el aro de baloncesto. Si en lugar de eso hubiera empezado con la ubicación del tiro en relación con el aro, habría necesitado usar el seno y el coseno para volver a las coordenadas. Muchos datos de nuestra vida cotidiana se almacenan en forma de coordenadas, por lo que resulta muy valioso poder pasar rápidamente de la distancia y la dirección a coordenadas, y viceversa.

Los píxeles de una imagen digital se almacenan como pares de coordenadas dimensionales: la distancia horizontal y la vertical. La ubicación de un objeto en el espacio suele almacenarse como tres coordenadas: la distancia horizontal, hacia atrás y vertical (similar a la posición en una cuadrícula de mapa, más la altura). Pude combinar ambas cosas cuando programaba las luces de mi árbol de Navidad. Me molestaba que las luces decorativas siempre se iluminaran siguiendo la dirección del cable que las une. Quería que los patrones de luces no siguieran el cable físico, sino la geometría del árbol. La arbometría.

Desde hace unos años se pueden conseguir luces decorativas que vienen con una *app* para proyectar dibujos sobre la superficie del árbol de Navidad. Pero ¿qué tiene eso de espíritu navideño? Quería hacerlo yo mismo, y quería asegurarme de tener todas las coordenadas 3D necesarias para poder controlar las luces del interior del árbol con la misma facilidad que las de las puntas de las ramas.

Mi solución fue echar una tira de 500 ledes sobre mi árbol de Navidad sin preocuparme por dónde iba el cable. Solo procuré que todas las ramas del árbol estuvieran engalanadas por completo. Después conecté las luces a mi portátil para poder usar un *software* que las encendiera y apagara cada una por separado. El código informático que escribí debía encender uno por uno los ledes y, con la cámara web, tomar una foto del árbol en una sala a oscuras. Las coordenadas x e y del píxel más brillante de la foto me darían la ubicación horizontal y vertical de ese led. Una vez terminados los 500 ledes, giré el árbol 90° y repetí el proceso para obtener también la otra dirección. Al final del arreglo de luces navideñas más aburrido del mundo, tenía las coordenadas 3D de dónde estaba cada led.

Ahora podía programar cualquier patrón de luces que se me antojara. Uno fácil fue tomar la coordenada vertical de cada led y encenderlos y apagarlos según su altura. La idea era que una onda de luz subiera por el árbol. Escribí un código para que se encendieran todas las luces que estuvieran dentro de un rango de altura determinado, y después fui subiendo ese rango por el árbol. Era como si un plano se desplazara por el árbol y encendiera todas las luces que tocaba.

No satisfecho con que las ondas de luz subieran en línea recta, me puse a pensar en cómo modificar el código para que las olas fueran en todo tipo de direcciones aleatorias. Como siempre pasa en matemáticas, había más de una solución posible, pero decidí que mi «onda ascendente» funcionaba tan bien que no iba a tocar ese código. Lo que iba a hacer era mover una copia virtual del árbol. Entre cada onda que pasaba, mi código hacía girar las luces alrededor del tronco del árbol en un ángulo aleatorio (que bauticé «α») y luego inclinaba todo el árbol en un segundo ángulo aleatorio (o «θ»). Si enviaba el plano ascendente sobre este árbol virtual inclinado y activaba la luz en el árbol de verdad, que estaba derecho, daría la impresión de que las ondas de luz se mueven en direcciones al azar.

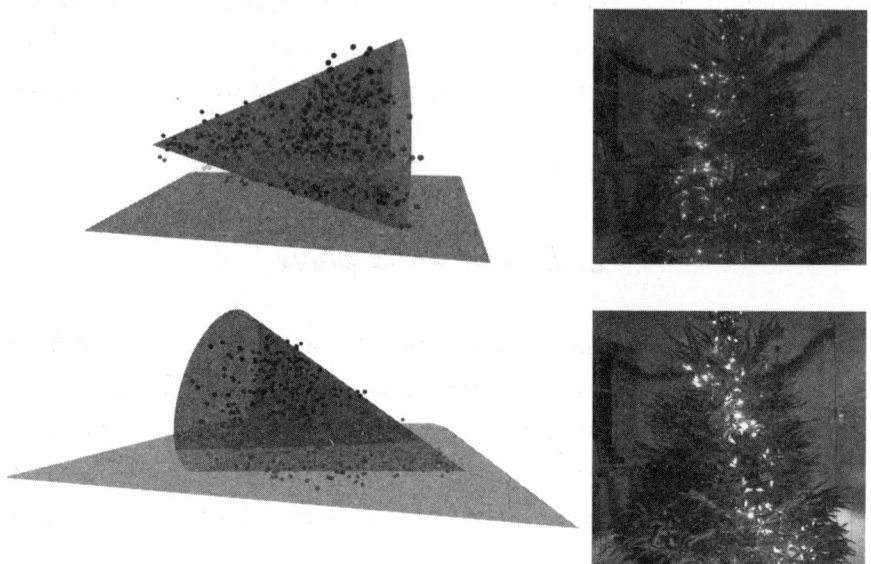

Visualización del código moviendo un «plano de luces» a través de las coordenadas 3D de las luces para encenderlas en oleadas, y cómo se ve eso en el árbol real.

La cuestión era cómo obtener las nuevas coordenadas verticales de los ledes una vez girado e inclinado el árbol. Es un poco más complicado que usar solo un seno o un coseno para obtener el componente 2D, pero pude codificar esta belleza trigonométrica:

$$z_{nuevo} = \text{sen}(\theta)[x \cdot \text{sen}(\alpha) + y \cdot \cos(\alpha)] + z \cdot \cos(\theta)$$

No te preocupes si la ecuación no tiene un sentido lógico inmediato. Yo tampoco se lo encuentro. Si me mostraran esa ecuación sin contexto alguno, no tendría forma de saber que describe la coordenada vertical de un árbol de Navidad que se ha girado e inclinado. Pero no desperdicio mi vida memorizando esas cosas. Puedo asegurar que si una persona puede decir por reflejo lo que hace esa ecuación, es porque ha pasado tanto tiempo trabajando con ese tipo de ecuaciones que se las ha terminado memorizando.

Sabía que habría una ecuación trigonométrica que resolvería mi problema. Busqué las ecuaciones tanto de la rotación como de la inclinación, las multipliqué algebraicamente* y extraje la coordenada vertical. El poder de la trigonometría no yace en memorizar ecuaciones sino en saber que podemos buscarlas y tener fe en que resolverán todos nuestros problemas. En cos confío.

2. Rescate en la playa

En las mismas actividades que organizamos para estudiantes de secundaria en las que hicimos la pregunta sobre la pendiente del 100 por ciento, a veces también damos un acertijo de geometría basado en la idea de rescatar a alguien que está en el mar. Una persona está en una playa como punto de partida y necesita llegar lo antes posible a una segunda persona que está en el mar.

Si ambos puntos estuvieran en tierra firme, la solución sería sencilla: se debe correr de un punto al otro en línea recta. En cuanto hay agua de por medio, la cosa se complica; pero, por lo general, la gente puede correr más rápido por la playa que nadar en el mar, así que podría ser útil correr un poco más por la playa para reducir la distancia de nado en el mar. Dejamos que los estudiantes adivinen o calculen el punto óptimo en el cual conviene pasar de la arena al mar.

Spoiler: La solución no es minimizar por completo la distancia por agua (porque para eso hay que correr tanto que se anula con creces el tiempo ahorrado por reducir el tramo a nado), sino hacer algo intermedio. Según lo que hayan aprendido los estudiantes en la clase de matemáticas, suelen escribir algunas ecuaciones para comparar todas las distancias y después calcular cómo minimizar el tiempo total. Y eso funciona.

---

* Para los aficionados a los detalles, busqué las matrices de rotación, las multipliqué y tomé solo el componente vertical.

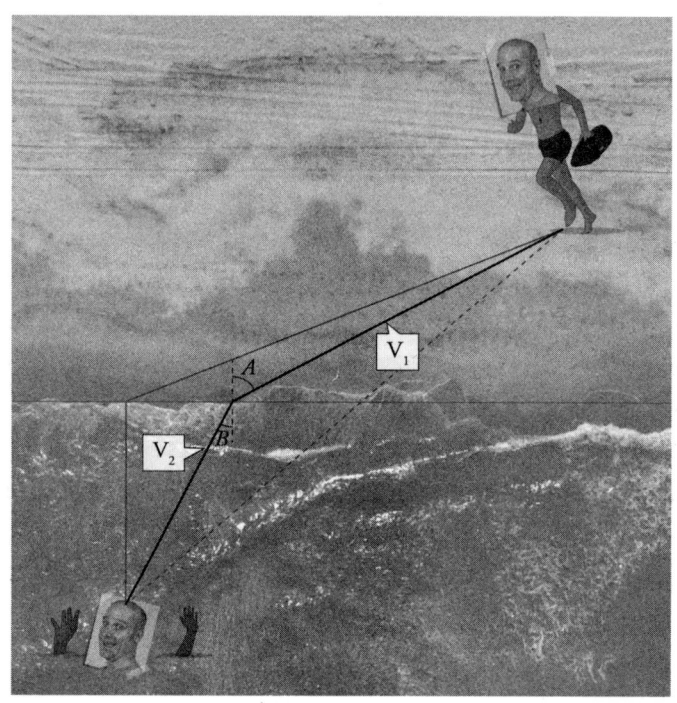

Los ángulos A *y* B *son como si la luz viajara tan despacio como tu cuerpo mortal lleno de masa.*

Pero en lugar de pensar en este problema como la distancia recorrida en la orilla frente a la distancia nadada en el mar, se puede pensar en términos de elegir los ángulos óptimos para salir de la arena y entrar en el agua. En un mundo lógico, la rapidez con la que la persona puede correr sobre la arena en comparación con nadar en el mar determinaría la razón entre los ángulos *A* y *B*. Si se observan los ángulos en grados, no hay ninguna relación evidente. Pero si cambiamos de grados a seno, la relación es tan sencilla que da vergüenza. La razón es la misma.

$$\frac{\text{sen}(A)}{\text{sen}(B)} = \frac{\text{velocidad sobre la arena}}{\text{velocidad sobre el agua}}$$

La razón de las dos velocidades es exactamente la misma que la razón de los senos de los dos ángulos. El porqué es un poquito complicado, pero la cuestión es que, si se puede correr el doble de rápido de lo que se puede nadar, se debería entrar en el agua cuando el seno del ángulo de la playa sea el doble del seno del ángulo del agua. Y esto no se aplica solamente a correr en la playa.

Resulta que el punto óptimo para adentrarse en el mar es exactamente el mismo que el ángulo de refracción que vimos en el primer capítulo cuando hablamos de los arcoíris. Si se considera al ser humano como un fotón que se desplaza a distintas velocidades a través de distintos medios, el camino más corto es el que tomaría el fotón para refractarse en la costa y dar en el blanco. Si usamos los mismos valores de seno, obtenemos los ángulos de refracción de un arcoíris.

Esta relación se suele llamar «ley de Snell», en honor al matemático neerlandés y tremendo fan de los triángulos Willebrord Snellius, que la escribió a principios del siglo xvii (aunque es casi seguro que se conocía antes de esa época). Es un caso en el que la solución más sencilla, saltándose buena parte del trabajo, es solo cambiar todos los ángulos a sus valores de seno.

3. Trump y la trigonometría

En agosto de 2019, se le mostró al presidente Trump una imagen impresa de una plataforma de lanzamiento iraní tomada por un satélite espía estadounidense clasificado. La reunión sería de esas ultrasecretas para las que se construyó el Despacho Oval; los civiles no deberíamos ni habernos enterado de que ocurrió. Pero Trump quedó tan impresionado con la imagen que sacó el teléfono, le tomó una foto y la tuiteó. Dependiendo de si la cuenta @realDonaldTrump está suspendida en Twitter (o en sus manifestaciones posteriores), a veces se puede ver el tuit original en todo su esplendor.

La divulgación accidental de información clasificada o sensible es como sangre en el agua para internet, y una multitud de detectives se abalanzó sobre la imagen en medio de un frenesí de cálculos. El satélite espía que había tomado la imagen era secreto, y los analistas de salón se dieron cuenta de que podían aplicar ingeniería inversa a la foto usando ángulos y trigonometría para saber cuál había sido el artefacto responsable.

Donald J. Trump ✓
@realDonaldTrump

Los Estados Unidos de América no estuvieron implicados en el catastrófico accidente ocurrido durante los preparativos finales del lanzamiento del SLV Safir en el Sitio Uno de Lanzamientos de Semnán en Irán. Deseo a Irán lo mejor y mucha suerte para determinar lo ocurrido en el Sitio Uno.

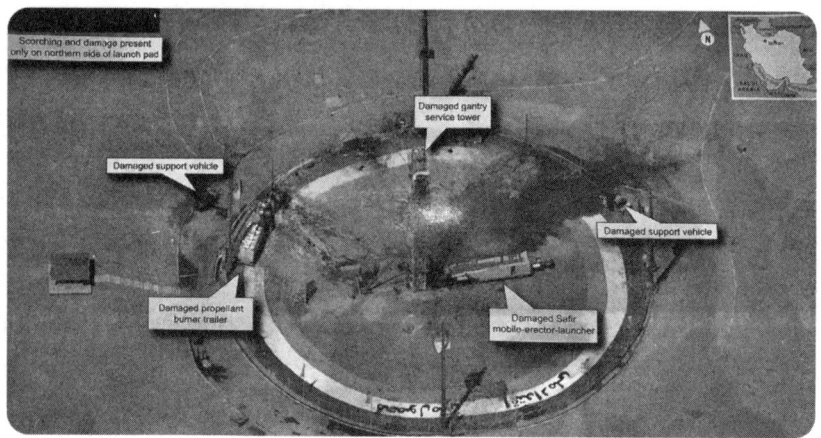

13:44 · 30 ago 2019 · Twitter para iPhone

Uno de los cazadores de ángulos fue Cees Bassa, un astrónomo que trabajaba en los Países Bajos. Quería saber el punto exacto del cielo en el que habría estado el satélite cuando tomó la foto. El primer paso consistió en obtener una toma aérea de referencia de las instalaciones. No es precisamente un sitio secreto y se puede encontrar en Google Maps con bastante facilidad (35,234618 norte, 53,920943 este), aunque a baja resolución civil. Hay cuatro torres alrededor de la plataforma, y si se mide con detenimiento, se ve que no están alineadas exactamente con los puntos cardinales, sino que están a 12° en el sentido de las agujas del reloj. En la foto de Trump aparecen 3,8° en sentido contrario a las agujas del reloj respecto de la dirección a la que apuntaba la cámara. Si sumamos 12° + 3,8°, sabremos que esta cámara espía secreta se encontraba a 15,8° del norte.

Pero ¿a qué altura estaba la cámara? De nuevo, la foto revela todo. En la imagen de Trump, la plataforma de lanzamiento circular parece una elipse.

Lo cual tiene sentido: el satélite no estaba directamente encima, y si se mira un círculo desde un lado, adquiere una forma un poco ovalada debido a la perspectiva. Cees Bassa determinó la forma exacta de la vista ovalada de la foto y calculó que debió tomarse desde una cámara situada a 46,2° de elevación.

Aunque el Ejército estadounidense no publica la ubicación de sus satélites espía, los astrónomos aficionados vigilan muy de cerca el cielo y rastrean los movimientos de cualquier cosa que se encuentre allí arriba. Bassa revisó los registros y, en efecto, el satélite USA 224 pasó justo por un punto en esa dirección exacta en relación con el sitio iraní más o menos en el momento en que se tomó la foto.

Así que con un simple uso de los ángulos, los civiles pudieron confirmar que ese satélite concreto que volaba alrededor de la Tierra era un satélite militar estadounidense. Lo cual es muy gracioso, y si esa fuera toda la historia estarías leyendo esto en el segundo capítulo. Pero este es el capítulo sobre trigonometría, y el seno nos permite aprender algo sobre el funcionamiento interno de este satélite clandestino estadounidense. Podemos calcular el tamaño del espejo de su telescopio.

Para empezar, la imagen tiene desde luego una mejor resolución que las imágenes satelitales normales. Según la normativa estadounidense, ninguna imagen de satélite destinada al público puede tener una resolución superior a 30 centímetros por píxel. Todos los detalles de cada trozo de tierra de 30 centímetros por 30 centímetros se difuminan y reducen a un solo píxel. Pero eso no ocurre en esta imagen. Lo que se ve como caminos borrosos en Google Maps aquí se nota que son escaleras. Las torres ensombrecidas se distinguen como puntales separados. A juzgar por ese nivel de detalle, la resolución por píxel es de 10 centímetros o menos. ¡Y esa es solo la resolución en la que se imprimió la imagen! Es posible que la imagen digital original fuera incluso más detallada, pero solo contamos con la impresión que le dieron a Trump.

Podemos tomar esa resolución inferida y calcular el tamaño de la cámara a bordo mediante esta sencilla ecuación:

Tamaño de la cámara = 1,220 × longitud de onda ÷ sen(A)

Esa es toda la ecuación. Si se conoce la longitud de onda de la luz (que en efecto conocemos), se obtiene una relación lineal directa entre el seno del ángulo de visión más pequeño que se puede resolver, A, y el tamaño del espejo (que estará expresado en las unidades usadas para la longitud de onda). No hace falta estresarse por el origen de esa razón de 1,220; es la combinación de un montón de constantes complicadas de las que no tenemos que preocuparnos.

La imagen espía que tuiteó Trump mostraba detalles de hasta unos 10 centímetros, lo que significa que, a la altitud a la que sabemos que orbitaba el satélite, la lente de la cámara debe de tener unos 2,5 metros de ancho. Se trata de un telescopio con la potencia suficiente para estar quieto en Inglaterra y poder leer un periódico en Francia, aunque haría falta que alguien esté más cerca para pasar las páginas. También confirma la teoría de que estos satélites espía andan volando por ahí con el mismo sistema que el telescopio Hubble, que fue lanzado con, así es, un espejo de 2,4 metros.

Así que resulta que Trump fue un riesgo para la seguridad nacional. Y no hacía falta un telescopio de 2,4 metros para verlo venir.

Teoremas nuevos

El béisbol es famoso por sus estadísticas. Allí comenzó la revolución del «moneyball», una estrategia de análisis de datos que se ha extendido a todos los demás deportes profesionales. Pero por mucho que me encanten las estadísticas, para mí el béisbol también es un juego de geometría. Y si bien se trata de un deporte cuyo campo tiene la forma sencilla de un «diamante», es mucho más complicado de lo que uno pensaría.

La contra geométrica es que un supuesto diamante de béisbol no es, en realidad, un diamante. En términos matemáticos, un diamante es una figura de cuatro lados en la que todos tienen la misma longitud y es sinónimo de «rombo». En el caso del béisbol, el diamante es un cuadrado cuyos lados miden 90 pies (27 metros) cada uno. Normalmente se dibuja girado 45°, de modo que la base del bateador quede en la parte inferior, pero yo lo voy a dibujar de forma que parezca el cuadrado que intenta ser. El problema es que la primera base y la tercera están situadas por completo dentro de las esquinas del cuadrado, pero la segunda base está centrada sobre una esquina. Esto significa que los bordes de la base están por fuera del cuadrado, por lo que, en rigor, el «diamante» está formado por la línea que une la esquina más alejada de la primera base con la esquina más alejada de la segunda base.

Tenía curiosidad por los efectos de la ubicación de la segunda base: la distancia real a lo largo de ese lado del «diamante» debe ser mayor y el ángulo en la primera base será ligeramente mayor que el ángulo recto que pretende ser. Así que dibujé un boceto de la línea de 90 pies entre la primera base y la segunda, junto con una segunda base exagerada. Lo bueno de la trigonometría es que ya no hace falta que los diagramas estén a escala. Podría dibujar un diagrama a escala con todo el esmero del mundo e intentar medirlo, pero también puedo dibujar un diagrama en el que las partes más complicadas queden ampliadas para ver el aspecto geométrico con más facilidad. Luego puedo calcular las longitudes y los ángulos que faltan.

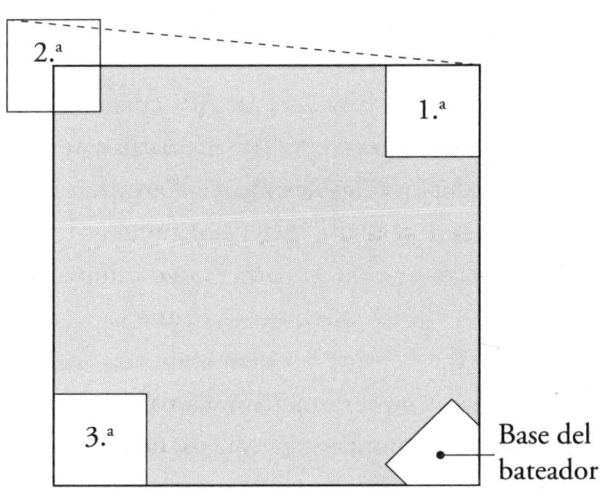

Diagrama de la distribución de las bases
(no está a escala).

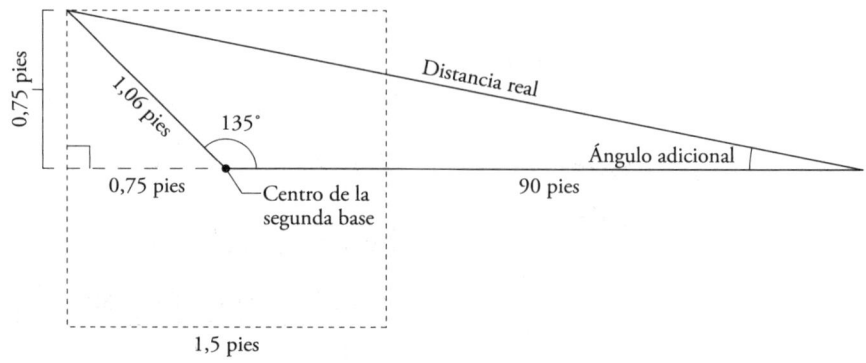

Diagrama exagerado de la parte superior del diamante,
para entender todo desde la base.

En mi triángulo, tenemos dos longitudes y un ángulo. Sabemos que la longitud principal hasta el centro de la segunda base es 90 pies. Desde 2023 las bases en las Grandes Ligas de Béisbol (MLB, por sus siglas en inglés) son cuadradas con lados de 1,5 pies (0,46 metros). Con el teorema de Pitágoras, puedo calcular la distancia desde el centro de la base hasta la esquina de afuera, que es 1,06 pies (0,32 metros). Sé que el ángulo es de 135° porque es 45° más que 90° (o 45° menos que 180°, según cómo se mire). Ya me estoy divirtiendo más que si estuviera viendo un partido de béisbol.

He hablado mucho de «resolver» triángulos, en el sentido de calcular los lados y ángulos que faltan. Esto es precisamente lo que necesitamos hacer aquí: hallar la «distancia real» y el «ángulo adicional». También dije que, siempre y cuando se conozcan la mitad de los valores (en este caso, dos lados y un ángulo), podemos calcular todo lo demás. Sin embargo, no he dado muchas precisiones de cómo se hacen esos cálculos. Eso se debe a que no solo hacen falta funciones trigonométricas, sino también dos teoremas trigonométricos más.

La trigonometría nos permite acceder a muchas más relaciones de triángulos, como lo hace el teorema de Pitágoras. No se trata de identidades trigonométricas como las que vimos, que pueden usarse para cambiar de una función trigonométrica a otra. Son relaciones que se mantienen siempre en todos los triángulos. El seno y el coseno tienen un teorema cada uno.

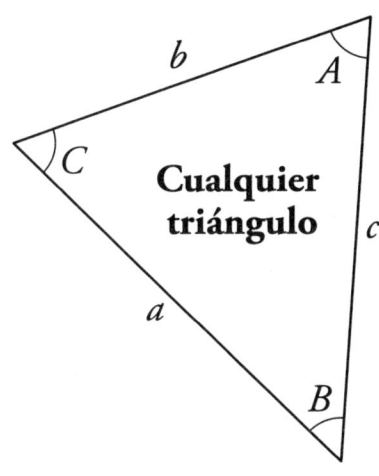

Teorema del coseno

$$c^2 = a^2 + b^2 - 2ab \cos(C)$$

Teorema del seno

$$\frac{\text{sen}(A)}{a} = \frac{\text{sen}(B)}{b} = \frac{\text{sen}(C)}{c}$$

El teorema del coseno se parece mucho al teorema de Pitágoras pero con un «– $2ab \cos(C)$» al final. Porque es justamente eso. La limitación del teorema de Pitágoras es que solo se aplica a los triángulos rectángulos. El teorema del coseno es una mejora que permite aplicar el mismo método a todos los triángulos. Mientras que el teorema de Pitágoras funciona si se conoce la longitud de dos aristas a cada lado de un ángulo recto, el teorema del coseno significa que si se conocen dos lados que flanquean un ángulo cualquiera, se puede calcular la otra longitud (y de manera muy práctica porque cos(90°) = 0; en el caso de un ángulo recto, el factor de corrección es 0 y el teorema del coseno vuelve al teorema de Pitágoras).

El teorema del coseno nos permite calcular cuánto mide la distancia real en el lado de un diamante de béisbol. El triángulo tiene dos lados con longitudes de 1,06 pies y 90 pies, y un ángulo de 135° entre ellos. Si se introducen esos valores en la ecuación del coseno, sabremos que el lado opuesto tiene una longitud de 90,753 pies. Lo cual tiene sentido: es apenas más largo que los 90 pies de distancia al centro de la base.

La otra gran ventaja del teorema del coseno es que, si se conocen los tres lados de cualquier triángulo, se puede saber cuáles son los ángulos internos. Esta es una de las cuestiones matemáticas que el operario que mencioné en la Introducción puso como ejemplo de los cálculos trigonométricos que usa siempre. Un cliente quería una pieza con un ángulo muy específico, por lo que el operario usó el teorema del coseno para medir tres distancias en la pieza terminada e hizo unos cálculos trigonométricos para demostrar que el ángulo interno debía estar dentro de las tolerancias requeridas.

El teorema del seno es la «ley del seno» por la que tan entusiasmados estaban los del Sphere de Las Vegas. Establece que para cualquier triángulo el seno de un ángulo dividido por la longitud del lado opuesto es el mismo para los tres vértices. Lo entiendo como si cada triángulo tuviera su propio «valor de teorema del seno». En el triángulo de béisbol tenemos 135° opuestos a 90,753 pies, por lo que sen(135°) ÷ 90,753 = 0,007791544. Cualquier otra combinación de ángulo y lado opuesto en el mismo triángulo tendrá un valor de 0,007791544, por lo que, si sabemos que el lado opuesto al «ángulo adicional» mide 1,06 pies, podemos hacer el cálculo inverso y obtener un ángulo de 0,4735°.

Resumiendo todo: en teoría, la esquina de un diamante de béisbol en la primera base debe ser de 90° y desde ahí hay 90 pies hasta el lado más alejado de la segunda base. En la vida real es un ángulo de 90,4735° seguido por una longitud de lado de 90,753 pies. Si los dos lados del «diamante» que tocan la base del bateador miden en realidad 90 pies y los dos lados que rodean la segunda base miden ambos 90,753 pies, entonces un diamante de béisbol debería llamarse «una cometa de béisbol».

La MLB no es ajena a cambiar aspectos geométricos del juego. Las bases habían sido cuadrados de 15 pulgadas desde 1877 hasta que se agrandaron a 18 pulgadas (1,5 pies) en 2023. La primera base y la tercera solían estar centradas en las esquinas del diamante, y en 1887 se reubicaron en el interior de las esquinas. Por algún motivo, la segunda base mantuvo su ubicación original hasta el día de hoy. Para mantener una geometría ordenada, cuando la MLB haga el próximo cambio en el campo, quisiera ver que también muevan la segunda base hacia dentro, o que regresen la primera y tercera base a su sitio original. Así todo cuadraría a la perfección.

En el seno de la cuestión

Las funciones trigonométricas tienen todas estas aplicaciones increíbles y dispares porque proporcionan información complicada y pormenorizada de un ángulo. Pero esa complejidad supone una gran desventaja: son muy difíciles de calcular. Las tablas trigonométricas se inventaron porque calcular los valores era un dolor de cabeza. Los libros de tablas trigonométricas han perdurado todo este tiempo porque incluso los ordenadores tienen dificultades con el cálculo. Se tardó mucho tiempo en que las calculadoras fueran capaces de dar valores trigonométricos, e incluso más tiempo para que cupieran en un bolsillo.

La única forma de calcular un valor trigonométrico es hacer iteraciones para ir acercándose hasta estar satisfecho con el nivel de precisión obtenido. Si tenemos un ángulo, A, y queremos saber el sen(A), basta con hacer tantos términos de esa serie como nos sea posible*. Se debe alternar entre sumar y restar, y las potencias van aumentando por cada número impar que existe. Los signos de exclamación son factoriales; no representan la emoción inagotable de calcular infinitas fracciones solo para obtener un valor de seno.

$$\text{sen}(A) = A - \frac{A^3}{3!} + \frac{A^5}{5!} - \frac{A^7}{7!} + \frac{A^9}{9!} \,...$$

Esa serie infinita converge muy poco a poco en el valor de seno que tanto buscamos. Además, hacer potencias y factoriales cada vez mayores, para después terminar dividiéndolos, no es una forma eficiente desde el punto de vista computacional. Lo que necesitamos son otros algoritmos de seno que lleguen a ese valor un poco más rápido. El algoritmo trigonométrico original creado para hacer justamente eso se llamó «CORDIC» y surgió durante la década de 1950. CORDIC es la sigla de COordinate Rotation DIgital Computer («Ordenador Digital para Rotación de Coordenadas») y usa operaciones informáticas inteligentes para desplazar con eficacia un punto sobre un círculo hasta que las coordenadas x e y coincidan con el seno y el coseno del ángulo solicitado. Es como un juego muy rápido de adivinar si el siguiente valor será mayor o menor, y basta con cuarenta aciertos consecutivos para obtener cualquier valor de seno o coseno con diez decimales.

---

* Para que esta ecuación funcione así como está, A debe medirse en radianes no en grados. Opté por la versión en radianes porque es mucho más ordenada, pero se aplica la misma idea con todas las unidades.

La primera calculadora capaz de proporcionar valores trigonométricos usaba el método CORDIC. Era la calculadora de escritorio HP-9100A de Hewlett-Packard, y supuso un gran avance porque no era enorme y podía apoyarse sobre un escritorio sin que le abriera un agujero. Si existiera un parque temático dedicado a la historia de las calculadoras (crucemos los dedos, algún día…), la HP-9100A sería la atracción mayor, con colas larguísimas y gente dando vuelta a la esquina para poder subirse. Aunque, irónicamente, se creó para evitar las colas.

El prototipo de la 9100A fue diseñado y construido en su casa por el entonces ingeniero desempleado Tom Osborne. Creía que era posible construir una computadora de escritorio a pesar de que muchos pensaban lo contrario. Entre estos estaban quienes otrora fueron sus empleadores, razón por la cual lo habían echado poco tiempo antes. Tom armó el taller en su casa y continuó soldando su idea. Diseñó y construyó sus propios circuitos, que luego metió en una caja de madera pintada con pintura para coche (el verde metálico de Cadillac). En estas historias de «héroes solitarios» se suele pasar por alto a quienes brindan apoyo tras bastidores, sin tanto *glamour*, por lo que me parece importante señalar que Carol, la esposa de Tom, fue la única fuente de ingresos de la familia durante ese tiempo. Más tarde, Carol también escribió el programa en lenguaje ensamblador para el chip ROM de la HP-9100A.

Gracias a su esfuerzo conjunto, el primer prototipo operativo vio la luz en la Nochebuena de 1964.

Recuerdo la sensación abrumadora que me envolvió al darme cuenta de que frente a mí, sobre una mesa plegable roja en un rincón de nuestro dormitorio/taller, había más capacidad de cómputo por unidad de volumen de la que jamás hubiera existido en este planeta. Me sentía más como el descubridor del objeto que tenía ante mí que como su creador. Pensé en lo que depararía el futuro. Si yo había podido hacer eso en mi minúsculo apartamento, entonces al mundo le esperaban grandes cambios.

—Tom Osborne

Tras varias reuniones infructuosas con diversas empresas, un excolega de Osborne le organizó un encuentro con algunos de los mandamases de Hewlett-Packard, incluidos Hewlett y Packard. Querían crear una calculadora que cupiera en el espacio de los escritorios donde solía alojarse una máquina de escribir, y la «máquina verde» de Osborne tenía el tamaño justo. El director del laboratorio de HP sugirió que la máquina usara CORDIC para que también pudiera hacer cálculos trigonométricos y el resto es historia de la calculadora*.

El HP-9100A salió al mercado en 1968, y un anuncio en una revista de octubre de ese año contiene el primer uso documentado de la expresión *«personal computer»*. Fue el primer PC u ordenador personal. Pero, a 4900 dólares, más te valía trabajar en una empresa que pudiera comprártelo (el ingreso medio anual en EE. UU. era de 7700 dólares en 1968, así que representaba la mayor parte de los ingresos de un año). Era «personal» en la medida en que podía ser de uso exclusivo de una persona. Los primeros anuncios lo promocionaban como la posibilidad de «librarse de la espera para usar el ordenador grande». El 9100 estaba «al alcance de la mano siempre que se necesite» (suponiendo que la mano pudiera desprenderse de 4900 dólares).

---

* Una divertida coincidencia en la historia de la informática: las ecuaciones CORDIC de la HP-9100A se probaron en Stanford en una Burroughs B5500, que fue el modelo posterior a la Burroughs 220 original en la que Donald Grace encontró su figura de «poliedro más grande».

En el anuncio también se afirmaba que el 9100A era «capaz de hacer funciones logarítmicas y trigonométricas». Primeras en la lista de funciones. Esos publicistas sabían que no había nada como la posibilidad de tener funciones trigonométricas al alcance de la mano para hacer que la gente corriera a comprar ordenadores. Poco antes del lanzamiento oficial, HP les mostró un 9100 de preproducción a ingenieros del Jet Propulsion Laboratory de la NASA. Los representantes de *marketing* prepararon el 9100, presionaron un botón y este generó patrones de radiación de una antena con funciones de Bessel. Los ingenieros se volvieron locos, se levantaron de un salto y ovacionaron en pie a la calculadora.

La facilidad de acceso a las funciones trigonométricas computarizadas tuvo un efecto transformador en el ámbito científico y en los negocios. Dado que el tiempo de cómputo se fue abaratando, pudo empezar a usarse para proyectos especulativos más frívolos. Y ahí es donde se pone gracioso. En la década de 1960, Donald Grace tuvo que ofrecerse a tomar el turno de la noche y así conseguir tiempo de cómputo para buscar su figura. Con el auge de las calculadoras de escritorio, se volvió mucho más fácil probar cálculos solo por curiosidad, incluso en la NASA.

En la década de 1970, el ingeniero aeroespacial James van Allen se puso a juguetear con un HP-9100A en busca de posibles trayectorias alternativas para la sonda espacial Pioneer 11, que ya se había lanzado al espacio. Encontró una nueva asistencia gravitatoria con la que la Pioneer 11 podría darle la vuelta a Júpiter y salir a toda velocidad en dirección a Saturno. Fue así como redirigieron a la Pioneer 11 desde el otro lado del sistema solar y terminó siendo el primer objeto de fabricación humana que llegó a Saturno. La sonda Voyager 1 iba a ser la primera en visitar Saturno, pero le ganaron por la mano porque una calculadora de escritorio facilitó los cálculos trigonométricos.

Las tablas trigonométricas al rescate de DOOM

Los ordenadores han ido sumando fortalezas, pero aún están muy lejos de ser la sentencia de muerte de la tabla trigonométrica, que ya va por los 4000 años. En situaciones en las que la capacidad de cómputo es limitada, calcular valores trigonométricos de cero es un lujo que nadie se puede dar y entonces vuelve al rescate la tabla trigonométrica que se usaba antes de la llegada de los ordenadores.

El videojuego para ordenador *DOOM* se lanzó en 1993 y desde entonces se ha considerado uno de los videojuegos más importantes de la historia. En el juego, se conduce a un tipo llamado «Doomguy» por un mundo 3D, derribando a tiros oleadas de personajes enemigos. Fue el entorno 3D navegable (y la experiencia de juego bastante realista para la época) lo que lo convirtió en una sensación. Se diseñó para jugarlo en los ordenadores más actualizados del momento, y unos años más tarde también se lanzó para la línea más nueva de consolas hogareñas de 32 bits.

Luego, en 1995, *DOOM* también salió para la Super Nintendo Entertainment System (SNES), lo cual resultó una sorpresa. La SNES estaba pensada para ejecutar gráficos en 2D y no tenía la capacidad suficiente para procesar el mundo 3D de *DOOM*. Se compensó parte de esa falta de capacidad con un procesador adicional dentro del cartucho de juego en sí. Pero también intervino un uso ingenioso de las tablas trigonométricas.

El desarrollador Randy Linden hizo público el código original de *DOOM* SNES en julio de 2020, y los entusiastas de los videojuegos retro tuvieron la posibilidad de explorarlo y ver en detalle cómo funcionaba el juego. El código incluye cinco tablas trigonométricas: seno, coseno, tangente, secante y arcotangente. Con esas funciones se convirtieron las coordenadas 3D del mundo de *DOOM* en los gráficos 2D de la SNES (del mismo modo que yo usé funciones trigonométricas para convertir las coordenadas 3D de mi árbol de Navidad).

Las tablas trigonométricas estaban integradas en el código del juego y ocupaban 145 kilobytes de almacenamiento. Ahora esa cantidad parece un chiste, pero en aquella época era un montón de espacio de disco. Las tablas trigonométricas eran el segundo archivo más grande de todo el sistema del videojuego, lo que también nos da una idea de su importancia. Fue gracias a la antiquísima tecnología de esas ingeniosas tablas trigonométricas por lo que la versión para SNES de este juego no terminó muerta como los personajes enemigos.

Mientras escribía sobre el código de *DOOM*, quería asegurarme de entender cómo funcionaban las tablas incrustadas, pero estaban todas en números hexadecimales, lo cual es genial para los ordenadores pero no tan fácil de leer para los humanos. Escribí mi propio método para convertir los valores a decimales y, cuando los comparé con los valores reales, me di cuenta de una discrepancia: muchos se habían redondeado al revés. Me puse en contacto con el creador, Randy, que me confirmó que yo era la primera persona que le consultaba acerca del aspecto matemático de *DOOM* y que sí, mi sospecha era cierta: los valores se habían truncado en lugar de redondearse.

Me remitió al código informático original que generó las tablas trigonométricas de *DOOM* para SNES y, en efecto, convertía las respuestas de un número de tipo «doble» (que tiene valores decimales) a un número entero descartando todas las partes fraccionarias. Pero la diferencia de precisión que eso produce es insignificante. Como me dijo Randy: «El error no es apreciable teniendo en cuenta la resolución del juego… pero, como todos los programas, se puede mejorar». El «error» podría solucionarse con una línea de código adicional para redondear el valor intermedio antes de convertirlo en un entero o algo similar. Y no es imposible: desde que se publicó el código fuente, alguien ya ha hecho un parche para corregir un error que impedía que el jugador pudiera girar al mismo tiempo que ametrallaba hacia los lados. Reconozco que no es tan impresionante como corregir los tiros de la NBA, pero ¡está muy bien!

Los procesadores han avanzado tanto desde la década de 1990 que ahora es una «broma» de programación habitual intentar ejecutar *DOOM* en un *hardware* que no debería ser capaz de ejecutar juegos. Se han creado versiones de *DOOM* que pueden jugarse en termostatos, impresoras, el reproductor multimedia Zune y, por supuesto, una calculadora gráfica TI-84. Me parece maravilloso que, mientras que el *hardware* original de la SNES no tenía suficiente capacidad de procesamiento para hacer los cálculos de *DOOM*, ahora *DOOM* pueda ejecutarse en una calculadora.

Ocho

¿EN QUÉ CONFÍN DE LA TIERRA?

Hace muchos años paseaba por la playa con mi ahora esposa, quien se preguntó en voz alta a qué distancia estaba el horizonte. La playa es un buen sitio para ver el horizonte: normalmente se tiene una vista ininterrumpida por encima del agua, que se acomoda a la forma esférica de la Tierra. Y es una buena pregunta: ese último trocito de agua que llegamos a ver (nuestro propio horizonte personal*), ¿a qué distancia está? La idea también cautivó mi imaginación, así que esbozamos un diagrama rápido en la arena (no a escala) de nosotros sobre la Tierra. Aquí presento mi mejor intento de reconstruir cómo se veía aquel autorretrato que hicimos en la arena.

Designamos el radio de la Tierra con una «R» mayúscula y nuestra insignificante estatura humana con una «h» minúscula. La distancia al horizonte era «d» y, lo más importante, esa línea de visión llegará a la superficie de la Tierra en una tangente, formando un ángulo recto con el radio de la Tierra. Tras reordenar las ecuaciones mediante el teorema de Pitágoras, estuvimos cerca de resolver qué era «d», pero los cálculos se estaban volviendo

---

* Los horizontes son un poco como los arcoíris, en el sentido de que cada persona ve uno distinto, dependiendo de dónde se ubique para mirar a la distancia. Supondremos, a partir de ahora, que mi cita y yo coincidíamos en el punto exacto adonde mirar.

más complicados de lo que nos permitía la resolución de la arena… y nuestra paciencia, ya que el sol se estaba poniendo. Decidimos hacer trampa y simplificar las cosas.

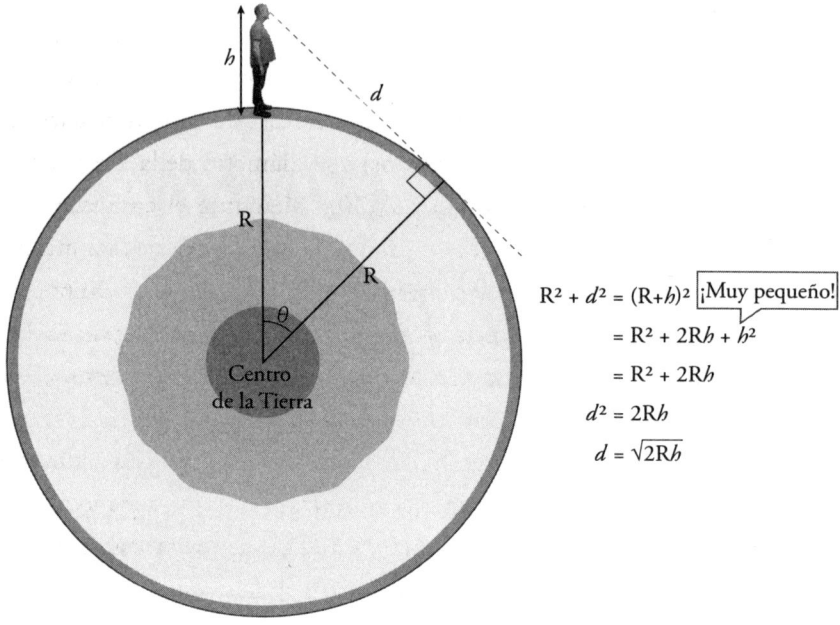

$$R^2 + d^2 = (R+h)^2 \quad \boxed{\text{¡Muy pequeño!}}$$
$$= R^2 + 2Rh + h^2$$
$$= R^2 + 2Rh$$
$$d^2 = 2Rh$$
$$d = \sqrt{2Rh}$$

La parte que dice «h^2» representa nuestra altura elevada al cuadrado, y es el valor más pequeño de esa línea. Tanto los términos «R2» y «2Rh» se relacionan con el radio de la Tierra, R, que es gigantesco si lo comparamos con nuestra altura. Así que, si bien la altura marcará alguna diferencia en la respuesta final, es posible que podamos eliminar el término «h^2» porque es mucho más pequeño que todo lo demás en la ecuación. Con un solo movimiento, limpiamos esa parte de la arena y simplificamos los cálculos.

El último paso consistió en estimar los valores de R y h para poder introducirlos en la ecuación y obtener una estimación de d. Sabíamos que el diámetro de la Tierra (o 2R) es de unos 12.500 kilómetros (dado que un metro se define como la diezmillonésima parte de la distancia entre el polo norte y el ecuador, la circunferencia es de 40.000 kilómetros, y a partir de ahí estimamos el diámetro) y que los seres humanos miden lo bastante cerca de 2 metros como para asignar 0,002 kilómetros a h. 12.500 × 0,002 = 25, y si sacamos la raíz cuadrada de esa cifra obtenemos nuestra respuesta final: el horizonte está a unos 5 kilómetros.

En matemáticas, como en el amor, es importante saber cuándo conviene dejar pasar las pequeñeces. En nuestro caso, significaba que podíamos obtener un estimado de la distancia al horizonte armados con un palo y cálculos aritméticos mentales. Después sí calculamos una respuesta más precisa, ¡y el estimado había estado bastante cerca! Mis globos oculares están a 1,7 metros del suelo (no a 2 metros) y el diámetro de la Tierra en esa playa es de 12.744 kilómetros (no 12.500). Mediante el coseno, puedo obtener el ángulo central en la Tierra, 0,04234°, y el seno de este me permitirá calcular que la distancia al horizonte es de 4,7 kilómetros. Muy cerca de nuestro estimado de 5 kilómetros. Espero que con eso baste para satisfacer a quienes siempre buscan un cierre. Ah, y ahora estamos casados, como consecuencia de eso y de muchos otros cálculos.

La cuestión es que los seres humanos tenemos impulsos naturales, como preguntarnos a qué distancia está el horizonte. Y qué tamaño tiene la Tierra. Hay solo dos formas de responder este tipo de preguntas: caminando mucho o usando triángulos. Incluso los triángulos implican una buena cantidad de caminata porque, como ya hemos visto, siempre se necesita conocer al menos un lado del triángulo.

Caroline Herschel fue una astrónoma formidable; en 1787 se convirtió en la primera mujer cuyos resultados se divulgaron en la principal publicación de la Royal Society. Al leer sus memorias, me sorprendió la lista de tareas astronómicas mundanas que tenía que hacer: «Ir a los relojes, escribir un informe, buscar y transportar instrumentos, medir el terreno con postes, etc.». Por muy elevados que estén los objetos de estudio, siempre hay que medir el suelo.

La primera medición probablemente exacta de la Tierra de la que tenemos constancia la hizo Eratóstenes, un matemático que vivió en la ciudad egipcia de Alejandría en algún momento del siglo III a. C. Como suele ocurrir, no se ha encontrado ninguna copia de su trabajo original, pero las referencias en otros escritos posteriores nos dan una idea general. Al parecer, Eratóstenes había oído que, en pleno verano, el sol tocaba el fondo de un aljibe en la ciudad egipcia de Siena (actual Asuán), lo que significaba que el Sol estaba directamente sobre su cabeza. Eratóstenes se dio cuenta de que si medía al mismo tiempo el ángulo que el Sol formaba en Alejandría (que estaba más o menos hacia el norte), sería posible calcular el ángulo que se formaba entre esos dos puntos en el centro de la Tierra.

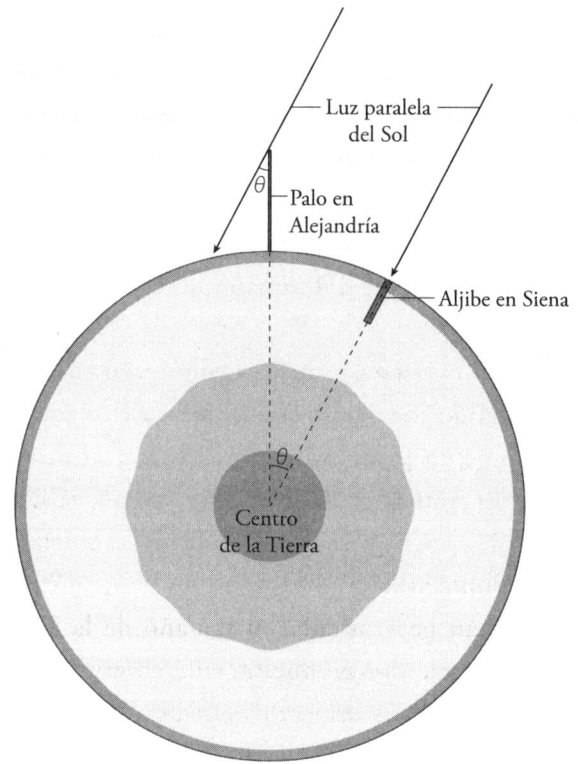

En este caso, la distancia que debía medirse era la que estaba entre Siena y Alejandría. No se sabe si Eratóstenes envió a alguien a medir la distancia o si usó una distancia aceptada, pero distintos autores posteriores parecen coincidir en que usó una distancia de 5000 «estadios». El problema es que no sabemos cuánto medía la unidad antigua de estadio. La discusión sobre la longitud de esta unidad despierta pasiones entre la gente, como suele ocurrir con los estadios.

Se dice que cuando Eratóstenes midió la sombra de un palo en Alejandría, esta equivalía a la cincuentava parte de un círculo completo, que nosotros mediríamos como 7,2º. Este ángulo reveló que la distancia entre

Siena y Alejandría era casi una cincuentava parte de la distancia alrededor de la Tierra. Si se multiplica la distancia entre Siena y Alejandría de 5000 estadios por 50, se obtiene una circunferencia terrestre de 250.000 estadios. Sea la longitud que sea.

Creo que quien se preocupa por la respuesta real a la que llegó Eratóstenes no entiende la cuestión. Podemos elegir un valor de estadio para que la respuesta sea lo preciso o impreciso que más nos guste. Además, la distancia de 5000 estadios y el ángulo de la exacta cincuentava parte de un círculo son números sospechosamente redondos; dudo que sean los que Eratóstenes midió en realidad. La cuestión es que el método de Eratóstenes estaba bien pensado. Con datos de entrada precisos, se obtendría una medida bastante acertada del tamaño de la Tierra. Los triángulos eran impecables.

Ya es sabido que me gusta ponerle manos a las matemáticas, pero vivo en el Reino Unido, que está muy arriba en el planeta para que el sol llegue al fondo de un pozo. Así que decidí recrear otro intento icónico de medir el tamaño del planeta. Cerca del año 1000 de nuestra era, el prolífico matemático (y también académico y escritor) Abu Arrayhan Muhammad ibn Ahmad al-Biruni usó una montaña en el territorio actual de Pakistán para calcular el tamaño de la Tierra. Hizo lo mismo que hicimos Lucie y yo en nuestra cita: observar el horizonte. Lo que al-Biruni quería medir en concreto era en qué ángulo «hacia abajo» estaba el horizonte.

En la playa, casi no tuvimos que bajar la vista para ver el horizonte. En comparación con mirar directo al frente, nuestra vista se inclinó apenas 0,04234°, por lo que es comprensible que, por lo general, casi no lo notemos. Sin embargo, desde la cima de una montaña, el ángulo sería de un tamaño importante (relativamente), y al-Biruni determinó que el ángulo en el que se necesita bajar la vista para ver el horizonte es igual al ángulo que se forma en el centro de la Tierra entre nosotros y el horizonte. Se dispuso a subir por la montaña y mi amiga Hannah y yo subimos a un edificio.

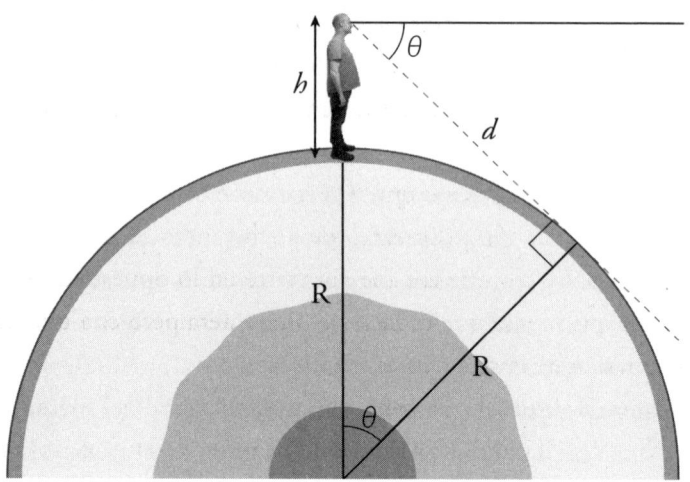

Era por ese motivo que en el primer capítulo estábamos midiendo la altura del Shard, el edificio más alto del Reino Unido y nuestra montaña sustituta. Cuando caminé con los zapatos de 50 centímetros de largo y la frente bien alta, quería medir la única distancia necesaria para hacer todo cálculo del tamaño de la Tierra. Hannah y yo combinamos esa medición con los ángulos que medimos para obtener la altura del edificio. Lo curioso fue que Hannah usó valores de tangente para calcular la altura mientras que yo usé senos. Pero gracias a la maravilla de la trigonometría, llegamos a la misma respuesta.

Después subimos al edificio para obtener el ángulo de bajada al horizonte. El Shard es una de las mayores atracciones turísticas, así que es fácil reservar una visita a la cima para disfrutar de la vista. El problema es que si hay acceso público, hay seguridad privada. Cuando Hannah y yo llegamos con un transportador casero gigante y un medidor digital de inclinación, los empleados de seguridad determinaron que podrían usarse para causar daño y confiscaron nuestras armas de instrucción matemática masiva.

Sin darnos por vencidos, subimos hasta arriba de todo y estimamos el ángulo de bajada al horizonte con los inclinómetros de nuestros teléfonos, que, además de ser muy difíciles de apuntar con precisión, solo muestran resultados redondeados al grado más cercano. Hicimos todo lo posible y estimamos que el ángulo medía alrededor de 1,5°. Cómo nos equivocamos.

Digo que nos «equivocamos», pero estábamos en lo cierto en la medida de que 1,5° es el ángulo que medimos. Sí, en cuanto usamos el teorema del coseno para calcular la razón entre el radio de la Tierra y el radio de la Tierra más la altura del Shard, obtuvimos que la Tierra solo mide 1750 kilómetros de ancho. Y sí, es cierto que hoy los *nerds* te van a hacer creer que la Tierra mide unos 12.750 kilómetros de ancho, pero ¿a quién vas a creer? ¡Yo salí a medirlo! Creo que eso me convierte en lo opuesto a un terraplanista: alguien que piensa que la Tierra es una esfera pero con una curvatura aún más cerrada que la que reconoce la NASA.

En cuanto al resultado de al-Biruni, este se enfrenta a algunos problemas comunes. La respuesta final a la que llegó desde la montaña en Pakistán fue un radio de 12.803.337 codos. Y, claro, no sabemos cuál es la longitud exacta de un codo. Típico. La variación en la longitud que pensamos que tendría un codo cubre lo que ahora sabemos que es el radio exacto de la Tierra, lo que indica que el resultado podría haber dado en el blanco (aunque lo más probable es que no). También cabe destacar que al-Biruni contaba con algo que nosotros conocemos muy bien: las tablas trigonométricas. Esta estimación del tamaño del planeta que habitamos ocurrió gracias a los triángulos y las tablas trigonométricas.

Toda medición en verdad precisa, algo que fue posible más adelante en el segundo milenio, se valió de una serie de triángulos para formar una línea base bien larga entre dos ubicaciones que tuvieran entre ellas un ángulo conocido. Willebrord Snellius, famoso por la ley de Snell, fue pionero en el uso de los triángulos y en 1615 midió una serie de catorce triángulos que atravesaban los Países Bajos y se acercó bastante a la respuesta exacta. Pero los verdaderos campeones fueron Delambre y Méchain, en el siglo XVIII, con sus 115 triángulos. Estaban midiendo la Tierra para determinar el nuevo y extravagante metro, así que la precisión era de absoluta prioridad.

Por suerte, la tecnología había avanzado mucho desde la construcción de las calzadas romanas. Cuando planeaban la calle Stane Street, los romanos habrían usado un dispositivo llamado «groma», que consistía en unas plomadas colgadas de una estructura con forma de cruz. Para trazar la línea recta de las calzadas, miraban a través de las cuerdas colgantes y las alineaban con puntos en la distancia. La precisión estaba limitada a la vista humana, así que podía haber algunos errores en las mediciones. Esa limitación se redujo con la invención del telescopio, pero la eliminación de otros errores requirió de cierta falacia circular.

El enemigo de las mediciones precisas es el ruido aleatorio. Si Delambre y Méchain querían medir el ángulo entre dos puntos, podían apuntar un telescopio a cada punto y medir el ángulo formado por los instrumentos. Pero ¿con qué precisión se puede apuntar un telescopio a algo? El ojo humano sigue siendo el límite definitivo de la precisión porque la eficacia de la vista en sí tiene un límite. Puede que por el telescopio parezca que dimos en el blanco, pero es posible que la alineación esté un poco movida hacia la izquierda o la derecha de la dirección verdadera, y esa desviación es, en efecto, aleatoria, lo que significa que cualquier dirección es igual de probable.

El antídoto para el ruido aleatorio es el promedio. Si se hacen muchas mediciones repetidas y después se las promedia, se obtendrá un resultado más preciso, aunque en realidad nunca se haya medido el número final. Hicimos una pésima versión de ese método en la cima del Shard: parecía que nuestros teléfonos indicaban 1° con la misma frecuencia que indicaban 2°, así que lo promediamos a 1,5°.

Delambre y Méchain tenían un dispositivo para automatizar el proceso, con las limitaciones de la época. Los dos telescopios estaban montados sobre un «círculo repetidor», un disco que permite rotar los telescopios al mismo tiempo. Con el círculo repetidor, puede medirse repetidamente el ángulo entre dos ubicaciones, y cada resultado se va añadiendo al total. El total final puede dividirse por el número de mediciones y así se obtiene un resultado promediado y preciso.

No he tratado de recrear el recorrido y las mediciones de Delambre y Méchain, pero ¡alguien sí lo hizo! En 2018 la artista australiana Sara Morawetz se embarcó en un proyecto llamado «*étalon*» para recrear la caminata de Dunkerque a Barcelona con la que se definiría el metro. Le llevó 112 días, lo que fue relativamente rápido. Sara hace «*performance* duracional en sitios específicos», que me viene como anillo al dedo. Me encanta el arte performativo científico.

Y si nos ponemos a pensar, lo del metro es una locura. Los humanos vivimos en una escala de un metro (casi todos podemos separar las manos hasta un metro de distancia), sin embargo, esa unidad se basa en el tamaño de la Tierra, una magnitud que nuestro cerebro apenas puede concebir. Pero si caminamos lo suficiente, dando pasos de alrededor de un metro, podemos ir dándonos una idea de la conexión entre la escala humana y la escala planetaria. Como ya sabemos, para calcular el tamaño de la estructura más grande del cosmos, hay que arrodillarse y medir el suelo.

Durante el recorrido, Sara fue tomando medidas y, al terminar, llegó a su estimación de la circunferencia de la Tierra con la que pudo calcular su propia definición de un metro. Si digo que la envidio, me quedo corto. Alrededor de una vez por día, Sara y su acompañante en la caminata se separaban (la acompañaron una serie de mujeres artistas, como una especie de inversión de género del mundo científico en la época de Delambre y Méchain). Una se quedaba en un sitio con un telémetro láser y la otra caminaba hasta unos 500 metros de distancia para que le apuntaran con el láser. También se valieron de dispositivos GPS para registrar la latitud y longitud exactas de ambos extremos de la medición.

Desde luego, contar con esos instrumentos supone una gran ventaja frente a la medición original del metro. Además, Sara y compañía medían distancias puntuales de 500 metros a lo largo de un área del mundo de 10°, mientras que Delambre y Méchain siguieron una serie ininterrumpida de triángulos para medir la distancia completa (razón por la cual les llevó unas veinte veces más de tiempo, a pesar de contar con más personas). El esfuerzo matemático necesario para analizar esa malla de triángulos en una época sin ordenadores no es para nada despreciable. Sara pudo calcular el «metro personalizado» de cada día a medida que avanzaba, y después calcular un promedio al final del recorrido.

El metro personalizado final al que llegó fue de 100,038 centímetros. ¡Muy cerca del metro oficial de 100 centímetros! Pero el hecho de que Sara pudiera registrar su metro en términos de, bueno, el metro, nos hace plantear la siguiente pregunta: ¿Qué unidades usaron Delambre y Méchain para medir el metro original? El resultado de su cálculo final fue que la distancia entre el polo norte y el ecuador era de 5.130.740 «toesas», una unidad de longitud francesa que existía en esa época y que equivalía aproximadamente a la envergadura de los brazos de una persona. El metro se iba a determinar como una diezmillonésima parte de esa distancia, lo que sería 0,5130740 de una toesa. La medida se convirtió a líneas, de las cuales hay 864 en una toesa (la envergadura de un par de brazos medía 6 pies, cada pie medía 12 pulgadas de 12 líneas cada una: 6 × 12 × 12 = 864). Por lo tanto, el metro se determinó oficialmente como 0,5130740 × 864 = 443,296 líneas.

¿Cuán precisa fue la medición de Delambre y Méchain? Bastante. Ahora sabemos que subestimaron ligeramente la circunferencia polar de la Tierra: en lugar de 5.130.740 toesas, la distancia ecuador-polo en realidad debería ser de 5.131.766 toesas. En rigor, el metro debería ser un poco más largo, pero una vez fijado, habría sido contraproducente cambiarlo. Por eso la distancia alrededor de la Tierra pasando por los dos polos no es de 40.000 kilómetros exactos sino de 40.008 kilómetros. Casi, casi.

Abran paso al semiverseno

Cuando le pregunté a Sara cómo se calculó su metro personalizado, respondió que todo se hizo con el semiverseno. Sí, lo que parecía una razón trigonométrica de nombre ridículo, en realidad es ideal para calcular distancias en la Tierra.

Una vez me contactó una escuela de vuelo con sede en el Aeropuerto de Santa Mónica, en las afueras de Los Ángeles. Uno de los ejercicios que les dan a sus estudiantes consiste en tratar de despegar y aterrizar en un mismo día en los 30 aeropuertos que hay en la zona de Los Ángeles, y querían saber cuál era el recorrido más corto posible para conseguirlo. Este es un ejemplo del «problema del viajante», que consiste en hallar el recorrido más corto para pasar por una serie de sitios. Su solución tiene fama de ser compleja y está más allá de los objetivos de este libro, pero el primer paso era claro: necesitaba saber la distancia entre cada par de aeropuertos.

Tenía una lista de los 30 aeropuertos y la ubicación de cada uno expresada en coordenadas de latitud y longitud. Eso es ligeramente distinto de las coordenadas x e y de, por ejemplo, la ubicación de los tiros al aro de baloncesto en una cancha de la NBA registrados como distancias. Tales coordenadas pueden expresarse en metros o pies porque las canchas de baloncesto son planas. Pero la Tierra es redonda y eso es una complicación. Si dos sitios en la Tierra están lo bastante separados, la distancia más corta entre ellos implicaría cavar un túnel entre ambos. La solución no sirve de mucho en casi ninguna situación, en especial si lo que se planea es una ruta de vuelo. Necesitaba calcular la distancia a lo largo de la superficie de la esfera de la Tierra. Para eso, usamos coordenadas medidas como ángulos.

La latitud y la longitud existen desde hace más de 2000 años y en ellas se basan los sistemas modernos de GPS. La idea es sencilla: la Tierra es una esfera* y se puede ubicar cualquier punto sobre una esfera midiendo dos ángulos relativos al centro. En concreto, la distancia alrededor de la esfera (de −180° a 180°) combinada con la distancia vertical (de −90° a 90°). El ángulo de la distancia vertical, es decir, la «latitud», indica el tamaño del círculo en el que nos desplazamos cada día alrededor de la Tierra.

El Aeropuerto Internacional de Los Ángeles (LAX) está a 33,9425° de latitud norte y 118,408° de longitud este, es decir que se encuentra a 33,9425° del ecuador y a 118,408° al este del primer meridiano. El aeropuerto de Burbank se encuentra a 34,2007° N, 118,3587° E, y calcular la distancia entre Burbank y LAX en la esfera de la Tierra no es ninguna tontería. Necesitamos saber el ángulo exacto que se formaría si ambos estuvieran conectados al mismísimo centro del planeta. Si conocemos ese ángulo y el radio de la Tierra, entonces podemos calcular con facilidad la distancia que separa ambos puntos.

---

* En realidad, la Tierra es un esferoide, una figura similar a una esfera. En concreto, es un «esferoide oblato», que puede considerarse como una esfera aplastada, un poco más abultada en la parte del medio. Por lo tanto, el radio hasta el centro del planeta varía ligeramente según el punto en el que se esté.

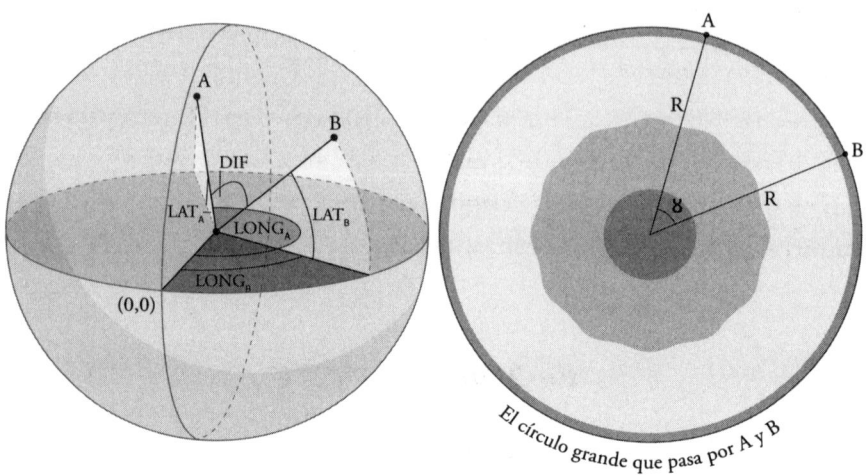

El círculo grande que pasa por A y B

Por fortuna, el semiverseno viene al rescate como una especie de reemplazo de Pitágoras para calcularnos ese ángulo. El semiverseno del ángulo de diferencia es igual a una combinación de los semiversenos de las latitudes y longitudes (y algunos cosenos añadidos por las dudas).

$$\text{semiverseno(DIF)} = \text{semiverseno(LAT}_A - \text{LAT}_B) + \cos(\text{LAT}_A) \times \cos(\text{LAT}_B) \times \text{semiverseno(LONG}_A - \text{LONG}_B)$$

Escribí en pocos minutos un código informático que usaba esta fórmula de semiverseno y arrojaba la distancia esférica entre cada par de aeropuertos de Los Ángeles. También tuve que hacer algunos ajustes respecto de la dirección de las pistas de aterrizaje y el espacio aéreo restringido, pero la base de mis cálculos era el semiverseno. Sí, se puede formar un semiverseno con senos, pero eso sucede con todas las razones trigonométricas. La clave es elegir la función trigonométrica que más sirva para lo que queremos hacer, y la razón por la cual tenemos al semiverseno, una de las funciones trigonométricas más antiguas, es que es perfecta para calcular distancias sobre un globo.

Sara la usó por la misma razón, pero en sentido inverso. En lugar de usar el semiverseno para calcular el ángulo entre dos sitios y después usar el radio de la Tierra para calcular la distancia entre ellos, Sara directamente midió ella misma la distancia entre dos sitios, usó el semiverseno para calcular el ángulo entre ellos y luego dedujo cuál sería el radio de la Tierra. Una vez obtenido el valor del radio de la Tierra, pudo calcular la circunferencia y dividirla por 40 millones para obtener su propio valor del metro.

No hace falta recrear la medición del metro por toda Francia para obtener tu propio metro. Se puede medir la distancia entre dos sitios cualesquiera, anotar sus latitudes y longitudes, y usar semiversenos para calcular tu metro personalizado. Tu metro, tu medida.

Un pilar importante

¿Dónde estaríamos sin los triángulos? Perdidos, seguramente. Además de la definición del metro, la triangulación nos ha dado siglos de mapas precisos, que solo recientemente han sido desbancados por la fotografía aérea. Aún quedan huellas de esos triángulos por todos los paisajes, si se observa con atención.

El paisaje antiguo de Gran Bretaña está lleno de monumentos antiquísimos y piedras en pie o menhires, pero algunas de mis creaciones rocosas preferidas son unos pilares con forma de altar construidos durante el último siglo. Parece que fueran de antaño, pero estas «estaciones de triangulación», o vértices geodésicos, se construyeron entre 1936 y 1962 como parte de algo llamado la «gran retriangulación de Gran Bretaña». Si bien ya son obsoletas, siguen desperdigadas por el paisaje.

Matt Parker @standupmaths · May 9
Disfruto de una buena estación de triangulación.

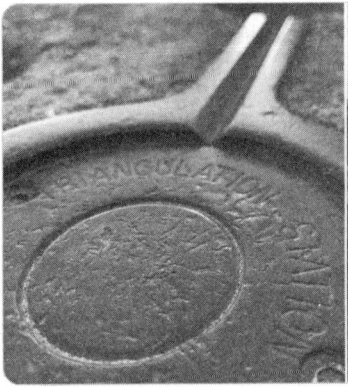

Desde luego, hay personas que tratan de ubicar y visitar todos los vértices geodésicos que puedan, una actividad conocida en inglés como «*trig pointing*». El sitio web trigpointing.uk tiene registradas las ubicaciones de 6871 de estos vértices. Sin duda, cada vez que encuentro uno no puedo resistir la tentación de documentar la visita con algunas fotos: como mínimo, una del número de identificación del vértice y otra de mí sonriendo como un imbécil delante de él. Desde cada vértice geodésico, al principio era posible ver al menos otros dos, por lo general, en colinas distantes. Así que, comparado con otros pasatiempos, estos casi siempre están en sitios pintorescos.

Para el excursionista lego, no siempre es evidente qué es un vértice geodésico. En la parte superior hay una misteriosa figura de asterisco con tres puntas. Aunque los canales que forman el patrón parecen sacados de la escena culminante de la película *Blade* de 1998, la de Wesley Snipes (una referencia bastante de nicho), en realidad están diseñados para sostener un teodolito, un instrumento topográfico contemporáneo del círculo repetidor. Según mi experiencia, la mayoría de las personas inspecciona el vértice geodésico cuando se topan con uno, no entienden las marcas casi jeroglíficas y siguen caminando, ajenos al hecho de que acaban de cruzarse con la base de los mapas modernos.

Los precursores de estos vértices geodésicos corresponden a una triangulación anterior de Inglaterra, que empezó cerca de la partida de Delambre y Méchain, pero llevó alrededor de medio siglo más (se midieron 218 vértices entre 1783 y 1853). Esta fue la «triangulación principal» de Gran Bretaña y, como resultado, se publicaron los primeros mapas de la Ordnance Survey, la agencia cartográfica oficial británica. Esos mapas, llamados cariñosamente «mapas OS», continúan publicándose en la actualidad y, a pesar de que ahora la agencia tiene una *app* excelente, debo confesar que también tengo un cajón lleno de copias en papel para cuando hago caminatas a la vieja usanza durante las vacaciones. Los detalles de cada sendero, camino de herradura, edificación y todo lo que un excursionista necesita saber, se han reducido a 4 centímetros por kilómetro, con curvas de nivel para saber lo empinado que será el paseo.

Cuando se publicaron los mapas OS a principios del siglo XIX, si bien estaban pensados para uso militar y costaban el equivalente al salario de más de una semana, fueron un éxito entre el público general. Eran la única forma de obtener una vista aérea del terreno (si no tenemos en cuenta a nuestros amigos los globos aerostáticos, que en aquella época no eran ni un poquito menos terroríficos).

Además, estos primeros mapas OS permitieron que las personas supieran dónde estaba todo. Se dice que antes de la triangulación principal todo el mundo suponía que el cabo de Cornualles (en, bueno, Cornualles) era el punto más occidental de Inglaterra. He estado allí, y sin duda se parece a lo que uno quiere que sea el final de un país: un terreno con acantilados espectaculares que se adentran en el océano. Pero unos kilómetros al sur se encuentra el verdadero punto más occidental, Land's End. Este sitio es mucho menos espectacular; es más bien una protuberancia en la costa. Cuando estuve en el cabo de Cornualles, saqué mi brújula, la apunté hacia la costa de Land's End y no veía que se asomara más. Mientras que mi leal mapa OS, basado en triángulos sin ambigüedades, revelaba claramente dónde terminaba el terreno en realidad.

En la década de 1930, ya estaba claro que a la triangulación principal le faltaba claridad. Una nueva ola de triángulos arrasó el país entre 1935 y 1962 en la gran retriangulación de Gran Bretaña. Este proceso se vio interrumpido por la Segunda Guerra Mundial, que exigió la producción de 342 millones de mapas (120 millones solo para el Desembarco de Normandía), pero en la década de 1960 ya existían mapas detallados de toda Inglaterra, Escocia y Gales.

Incluso antes de que finalizara la gran retriangulación, el fin de los vértices geodésicos ya se vislumbraba en el horizonte. En los años posteriores, la topografía en el terreno se complementó con la fotografía aérea. En la era moderna, entre los aviones y los satélites, ya no se necesitan vértices geodésicos y la Ordnance Survey ha dejado de darles mantenimiento. He leído sus datos archivados y el último mantenimiento fue el 10 de octubre de 2002, cuando unos intrépidos técnicos revisaron dos vértices geodésicos, Cnoc Moy y Meall nan Con, en las montañas escocesas.

Los descendientes directos de los vértices geodésicos son una red de unos 115 receptores GPS, que están fijos en toda Gran Bretaña, de modo que la mayor parte de su superficie se encuentra a menos de 75 kilómetros de, como mínimo, una estación. Registran constantemente los datos del GPS y una vez cada hora se recopilan todos juntos para asegurarnos de que Inglaterra, Escocia y Gales están donde creemos que están. Nuestros triángulos de navegación modernos son digitales y están automatizados, mientras que los vértices geodésicos se han convertido en más piedras históricas desperdigadas por el campo.

No solo en el Reino Unido han quedado marcas de las mediciones del pasado grabadas en el paisaje. Incluso en el medio de la ciudad de Nueva York hay huellas de mediciones topográficas históricas. A principios del siglo XIX, cuando se planificó el actual sistema de calles en cuadrícula, fue necesario trazar con exactitud dónde estarían todas las intersecciones de las calles, y muchas veces esos sitios se marcaban clavando una estaca metálica en el suelo. Esa idea no era del agrado de todos porque implicaba desplazar a comunidades enteras, y los afectados quitaban los marcadores apenas se colocaban. Pero el plan continuó su marcha y Manhattan quedó cubierta de estacas metálicas plantadas con precisión.

La exactitud de la cuadrícula de Manhattan es testimonio de lo rigurosa que fue la triangulación de John Randel, que clavó las estacas en el suelo. A diferencia de los vértices geodésicos, pensados para que duraran mucho tiempo, las estacas se quitaron en cuanto se construyeron las calles. Sin embargo, al menos una de las estacas de Randel sigue en pie. ¡Lo sé porque fui a verla! En 2004 el profesor de Geografía Reuben Rose-Redwood y el topógrafo J. R. Lemuel Morrison se propusieron buscar si aún quedaba alguna. Tenían la teoría de que, como algunas de las calles de Randel quedaron fuera del plan final, era posible que los sitios por donde pasarían esas «calles imaginarias» en los parques actuales todavía tuvieran estacas.

Y así fue: en el medio del Central Park queda una de ellas. La ubicación se mantiene como un secreto a medias, con el pretexto de que no vaya demasiada gente a interrumpir su descanso de dos siglos. Pero en realidad, cualquiera con suficiente tiempo, esfuerzo y habilidades detectivescas en internet puede encontrarla. Soy la viva muestra de ello. Para que otras personas puedan asumir el desafío de encontrarla, voy a respetar la tradición de no revelar dónde está. Y, si se quiere jugar en modo difícil, se rumorea que hay otras dos estacas originales en alguna parte de Manhattan, pero yo no he encontrado ninguna.

¿Dónde nos encontramos ahora?

Ahora estamos en el futuro, y en el futuro el espacio es protagonista. Ya basta de mapas físicos basados en vértices geodésicos concretos: ahora tenemos mapas digitales, hechos con satélites que orbitan la Tierra. Si queremos un sistema para buscar nuestra posición en el globo, necesitamos un GPS.

Ya se ha mencionado a los GPS en este libro, pero «GPS», la sigla de «Global Positioning System» («Sistema de Posicionamiento Global»), es en realidad una marca comercial. Hay varios sistemas de satélites que transmiten señales de radio precisas para crear un sistema global de navegación por satélite, de ahí el nombre genérico GNSS (por sus siglas en inglés). De hecho, la OS describe sus 115 receptores como «receptores GNSS geodésicos», pero acá pasa lo mismo que con Kleenex, por ejemplo, y la marca comercial GPS se ha convertido en el término genérico a los ojos del público. La OS también ha bautizado su sistema de receptores apuntados al cielo «OS Net», que me recuerda demasiado a Terminator para mi gusto.

El GPS en sí pertenece al Ejército de los Estados Unidos. En un despliegue de su famosa bondad, permiten acceder a una versión civil gratuita del GPS que cualquiera puede usar para determinar su posición en cualquier parte del planeta. Al principio, el sistema estaba limitado a una resolución más baja, pero a partir del año 2000 el ejército estadounidense afirma que la versión gratuita del GPS es tan buena como la militar si se cuenta con los mejores equipos. En teoría, eso significa que cualquiera puede saber su ubicación exacta con un margen de centímetros, quizás incluso milímetros si uno se queda quieto y recopila datos el tiempo suficiente (como hacen los receptores de la OS Net). Pero ¿es cierto que el Ejército estadounidense no se guarda una versión mejor del GPS para uso propio? Han hecho eso con las imágenes satelitales, por lo que bien podrían hacerlo también con las coordenadas. Quizás no lo sepamos hasta que algún otro presidente comparta una foto clasificada en las redes sociales.

Sea cual sea el GNSS, el sistema se vale de los mismos triángulos que ya conocemos y tanto nos gustan. Pero en lugar de usar vértices geodésicos tallados en piedra, estos vértices orbitan la Tierra. Cada satélite envía señales de radio con marcas temporales muy precisas, que pueden ser utilizadas por un receptor GNSS para triangular la distancia relativa a cualquier número de satélites cuya posición se conoce con gran exactitud. Es como una versión del tamaño de la Tierra del problema de «dos trenes salen de sus respectivas estaciones a la misma hora», pero con fotones en lugar de trenes y un verdadero interés de nuestra parte por saber la respuesta.

La revolución de la navegación satelital ha tenido un impacto descomunal, dado que todo aquel que pueda comprar un dispositivo de GPS puede acceder fácilmente a información de navegación y ubicación. Con solo pulsar un botón, cualquiera puede saber su latitud y longitud exactas en la superficie de la Tierra con una precisión increíble. Esto ha contribuido mucho al progreso de la humanidad, pero también nos ha dado a los *nerds* un pasatiempo más: la búsqueda de coordenadas de GPS. El Degree Confluence Project («Proyecto de Confluencia de Grados») empezó prácticamente cuando salieron a la venta los dispositivos de GPS portátiles para excursionistas. Su fundador, Alex Jarrett, dice que comenzó porque en 1995 «mi amigo consiguió convencerme de comprar un GPS y tuve que pensar en algo para usarlo».

Alex decidió que los números enteros estaban bien y se dispuso a tratar de encontrar y documentar puntos de intersección con un número entero de grados de latitud y longitud. El primer sitio al que fue estaba a 43,00000° N 72,00000° O, una ubicación arbitraria en el estado de Nuevo Hampshire, en los Estados Unidos. Cuando creó el sitio web confluence.org, se sumaron voluntarios para contribuir a un «muestreo organizado del mundo». El objetivo consistía en ir hasta todos los puntos de intersección de latitud y longitud con números enteros que, una vez excluidos unos puntos cerca de los polos, sumaban un total de 9704 sitios para ir. Cuando un aventurero de GPS va a uno de esos puntos, debe tomar una foto del sitio en el suelo y otras hacia el norte, el sur, el este y el oeste.

Me encantó esta idea de hacer un muestreo arbitrario pero sistemático del planeta, así que me sumé en 2004. Después de caminar por el desierto australiano durante dos días con unos amigos, fui la primera persona en llegar al punto de intersección exacto de la latitud 26° S con la longitud 115° E y documentarlo. La ubicación en sí era igual al resto del monte de suelo rojo por el que habíamos caminado durante horas, pero sabíamos que era especial. Tomamos las fotos y después emprendimos la larga caminata de regreso.

Una ubicación muy precisa, pero muy poco memorable.

Esa larga caminata de 17 kilómetros por la naturaleza australiana desde de nuestro coche, en el que a su vez viajamos 110 kilómetros desde la carretera más cercana (y otros cientos de kilómetros hasta un pueblo de verdad), nos recordó a todos por qué el GPS es tan importante. En varias ocasiones nos desorientamos tanto en el monte llano y homogéneo que mi instinto me decía que caminara en una dirección totalmente opuesta a la que indicaba el dispositivo GPS. Por más extraña que fuera la sensación de estar alejándome del auto, mi lógica resistió durante varias horas y, en efecto, salimos precisamente donde habíamos dejado nuestros suministros. Puedo decir con total confianza que, si no hubiera sido por los triángulos en el espacio, no habría sobrevivido a la aventura.

Si también quieres ser la primera persona en ir a un punto de intersección de una latitud y una longitud de números enteros, en el momento en que escribí este libro aún quedaban 384 por visitar. Considerando que son incluso menos accesibles que el que me hizo caminar por el desierto hace 20 años, quizá sea mejor idea volver a uno de los puntos ya documentados.

Un segundo objetivo del proyecto es documentar los cambios ocurridos a lo largo del tiempo en esas ubicaciones, así que siempre es útil repetirlos. Nunca se está a más de 80 kilómetros de estas confluencias de líneas de latitud y longitud.

La revolución del GNSS también ha revelado las pequeñas imprecisiones de los métodos antiguos de medición. Una de las actividades turísticas que pueden hacerse en Londres es ir al Observatorio de Greenwich y pararse sobre la línea de longitud de 0°. La rotación de la Tierra nos da un ecuador claramente definido en medio del planeta, y el eje de rotación nos proporciona polos norte y sur precisos, de modo que los ángulos de latitud tienen un marco de referencia inequívoco. Sin embargo, la longitud, que mide a qué distancia «alrededor» del planeta está un sitio, no tiene un punto de partida tan evidente. Durante un tiempo, algunos países usaron sus propios puntos de partida, pero eso era tan confuso como uno podría suponer.

Entonces, en 1884, se reunieron representantes de veinticinco países en Washington, D. C. y votaron. Ganó el Observatorio de Greenwich en Londres con veintiún votos (los países discrepantes fueron Brasil, Francia y Santo Domingo). Así se designó el punto de partida, o «primer meridiano», en la línea que comenzaba en el Observatorio de Greenwich y rodeaba todo el planeta atravesando ambos polos. La línea es, en realidad, un círculo gigantesco que rodea justamente el mismísimo centro de la Tierra. O al menos eso habría sido, si no se hubieran equivocado.

Para trazar un círculo que rodee el centro del planeta, se necesita saber cuál es la dirección hacia abajo exacta. Esto se hizo con mucho cuidado usando la gravedad para indicar la dirección «hacia abajo», pero los intrépidos topógrafos no sabían que la densidad y las deformidades que se encuentran por debajo de la superficie de la Tierra podían hacer que la gravedad local no se alinee correctamente con el centro geométrico de la Tierra. Por lo tanto, el círculo «cero» original que rodeaba la Tierra, en realidad, no estaba centrado en el medio de la Tierra. Sin embargo, en el momento nadie lo notó y se puso una línea de metal lustroso en el suelo de Greenwich para que los turistas saltaran a uno y otro lado.

Los satélites no tienen ese problema para ubicar el centro del planeta, por lo que tienen una dirección «hacia abajo» más precisa. Tras la adopción mundial del GNSS, pasó a haber una incoherencia entre las longitudes verdaderas y aquellas basadas en la línea metálica de Greenwich. En 1984, exactamente un siglo después del primer encuentro, se reunieron países de todo el mundo y establecieron un nuevo primer meridiano, apenas movido respecto del anterior.

Mientras los dispositivos GPS fueron un objeto de lujo, la diferencia no hizo mella en los turistas de Londres, pero ahora que cualquier persona con un teléfono inteligente puede ver la latitud y longitud exactas, cientos de turistas no entienden por qué no ven 0° al pararse sobre la famosa línea cero. Pero si siguen los números de su teléfono, llegarán a 0° a unos 100 metros al costado. Ahí hay menos gente y es más fácil tomarse una foto, pero en lugar de pararse sobre una línea icónica, uno termina sobre el césped de un parque.

El desorden de la Tierra y la precisión de la latitud y longitud modernas son también la razón por la que necesitamos tener tres nortes diferentes. El norte clásico en el que probablemente estés pensando es la dirección que sube por las líneas de longitud, directo al polo norte, según lo define el eje de rotación del planeta. Este se llama «norte verdadero» y, en un mundo perfecto, sería el único norte que necesitamos. El segundo norte responde a nuestra insistencia en tener mapas. Usé semiversenos para calcular las distancias entre aeropuertos porque sé que el área metropolitana de Los Ángeles es, en realidad, una parte de una esfera, pero un mapa físico de Los Ángeles estará en un papel plano. Es debido a la tensión entre la Tierra curva y los mapas planos que tenemos el norte de cuadrícula.

Cada línea de longitud atraviesa el polo norte, por lo que en algún punto todas se entrecruzan. Mientras que las líneas de latitud están espaciadas de manera uniforme, las de longitud se van juntando cada vez más a medida que avanzan del ecuador a un polo. Fue por eso que el Degree Confluence Project eliminó de los destinos un grupo de intersecciones cercanas a los polos: porque son muchas y están todas juntas. La distribución tampoco coincide con una organización como la Ordnance Survey, que quiere que sus mapas tengan una cuadrícula cuadrada y uniforme en la que no se junten líneas y la escala del mapa no cambie de un sitio a otro. Así que los cartógrafos inventaron su propio norte.

La OS decidió que su norte de cuadrícula coincidiría con el norte verdadero a lo largo de la línea de 2° O (la línea de longitud con un número entero más cercana al centro de Gran Bretaña). Dado que las líneas del norte de cuadrícula son paralelas y las líneas del norte verdadero se curvan todas juntas, cuanto más lejos estemos de la línea de 2° O, más se desviará el norte verdadero indicado por un dispositivo GPS del norte de cuadrícula que figura en un mapa. Sin embargo, si sacamos una brújula, es probable que terminemos con una dirección totalmente distinta del norte. El norte magnético es el tercer tipo de norte, porque los polos magnéticos norte y sur no se alinean con los polos del eje de rotación. Y para complicar las cosas, van cambiando de posición. Además, las líneas del norte magnético ni siquiera son rectas.

La Tierra tiene un campo magnético, pero no es tan definido como el que suele representarse alrededor de un imán. Al igual que la gravedad, el campo magnético de la Tierra depende de la densidad y la composición de lo que hay dentro del planeta, y eso significa que las líneas de campo se curvan y se mueven un montón. Lo único que hace una brújula es mostrar hacia dónde apunta el campo magnético local, lo que suele ser «suficiente» para navegar, pero si se compara con un GPS o un mapa preciso, la diferencia puede llegar a ser notable.

Hay sitios en los que, por casualidad, los campos magnéticos locales distorsionados a veces se alinean con el norte verdadero. Debido al tumulto que hay en las profundidades de nuestro planeta, estos puntos se mueven a medida que el campo magnético se flexiona lentamente. Hay una línea de este tipo que atraviesa el Reino Unido: si nos paramos en cualquier punto de esa línea, la brújula apuntará directamente al norte verdadero, y esa línea se ha ido desplazando poco a poco hacia el oeste. En noviembre de 2022, el campo magnético se desplazó lo suficiente como para coincidir con el extremo sur de Gran Bretaña en la línea de 2° O.

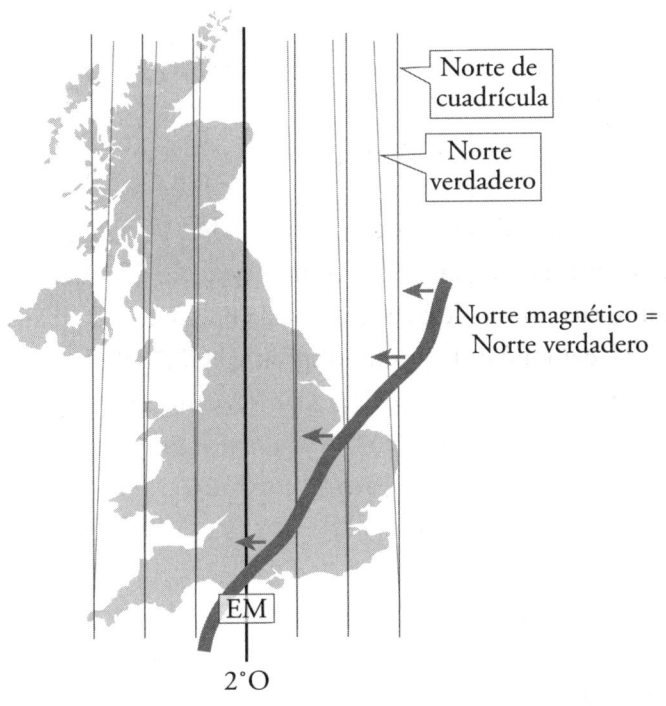

Norte de cuadrícula

Norte verdadero

Norte magnético =
Norte verdadero

EM

2°O

A medida que el meridiano cero magnético se desplaza a la izquierda,
la alineación triple subirá por el meridiano de 2°.

Desde luego, salí de excursión con un mapa OS, una brújula magnética y un dispositivo GPS para buscar el sitio en el que, por primera vez en la historia conocida, los tres nortes se alineaban en Inglaterra. De pie en un acantilado azotado por el viento sobre un océano invernal, yo era la única persona en Gran Bretaña que no tenía ninguna duda sobre cuál era el norte. Desde entonces, la alineación unificada de los tres nortes se ha ido desplazando, bueno, hacia el norte. Cuando se publique este libro, predigo que el Punto Tres Nortes estará más o menos en la autopista M62, entre Manchester y Huddersfield. Después, hacia julio de 2026, se irá alejando de la costa norte de Escocia y volverá al océano, con pocas probabilidades de regresar este milenio. Luego de haber sido la persona que le dio la bienvenida a la alineación a nuestras costas, estaré allí para despedirla.

Aquí estoy encontrando el norte.

Correctamente relativo

Hay una manera más en la que los triángulos nos permiten conocer nuestra ubicación en el planeta Tierra mediante el GPS moderno, y consiste en comprender la mismísima forma de la realidad que nos rodea. La física moderna considera que el universo existe en una estructura 4D denominada «espacio-tiempo». Del mismo modo que las distorsiones de una superficie en 2D determinan las figuras que se pueden dibujar en ella, la distorsión del espacio-tiempo en 4D cambia la forma de los objetos que nos rodean, e incluso el modo en que transcurre el tiempo para ellos.

Ya he mencionado en este capítulo que el GNSS funciona porque los satélites emiten «señales de radio con marcas temporales muy precisas», pero, debido a los efectos de la relatividad de Einstein, los satélites experimentan el tiempo de forma distinta a como lo hacemos nosotros en la superficie de la Tierra. Desde nuestro punto de vista, los satélites están configurados en el tiempo «equivocado», lo que interfiere con todos los cálculos de distancia. Los dispositivos como el GPS se basan en saber calcular la distorsión temporal exacta entre nosotros y los satélites, y para eso se necesitan unos triángulos que son mucho menos complicados de lo que la mayoría esperaría.

El trabajo de Einstein tiene un aura de ser incomprensible, pero en realidad solo hace falta el teorema de Pitágoras y pensar un poco. Einstein imaginó a una persona en un tren que mide el tiempo haciendo rebotar un fotón entre dos espejos, uno en el techo y otro en el suelo. Si acompañáramos al fotón en su recorrido, lo veríamos desplazarse una distancia, «d», desde el techo hasta el suelo. Pero para las personas que observan el movimiento del fotón mientras pasa el vehículo, parecerá que recorre un camino más largo cuando el tren pasa a toda velocidad llevando consigo el reloj de luz.

La gente que esté afuera del tren también verá que cualquier otra cosa que no sea un fotón se mueve más rápido a medida que lo transporta el tren. Pero lo inesperado de los fotones es que siempre parecen moverse a la misma velocidad, independientemente de la velocidad a la que nos movamos con respecto a ellos. (Este fenómeno es distinto de la ralentización de la luz cuando atraviesa el vidrio, el agua o la atmósfera. En rigor, esto solo ocurre en el vacío). Si estuvieras flotando en el espacio y alguien te lanzara una linterna a la mitad de la velocidad de la luz, lo último que pensarías sería: «Mmm… Los fotones de esa linterna deben ir a 1,5 veces la velocidad de la luz, pero me sigue pareciendo que solo van a la velocidad de la luz». Si pudieras pensar rapidísimo.

Einstein se dio cuenta de que el fenómeno afectaría al paso del tiempo si el universo realmente se comportara así. He dibujado el fotón en el tren desde el punto de vista de alguien a bordo y de alguien que lo ve pasar zumbando. En el tren, el fotón tarda un tiempo «t1» en ir del techo al suelo, y para cualquiera que lo observe desde afuera tarda «t2». En el caso de cualquier cosa que no sea un fotón, t1 = t2, pero en este caso el fotón siempre va a la velocidad de la luz. He usado el teorema de Pitágoras para calcular los lados de nuestro triángulo fotónico y obtener la razón entre t1 y t2, conocida como la cantidad de «dilatación del tiempo».

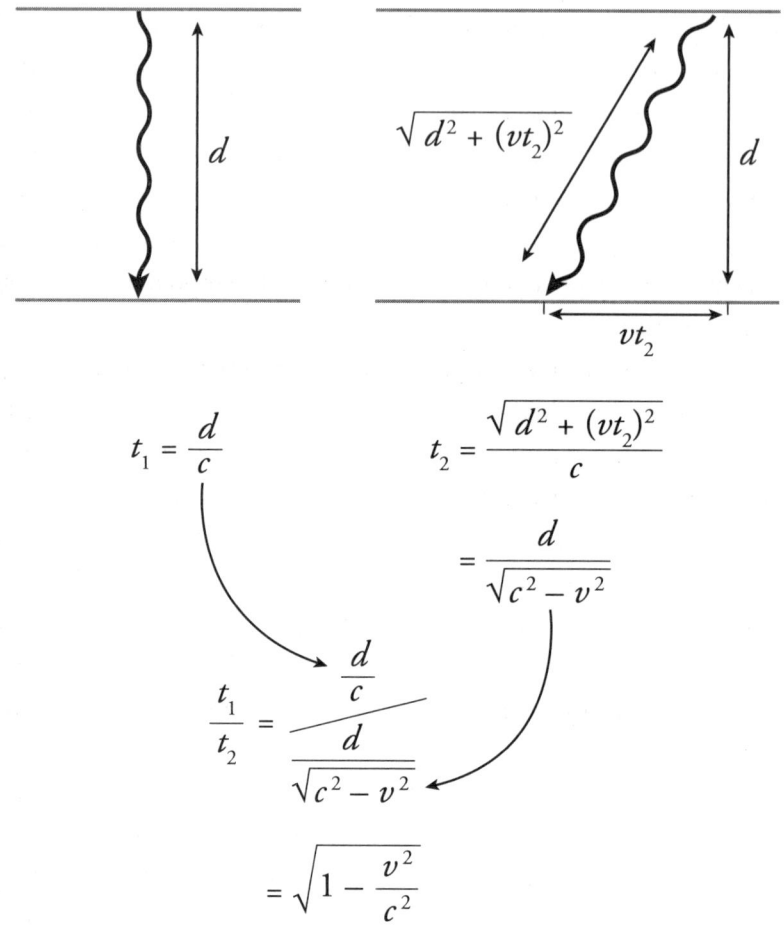

$$t_1 = \frac{d}{c}$$

$$t_2 = \frac{\sqrt{d^2 + (vt_2)^2}}{c}$$

$$= \frac{d}{\sqrt{c^2 - v^2}}$$

$$\frac{t_1}{t_2} = \frac{\dfrac{d}{c}}{\dfrac{d}{\sqrt{c^2 - v^2}}}$$

$$= \sqrt{1 - \frac{v^2}{c^2}}$$

La mayoría de las veces este tipo de elaboración hipotética de un experimento mental resulta ser por completo teórica o, al menos, no se aplica al universo en el que vivimos. Pero Einstein dio en el clavo. ¡Así es como se comporta nuestro universo! Si algo se mueve, experimentará el paso del tiempo a un ritmo más lento que un objeto comparable que no se mueva. Los científicos incluso han enviado relojes muy precisos al espacio (donde es fácil moverse rápido) y han medido esa dilatación del tiempo.

La realidad es que el tiempo en los satélites avanza a un ritmo ligerísimamente distinto de lo que avanza para nosotros en tierra. Como si fuera una versión muy muy aburrida de la película *Interestelar*. Pero también como en la película *Interestelar*, hay más de un tipo de dilatación del tiempo. Einstein no fue de esos que se hicieron famosos por un solo tema: después de que la «relatividad especial» fuera el mayor éxito de la física de 1905, Albert volvió con la gran sensación de 1915, la «relatividad general». Estas ecuaciones son un poco más complicadas, pero la versión resumida es que la gravedad también cambia la velocidad a la que transcurre el tiempo. Por extraño que parezca, si estamos cerca de algo con mucha masa, empezaremos a experimentar el tiempo a un ritmo ligerísimamente distinto.

El desenlace inesperado es que la dilatación gravitacional del tiempo anula la dilatación del tiempo por velocidad que sufre un satélite de GPS. Los satélites en cuestión se mueven a gran velocidad, a unos 14.000 km/h, lo que significa que un día completo en el satélite es 7,2 microsegundos más corto de lo que nosotros experimentamos en la Tierra. Sin embargo, estamos más cerca de la masa de la Tierra, lo que a su vez ralentiza nuestra dilatación del tiempo en 45,6 microsegundos al día. Esto compensa los 7,2 microsegundos causados por nuestra diferencia de velocidad y deja una diferencia residual de 38,4 microsegundos por día, en la que el tiempo pasa «demasiado rápido» en los satélites.

Dado que entendemos el triángulo fotónico (y los demás cálculos de la relatividad general), podemos compensar la dilatación del tiempo, lo que posibilita el GNSS. Sin estos cálculos físicos y trigonométricos abstractos, no sería posible que sistemas como la OS Net midan un país con precisión milimétrica. Y yo no podría arriesgar mi vida y mi integridad física yendo de excursión a sitios de latitud y longitud interesantes.

Nueve

PERO ¿ES ARTE?

¡Basta de aplicaciones! Está bien tener un GPS para no perderse, pero ¿y si queremos usar triángulos y trigonometría para algo artístico? Tenemos que volver a la geometría por diversión y poner nuestra atención en el arte. No hablo del concepto abstracto de «las matemáticas son arte», aunque pienso que lo son y por sí solas son una delicia. Tampoco vamos a tratar en este capítulo cómo usar funciones trigonométricas para crear fractales que parecen obras de arte matemáticas (aunque podría hablar de fractales eternamente). Lo que vamos a hacer es analizar con detenimiento cómo los triángulos han hecho posible el arte tal y como lo conocemos hoy. En concreto, ¿cómo podemos usar la trigonometría para crear representaciones en 2D del mundo en 3D que nos rodea?

Empezaremos con una de las formas de arte más mecánicas: la fotografía. Considero la fotografía como una especie de «linterna invertida». Imaginemos una fuente puntual de luz, como una bombilla, que lanza fotones en línea recta sobre todo lo que hay en una sala. Una fotografía es lo contrario: en ella, vuelve la luz de todo lo que hay en una escena y se captura.

El truco de la fotografía es asegurarse de que solo se seleccionen los fotones correctos. Si solo apuntáramos el sensor de una cámara digital (o una película fotográfica de las de antes), este recogería fotones, pero la imagen resultante sería una mancha borrosa sin rasgos perceptibles. Esto se debe a que el sensor captaría fotones que vienen de todas partes. Para obtener una imagen en foco se necesita una forma de seleccionar solo los fotones que provengan de la dirección correcta. La forma más rudimentaria de hacerlo es con un agujerito minúsculo.

Digamos que queremos tomar la foto de un globo rojo. Pero ¡el globo está lanzando fotones a todas partes! La cámara estenopeica tiene un único orificio diminuto que filtra los fotones no deseados; solo pasa la luz que llega a ese punto concreto. Cada parte del globo se alinea con una parte diferente del sensor y así obtenemos una imagen nítida. Las relaciones geométricas entre el objeto, el orificio y el sensor también explican por qué las imágenes de las cámaras estenopeicas (de hecho, de todas las cámaras) se ven al revés.

Algunos animales tienen ojos estenopeicos, como los caracoles y los pulpos, pero los humanos somos de los muchos animales que han desarrollado una lente para enfocar la luz. Filtrar tantos fotones es un poco derrochador y, como entra muy poca luz por el orificio, puede llevar mucho tiempo exponer una buena imagen. Es mejor tomar varios fotones, todos provenientes del mismo punto del globo, y redirigirlos al mismo punto del sensor. Eso es lo que hacen las lentes, que nos permiten tomar fotos sin tener que permanecer inmóviles durante horas.

Además de desarrollar lentes en la cara, los animales hemos tenido que desarrollar un cerebro capaz de procesar la información visual. Podemos percibir el mundo en 3D, pero nuestra visión ha pasado por un cuello de botella de proyección 2D y el cerebro necesita compensar esa información que falta. En 2D, no todo se ve como parece.

Si miramos directamente la imagen de un círculo, parecerá un círculo. Si lo inclinamos un poco, es probable que el cerebro nos siga diciendo que es un círculo, pero la imagen real que se proyecta en la retina deja de ser un círculo. Ahora es una elipse. La foto de Trump de la plataforma de lanzamiento iraní se encontraba en esta situación. La plataforma en sí era un círculo, pero el satélite que tomaba la imagen estaba a un costado, por lo que la plataforma de lanzamiento circular se proyectaba como una elipse en el sensor. La forma de la elipse permitió calcular el ángulo desde el que apuntaba el satélite.

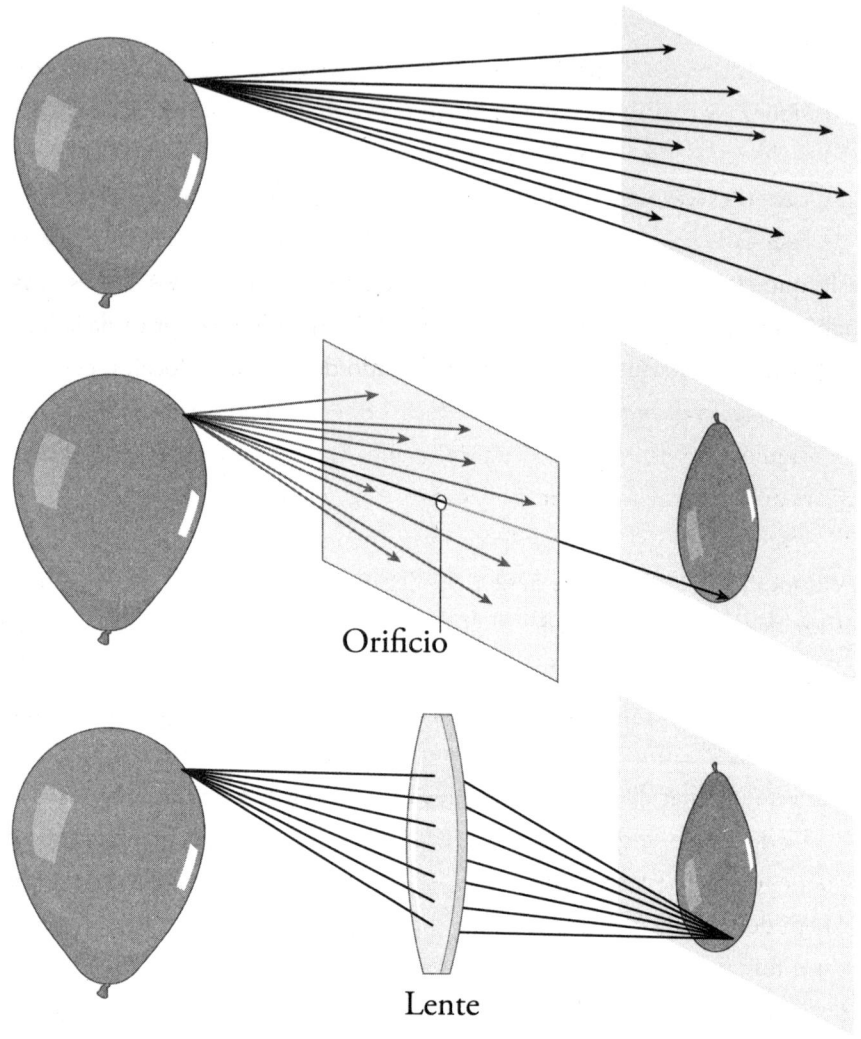

Orificio

Lente

Muchos rayos: malo. Un rayo: bueno. Muchos rayos sobre el mismo punto: mejor y más brillante.

La distancia a la que se encuentra un objeto de la cámara también cambia su aspecto gracias a un efecto conocido como «perspectiva», que a veces permite calcular con exactitud la distancia a la que se encuentra algo en una fotografía. En un sentido muy simple, a medida que las cosas se alejan parecen más pequeñas. Y el concepto matemático también es simple: si algo está el doble de lejos, parecerá el doble de pequeño. Es fácil de comprobar.

Por ejemplo, una moneda inglesa de dos peniques es casi un cuarto más grande que una de un penique (en ancho, un 27,6 por ciento), de modo que si sostenemos una moneda de un penique a 40 centímetros de nuestra cara y una de dos peniques a 50 centímetros (un 25 por ciento más), parecerán que tienen exactamente el mismo tamaño desde nuestro punto de vista.

Esta es la base de los cálculos que se hicieron para determinar la altura a la que estaba el globo aerostático por encima de los cerdos. En ese caso había un montón de complicaciones añadidas debido a la óptica de la lente de la cámara. No quiero desviarme hablando de distancias focales, pero hay una cosa interesante para destacar: luego dije que en la ecuación se usaba un ángulo para calcular la altura del globo. Eso se debe a que una medida eficaz para captar el tamaño de las cosas es el «diámetro angular».

Una moneda de un penique a 40 centímetros y una moneda de dos peniques a 50 centímetros tienen el mismo diámetro angular. Si queremos mirar desde la parte superior a la inferior de cada moneda, tenemos que bajar la vista en el mismo ángulo (en este caso, unos 3º). Del mismo modo, a medida que una persona o un objeto se nos acerca, su diámetro angular aumenta gradualmente hasta que, en rigor, está «encima de ti» (es decir, un diámetro angular de 180°, aunque los ojos no puedan abrirse tanto).

El diámetro angular es una medida relativa del aspecto de las cosas, independiente de su tamaño físico. Si tenemos alguna medida de referencia, podemos hacer unos cálculos minuciosos para pasar de una a otra, como tomar el tamaño de 34,5° del orbe espacial y calcular su tamaño real, o calcular la distancia del globo aerostático por encima de los cerdos. Sin embargo, nuestro cerebro suele tener prisa y descarta los cálculos de longitud en favor de una mera conjetura.

Aunque un objeto lejano proyecte una imagen diminuta en nuestra retina, seguiremos percibiéndolo como de su tamaño real. El tamaño de una imagen en la retina da al cerebro una medida de su diámetro angular, que el cerebro autocorrige para obtener un tamaño real aproximado. Nuestro sistema visual compensa eficazmente la distancia a la que se encuentra un objeto y no se molesta en avisarnos. Puede que te parezca que estás viendo la realidad de los objetos, pero el cerebro subconsciente está haciendo un montón de conjeturas que no ves.

¡Estos Matt tienen el mismo tamaño exacto!

Probemos algo: tratemos de apagar la función de autocorrección del cerebro. En la foto anterior, he añadido una copia de otro yo, gigante, que persigue al pequeño yo. En la imagen, los dos Matt parecen estar a distancias diferentes, por lo que el cerebro te chilla que el Matt «distante» es mucho más grande. Pero en la hoja en sí, tienen el mismo tamaño exacto. Tienen el mismo diámetro angular, y ambos proyectan el mismo tamaño en tu retina. Es debido a todo lo que hace tu cerebro después que terminas pensando que son de distinto tamaño.

Otro ejercicio: me he fotografiado dos veces en el mismo sitio. Aquí están Matt Cercano y Matt Distante. No he alterado las fotos en absoluto y no crecí de tamaño entre las tomas.

En ambas fotos, mido un «Matt métrico» de alto. Como Matt Cercano está más cerca, desde luego se ve más grande en la imagen física que tienes ante ti. Sin medirla, ¿cuánto más grande piensas que es mi versión «cercana»? Al menos decide si Matt Cercano es más grande o más pequeño que Matt Distante, dos veces más lejos. La respuesta, a continuación.

Tratando de encontrarme.

Hablo mucho del tamaño de las cosas cuando se «proyectan en la retina» porque así es como percibimos el mundo y porque es una forma matemática muy útil de entenderlo. Vemos una película en la cabeza, en la que la retina es la pantalla, el cerebro es el público y el mundo entero, un escenario. Pero el cerebro (y todo el sistema visual) hace un montón de procesamientos para sortear el cuello de botella 2D. La ventaja es que podemos hacer obras de arte que engañan al cerebro haciéndole creer que está viendo una escena, cuando en realidad lo único que ve es pintura sobre un lienzo.

¡Una locura! Matt Cercano es casi cinco veces más hombre
del que jamás será Matt Distante.

Pintura por números

Este no es un libro sobre arte y no quiero entrar demasiado en discusiones sobre licencias artísticas y demás. Pero sí quiero decir que aprecio que en el arte no se busque solamente recrear con exactitud lo que ven las personas. ¡Es arte!

El arte no tiene obligación de reflejar la realidad, y las expectativas culturales que se han tenido de él, tanto en distintas partes del mundo como a lo largo de la historia, han variado muchísimo. Pero me gustaría detenerme un momento en los intentos del arte europeo de representar edificaciones de una forma que, digamos, no sea «inquietante». Cuando una cultura vive en un entorno construido con líneas y ángulos rectos, los artistas que representan ese entorno tienen que dibujar las líneas fuera de ángulo para que «parezcan correctas».

Este mosaico data de un período comprendido entre más o menos el 100 a. C. y exactamente el 79 a. C. Sabemos con certeza que se hizo antes del 79 a. C. porque estaba en una aldea de Pompeya que terminó arrasada por un volcán ese mismo año. Representa la escuela de Platón en Atenas (que se ve muy distinta a cuando la visité), aunque no sabemos cuál de las siete personas es Platón. El candidato más probable es la tercera persona contando desde la izquierda, que apunta a la esfera con un palo. Sin embargo, con quien más me identifico es la tercera persona contando desde la derecha, en línea con la columna aislada, porque tiene la misma cara que puse yo cuando vi este mosaico por primera vez: cara de confusión matemática.

Para empezar, está claro que la idea es que las siete personas están ubicadas en un espacio 3D, pero... no es muy convincente. Están todas como flotando en 2D. Hay cierto uso de las luces y las sombras en el suelo para indicar la posición de los dos objetos con forma de cajón, pero todo resulta muy inverosímil. Reconozco que es un mosaico, y puede parecer poco justo atacar un medio artístico que por naturaleza tiene baja resolución, pero ilustra a la perfección lo que quiero explicar. Además, me complace muchísimo usar una imagen que representa a una de las mentes más grandes e influyentes de la geometría para ejemplificar la geometría mal usada. El tercero contando desde la derecha sabe de qué hablo.

Hmmmmmmm = Hm⁷.

En parte, lo que me desorienta tanto es que las cosas no se achican a medida que se alejan en la imagen. Todas las personas tienen más o menos el mismo tamaño, aunque se supone que están sentadas a diferentes distancias del espectador. Lo cual puede estar bien, claro. Es posible que un artista no quiera usar el tamaño de las figuras para representar la ubicación física. A lo largo de la historia, el tamaño de las figuras de una obra de arte se ha usado para indicar todo tipo de cosas, como su importancia relativa. Pero aquí da la sensación de que quieren estar sentados en 3D.

Además, está ese arco en la parte superior izquierda. Es evidente que la columna de la izquierda está más alejada de nosotros que la de la derecha, pero ambas tienen el mismo ancho en el mosaico. Y daría la impresión de que el artista era consciente de que la parte superior parecería estar en ángulo desde nuestro punto de vista, pero no se estrecha al extenderse hacia atrás.

Hablo de «estrecharse» como si fuera obvio lo que tiene que pasar. De obvio no tiene nada. Incluso si se sabe que los objetos lejanos se ven más pequeños y que los objetos rectos parecen estar en ángulo al verse desde distintos puntos de vista, no hay una manera fácil de pintar todo eso a la vez de forma sistemática sin matemáticas. Como resultado, en el mosaico pompeyano y en muchas otras obras de arte, se mezclan distintas alineaciones.

«Perspectiva empírica» es el nombre genérico de la técnica en la que un artista combina cualquier tipo de perspectiva que funcione en cada parte del cuadro.

Pasó un tiempo antes de que alguien se diera cuenta de que la perspectiva empírica no era la mejor opción si se quería que un cuadro pareciera natural y que el espectador no se distrajera con personas flotando en 2D. Lo que me parece asombroso es que los artistas de todo el mundo no hayan tenido su propia epifanía sobre cómo dibujar con verdadera perspectiva. Lo descubrió una sola persona: Leon Battista Alberti. A partir de ese momento, la información se propagó como un virus de puro conocimiento hasta que casi toda Europa pintaba en perspectiva.

Alberti trabajó para la Iglesia católica en el siglo XIV, y otra de sus obras importantes fue un libro sobre criptografía de vanguardia. Si alguien ha querido mantener en secreto este uso de los triángulos, sin duda ha sido él. Quiero dejar en claro que lo que Alberti descubrió era tan obvio que no tenía sentido tratar de ocultarlo, pero eso plantea la pregunta de por qué nadie más lo descubrió por su cuenta. Por suerte, su trabajo sobre la perspectiva se recogió en un libro titulado *De la pintura* y se distribuyó a lo largo y a lo ancho sin nada que ocultar. Vio lo que nadie más vio: el punto de fuga.

Sí, el descubrimiento de Alberti puede resumirse en un solo punto. El punto de fuga. Se dio cuenta de que si se nota que las cosas se achican a medida que se alejan, entonces todo debe converger en una singularidad. Descubrió que, en un cuadro, todo debe dibujarse como si algo los atrajera.

No es que nadie más se estuviera acercando a esa conclusión. En 1305 el artista italiano Giotto se acercó muchísimo con un techo. Las vigas de verdad parecen apuntar a un punto de fuga. Sin embargo, tras analizar la pintura, el especialista en visión, Christopher Tyler, determinó que no convergen de forma sistemática. Todas las vigas se acercan pero no del todo, lo que da a entender que, si bien Giotto tuvo la idea correcta, lo hizo a ojo. Además, los escalones y todos los demás elementos de la pintura no dan indicios de que haya una convergencia en la perspectiva. Cuando se dibujan objetos como los escalones con líneas rectas, pero las líneas no tienen ningún efecto de perspectiva (están totalmente paralelas), se habla de «perspectiva isométrica». Así que Giotto pintó una sala isométrica y después añadió un magnífico techo que converge en la perspectiva.

Jesús ante el Caifás de Giotto (1305),
tomado de «Perspective as a Geometric Tool that Launched
the Renaissance», de Christopher Tyler (2000).

El estilo de pintura de Alberti consistía en ubicar un único punto en el horizonte y luego usar una regla (o algo similar) para trazar líneas rectas de perspectiva que irradiaran desde ese punto. Con esta técnica ya no hacía falta dibujar adivinando y todas las partes de la imagen podían tener la misma perspectiva. Era un método sistemático para pintar cuadros que, a los ojos humanos, tuvieran el mismo aspecto que la realidad.

Así que cuando Rafael se dispuso a pintar *La escuela de Atenas* en 1509, no solo pudo llevar a Platón al interior, sino que pudo verificar que todos los aspectos geométricos tuvieran sentido. Por fin, Platón podía señalar hacia arriba como diciendo: «¡Miren estos arcos, así es como se representa la perspectiva!». Y no hay nada más renacentista que este cuadro. Mientras Rafael pintaba el yeso del Vaticano, unas salas más adelante Miguel Ángel llenaba de pintura toda la Capilla Sixtina, y el Platón de Rafael tiene un sospechoso parecido al de su ídolo Leonardo da Vinci. De hecho, Rafael escondió muchos dobles sentidos en el cuadro, y así es como sabemos que le gustaban los Guns N' Roses: ocultó la portada de su disco de 1991 *Use Your Illusion* en la parte central derecha del cuadro.

Eso no se parece en nada a lo que recuerdo del parque.
Pero no se puede negar que es realista.

Y Rafael usaba una ilusión. La perspectiva lineal de Alberti es, en realidad, un truco: recrea un solo punto de vista, y la ilusión se rompe si se ve la pintura desde cualquier otra ubicación. Sucede que si se coloca el punto de fuga en el centro de un horizonte, a unos dos tercios desde la base de la imagen, queda en el sitio aproximado donde estarían los ojos de una persona que mira el cuadro. Hay cierta tolerancia, por lo que basta con pararse más o menos frente al punto de fuga para que el cuadro parezca realista.

Pero algunos artistas paseaban el punto de fuga por todos lados, y a veces incluso este quedaba fuera de los límites del cuadro. Entonces, si alguien se detenía junto a la pintura, mirando la pared adyacente a la obra, la imagen parecía correcta en su visión periférica. Pero si la miraba desde el frente, parecía rara.

El problema es representar objetos cuadrados como los edificios. Un cubo tiene, en realidad, seis puntos de fuga, uno por cada dirección a la que apuntan las caras. Los puntos de fuga que están directamente arriba y abajo no importan en la mayoría de los cuadros porque la vista apunta hacia delante, no al cielo. Si una cara de un edificio cuadrado apunta directamente al punto de vista del cuadro, entonces alcanza con un solo punto de fuga a la distancia. La cara opuesta está detrás del espectador y las dos de los costados están, bueno, a los costados. Pero si se observa un cubo desde cierto ángulo, entonces pueden verse dos puntos de fuga, y todo parecerá un poco raro si el artista respeta religiosamente un punto solo.

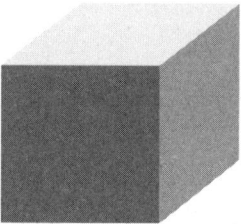

Un cubo, de lo más isométricamente tranquilo, mirando el horizonte.

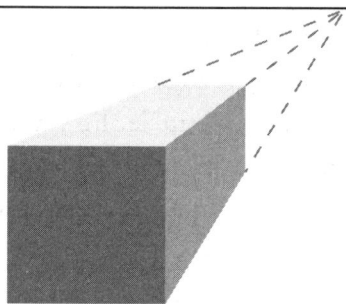

El mismo cubo, pero con una perspectiva de un solo punto centrado en el horizonte.

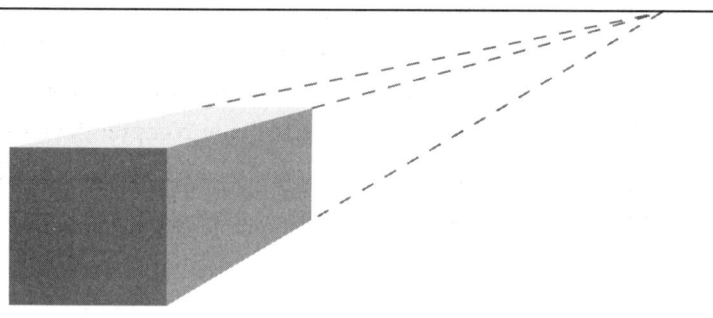

Ay, no, el punto de fuga se ha movido mucho al costado.

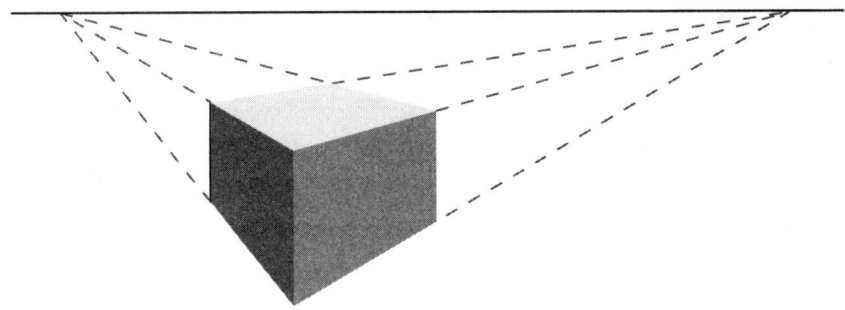

¡Viene un segundo punto de fuga al rescate!

A pesar de que el estilo de pintura con un solo punto de fuga se puso de moda a partir del siglo XV, no hay un solo ejemplo de cuadro con dos puntos de fuga previo al siglo XVII. Tal vez no sea algo tan evidente como lo es para nosotros, que tenemos la sabiduría que da la experiencia.

Este problema de la ilusión fue hábilmente ignorado por muchas culturas que optaron por no darle importancia. Algunos cuadros chinos contemporáneos solo medían alrededor de un metro de alto y muchos metros de ancho. Un cuadro con semejante formato de pantalla ancha no tiene un punto de vista canónico. Una persona debe caminar a lo largo del cuadro y sería absurdo tener una sola perspectiva. Entonces, además de licencia artística, existen sólidas razones prácticas por las que un artista puede no querer usar la perspectiva lineal y optar por una perspectiva isométrica, normal y confiable. Con la isométrica también se acomoda todo correctamente, pero las líneas quedan paralelas en lugar de converger en un punto de fuga.

Ahora que la fotografía se ha cargado al hombro parte de la documentación lisa y llana, los artistas occidentales vuelven a soltarse las cadenas de la perspectiva lineal. Hoy en día, gracias a que comprendemos la perspectiva y las proyecciones en términos matemáticos, podemos ignorar la realidad y hacer arte alucinante.

Todo depende de dónde se mire

La próxima vez que vayas en coche por una carretera, trata de adivinar la longitud de las líneas discontinuas que están en el asfalto. O si no, dado que ahora eres parte del club de élite de personas informadas que han leído este libro, pregúntale a otro pasajero del coche. Según estudios hechos en los Estados Unidos, la mayoría de las personas dice que las líneas discontinuas miden alrededor de medio metro de largo. Todos coinciden en que las líneas son más cortas que una persona adulta. Pero, en realidad, la normativa federal estadounidense dicta que la longitud de cada línea debe ser de tres metros (y antes era de cuatro metros y medio). Esas son líneas muuuuy largas.

Las líneas deben poder verse por conductores que avanzan a gran velocidad y miran la carretera desde un ángulo bastante oblicuo: tienen que ser largas para parecer cortas. Del mismo modo, si observamos palabras escritas en una calle para que las lean los conductores, veremos que están sumamente estiradas. También, un símbolo de bicicleta que señala un carril de bicicletas parece tener ruedas circulares, pero si se mira de cerca, son en realidad elipses estiradas.

Un círculo visto de frente, una elipse vista de arriba.

260

Este es un ejemplo de anamorfosis, una técnica por la cual una obra de arte (o, en este caso, una ilustración funcional) debe verse desde una ubicación determinada. La imagen se pinta de modo que parezca una bicicleta desde el asiento del conductor de todo cajón metálico asesino que se acerque. La anamorfosis aprovecha la ambigüedad de la vista humana. El cerebro toma la luz detectada por la retina y tiene que decidir cuál es el entorno más probable que haya causado ese dibujo. En lugar de pensar en términos de mis retinas, me gusta imaginar que tengo una imagen flotando delante de mí, que es una foto de lo que estoy viendo. Cualquier combinación de luz que forme una imagen razonable en ese plano, mi cerebro la interpretará como tal.

Plano de percepción

Una bicicleta estirada en la calle parece una bicicleta normal suspendida en el aire.

Este método sirve para pintar dibujos con apariencia 3D en una calle plana. Hace poco, mientras iba en bicicleta por el sur de Londres, noté que el municipio de Lambeth estaba ahorrando dinero al pintar badenes de mentira en lugar de construir unos de verdad. O quizás fue un lugareño con iniciativa que tenía mucha pintura pero ningún material de construcción. Más allá de lo que haya pasado, la pregunta es: ¿Acaso engañan a alguien? Desde luego, en cuanto los lugareños ven que la calle es plana, no tienen necesidad de reducir la velocidad, pero la ilusión tal vez baste para recordarles que lo hagan. Esta idea ya se ha probado en otros países, como Islandia, donde se pintaron objetos anamórficos pensados para que los conductores reduzcan la velocidad por pura confusión.

Badén falso en el sur de Londres, que hace que los lugareños finjan reducir la velocidad.

Si no se respeta el límite de velocidad en Islandia, no hay prisma que valga.

Tras bastidores, el aspecto geométrico es más complejo que todo lo que hemos visto hasta ahora. La luz se desplaza en líneas rectas y, mediante la trigonometría, se puede llevar una línea entre el sitio donde estarán los ojos del espectador y la imagen pretendida en un plano de percepción, y calcular el sitio en la superficie del dibujo al que llegará una versión extendida de esa línea. Los cálculos tienen el nivel de sencillez suficiente para poder automatizarse y hacerse 60 veces por segundo para insertar imágenes ana-mórficas en una transmisión en vivo.

Quienes acostumbren a ver partidos de fútbol americano, conocen la línea mágica de primero y diez que aparece en los partidos televisados. Durante un partido, el equipo de ataque debe avanzar al menos diez yardas en el transcurso de cuatro jugadas, pero este objetivo (la «línea de primero y diez») es relativo al sitio donde comenzó la jugada y cambia constantemente durante el partido. En el campo de juego, los jugadores pueden determinar dónde está (o buscar marcadores en el lateral del campo), pero eso es mucho pedir para los que ven desde casa. Por eso se añade una línea digital amarilla en el campo de juego durante la transmisión para indicar a dónde apunta el equipo. En lugar de pintarla en el suelo para que parezca una imagen, se añaden elementos a la imagen televisada para que parezca que hay algo pintado en el suelo. Es la situación inversa, pero la explicación matemática es la misma.

Para que esto funcione, el sistema informático necesita saber la dirección exacta a la que apunta cada cámara y la forma exacta de la superficie de juego: un campo de fútbol americano no es del todo plano sino que tiene una pequeña curvatura para que drene el agua. Con esta información, el sistema puede calcular con rigurosidad qué píxeles de cada cuadro deben volverse amarillos para que parezca que hay una línea proyectada sobre la cancha; así, la línea se mantiene impecable incluso cuando la cámara hace una toma panorámica o un *zoom* (para lo que también deben hacerse correcciones por las distorsiones causadas por la geometría de las lentes de las cámaras). Cuando más de 100 millones de personas ven la Superbowl en directo todos los años, no tienen idea de que también están viendo geometría proyectiva en directo.

Era de esperar que en algún momento los anunciantes se lanzaran a usar la anamorfosis en los deportes. El comienzo fue tradicional, con publicidad impresa directamente en el campo de juego. Como en una transmisión deportiva muchas de las cámaras están en posiciones fijas y conocidas, algunos de esos anuncios se dibujaban de modo que en la televisión parecieran una imagen plana que sobresalía. Eso hace que los anuncios en el campo parezcan estar integrados en la transmisión. A veces, en tomas panorámicas de la cancha, se puede ver algún anuncio anamórfico desde la cámara «equivocada», con una extraña forma estirada, lo que estropea la ilusión por completo.

Después se combinaron tecnologías. Ahora los anuncios se insertan de forma digital, como la línea de primero y diez, para que en la transmisión televisiva parezca como si se hubieran pintado en el suelo. Algunos incluso están diseñados para que parezcan anuncios anamórficos en la cancha. Sí, lo que leíste. Ahora los anuncios se insertan digitalmente en la transmisión para que parezca que están impresos sobre la cancha, de modo que, desde el punto de vista de la cámara, parece que estuvieran integrados a la transmisión.

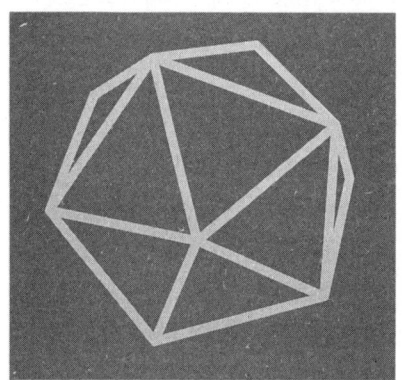 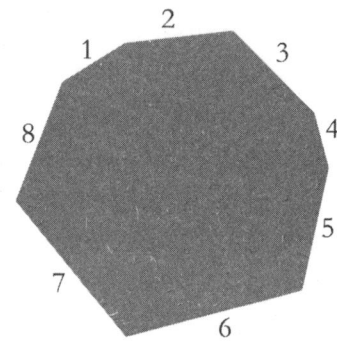

Lamento haberle echado tierra a este cartel.

Dos anuncios, uno en la línea de fondo pasando los postes del arco
y uno entre las dos primeras líneas de la cancha, diseñados
para que parezcan una imagen anamórfica sobre el pasto.

Pero, en el mismo momento exacto durante el partido,
se puede ver que en esos sitios solo hay césped.

Vi esto por primera vez con mis propios ojos en un partido de *rugby* en Australia. Noté que en la transmisión del partido en una de las pantallas gigantes del estadio se veían anuncios que no aparecían en el campo en sí. Después entendí que eran anamórficos dobles. No conseguí explicarles este alineamiento geométrico a mis amigos fanáticos del *rugby*, por más conversión que intentara hacer.

Las proyecciones también solucionan el problema del logotipo de Octagon Timber Flooring que vimos en la Introducción. Si miro el logotipo, me resulta inevitable verlo como un icosaedro 3D. En realidad, es una proyección 2D de un icosaedro, aplanado para que pueda imprimirse en el cartel. Si se cuentan las aristas de la imagen del icosaedro, hay ocho en total. ¡Al final es un octágono! Solo había que pensar fuera del molde sólido.

Imposible

En lugar de usar proyecciones para hacer arte realista o insertar elementos digitales convincentes en vídeo, también podemos usar la geometría de la percepción para crear imágenes aparentemente imposibles.

Los principios detrás de la anamorfosis son muy usados en la creación de ilusiones. En 2023 el premio a la Mejor Ilusión del Año fue para una ilusión anamórfica diseñada por el mago y matemático Matt Pritchard. El premio es otorgado por la Neural Correlate Society, que fomenta la investigación de la percepción y la cognición humanas. Al buscar maneras de engañar a nuestro cerebro, podemos entender cómo funciona el sistema visual humano.

El proyecto presentado por Pritchard consistía en un modelo de cartón de una pared de ladrillos que un coche de juguete conseguía atravesar. Una pared de verdad habría sido mucho más impresionante, pero sospecho que eso habría disparado el presupuesto por las nubes. Tal como está, el vídeo te obliga a mirar dos veces mientras el cerebro trata de reconciliar lo que piensa que ve con lo que sabe que es imposible. Es uno de esos casos en los que lo detectado por las retinas no puede explicarse con la mejor aclaración. Las conjeturas que hace todo el tiempo nuestro sistema visual de pronto quedan al descubierto.

Una sola imagen no es tan impresionante como el vídeo del coche atravesando una pared, pero sirve para hacerse una idea.

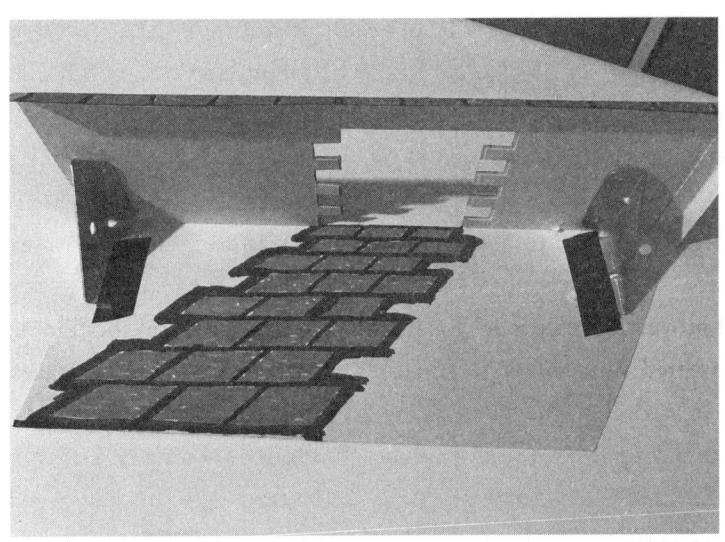

Parece que nos han engañado, amigos.

Puede hacerse el mismo truco con un objeto físico. Es posible diseñar objetos con una forma muy específica que puedan hacer que nuestro cerebro suponga lo incorrecto. Hablamos de formas que jamás ocurrirían de manera natural, pero el cerebro hace una conjetura de lo que está viendo, que sería correcta si no fuera por el aspecto geométrico que lo engaña a propósito. Mi ilusión preferida en la «flecha doble», creada por el especialista en geometría e ingeniería Kokichi Sugihara, que también inventó el «cilindro ambiguo». En todas se aprovecha el hecho de que nuestros ojos saben de qué dirección proviene la luz, pero no a qué distancia se habrá originado. Si se moldea un objeto correctamente, se puede lograr que el cerebro humano confunda las partes lejanas con las cercanas.

Decidí usar la proyección para resolver un problema que he tenido durante mucho tiempo con unas señales de tráfico del Reino Unido. En las señales que indican estadios de fútbol, se usa la imagen de una pelota de fútbol tradicional, que suele consistir en una combinación de pentágonos y hexágonos. Si consultas de nuevo los sólidos arquimedianos del sexto capítulo, la verás allí, con el nombre de icosaedro truncado. Pero ¿sabes qué no vas a ver entre los sólidos platónicos, arquimedianos, de Johnson o de quien sea? Un poliedro formado solo de hexágonos.

Vas a tener que hacer una reflexión sobre estos objetos.

Es matemáticamente imposible hacer una pelota solo con hexágonos. Estas señales de tránsito británicas son una fantasía geométrica.

Quienes siguen mi trabajo saben que he hecho campaña para que se corrijan las señales, y he llegado a acudir directamente al Gobierno del Reino Unido, pero todos mis intentos han sido en vano. Ahora tengo otro plan. Aunque sea imposible hacer una pelota exclusivamente con hexágonos, mediante proyecciones podemos hacer una pelota que *parezca* hecha solo con hexágonos.

Le pregunté a Jon-Paul Wheatley, que se dedica a fabricar pelotas artesanales, si podría hacerme una pelota de fútbol que, vista desde cierto ángulo, tuviera el mismo aspecto que la de la señal de tráfico. Junto con su socia, Allison, pudieron crear una pelota que, vista directamente desde el frente o el dorso, se parece a la de las señales de tráfico. En el «ecuador» que separa ambos lados, se encuentra una combinación de pentágonos y octágonos distorsionados que conectan los hexágonos para formar una esfera completa.

Ahora solo tengo que convencer a la Premier League inglesa de que empiecen a usar esta pelota nueva y así todas las señales de tráfico pasarán a ser correctas al instante. Pero hay un problema. Llevé la pelota al Liverpool Football Club, una de las organizaciones futbolísticas más importantes y exitosas del mundo, y charlé con el equipo de estadísticas deportivas para ver qué les parecía. No les gustó ni un poco. Dijeron que de ningún modo los jugadores de la Premier League estarían dispuestos a usar una pelota con un patrón asimétrico. He iniciado una petición para conseguir que la Premier League use de todos modos esta pelota, pero por ahora parece que las únicas ilusiones de proyección en una cancha deportiva van a ser los anuncios y las líneas de primero y diez.

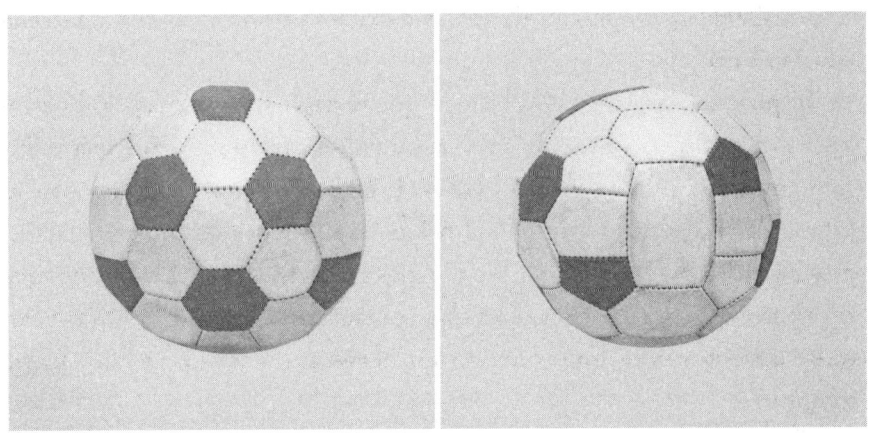

Con ustedes, ¡la pelota imposible!

Más retorcido que un rayo de luz

Ahora que ya entendemos cómo los aburridos rayos rectos se proyectan sobre las superficies planas, vamos a hacer algo divertido. El clásico espejo de los parques de atracciones tiene una superficie reflectante deformada que distorsiona las imágenes de tal manera que causa carcajadas. Con las matemáticas podemos hacer un seguimiento de cada línea recta por la que se desplazan los fotones y entender por completo la transformación que ocurre en ese tipo de espejos. De esto también se desprende que podemos hacer el camino inverso y crear imágenes alocadas que solo parecen normales si se las ve con un espejo distorsionado.

Siempre intento llevar las matemáticas a las masas, y cada tantos años me embarco en algún proyecto absurdo de matemáticas en público.

Una vez mandé a hacer un pilar de metal de dos metros de alto con terminación de espejo. Tenía un metro de diámetro, así que era un mastodonte para trasladarlo (y para pasarlo por el vano de las puertas... cómo descubrí eso quedará para otro momento), pero una vez colocado en su sitio, devolvía una imagen muy distorsionada del entorno. Desde la superficie curva, te miraba una versión muy delgada de ti y, de fondo, veías una imagen en un gran angular extremo de todo lo que tenías detrás y a los costados.

El proyecto consistía en crear imágenes que parecieran normales al verse en el pilar-espejo, pero que parecieran distorsionadas en la vida real. Los cálculos, por supuesto, pueden hacerse por adelantado. Cuando la luz llega a un espejo curvo, el ángulo de incidencia se mantiene igual al ángulo de reflexión, pero ahora, como cuando se sube en bicicleta por una colina de Surrey, lo único que importa es la pendiente en una ubicación y dirección específicas. Y ahí llega nuestra querida amiga la tangente al rescate. Mi equipo escribió un código para un sitio web con el que se podía cargar una imagen y convertirla a un formato de pilar-espejo distorsionado. Tanto en la escuela como en casa, niños y adultos hicieron sus propios mini pilares-espejo con tubos de cartón y *film* autoadhesivo espejado.

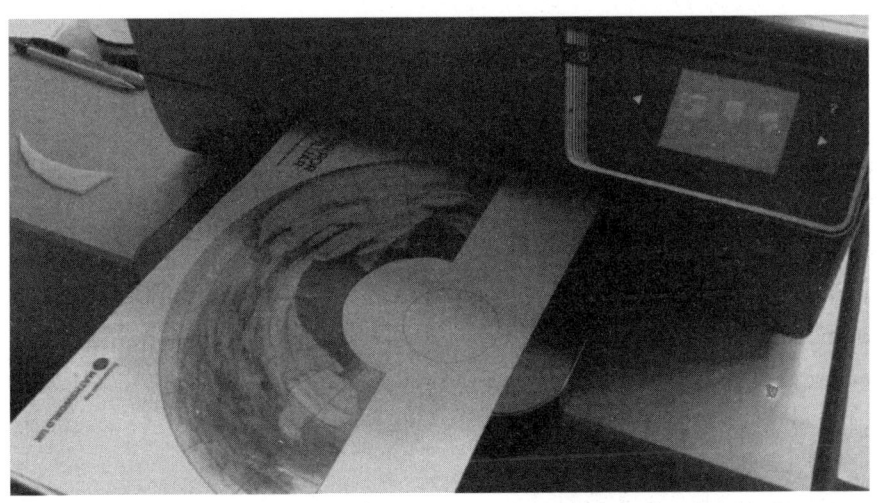

Imprimimos una foto distorsionada muy extraña.

Pero en un espejo cilíndrico se ve genial.

El pilar inmenso que mandé a hacer servía para captar la atención de la gente y de las escuelas que no hubieran explorado el lado artístico de las matemáticas. Mi colega Katie Steckles lo llevó por todo el país en una camioneta y lo puso en varias bibliotecas, museos y centros comerciales. La gente se acercaba pensando que era un simple espejo distorsionado y Katie los sorprendía con la maravilla matemática. Generamos una enorme cuadrícula anamórfica que parece curva en la vida real, pero que, reflejada en el pilar, se convierte en una cuadrícula cuadrada de líneas rectas y ordenadas. La gente podía intentar dibujar una imagen para añadirla a la cuadrícula y que se viera normal en el reflejo del pilar. Una persona hizo una manta tejida a *crochet* con un dibujo que solo parecía correcto si se lo veía en el pilar-espejo (era una manta muy grande). Si quieres verlo con tus propios ojos, el pilar-espejo ahora está en el centro educativo Maths City (expuesto en Leeds en el momento en que estoy escribiendo este libro).

Pero todo esto igualmente da por supuesto que la luz se desplaza en líneas rectas. ¿Qué pasa si descartamos incluso esa idea? ¿Podrán las matemáticas lidiar con eso? (A ver, claro que pueden, pero de todos modos vamos a crear un poco de suspense).

Gran parte de los efectos visuales de las películas modernas se basan en el «trazado de rayos», que consiste en seguir las trayectorias matemáticas de rayos de luz hipotéticos. Como si se usara un proyector para emitir una imagen, se imaginan haces de luz que salen de la cámara. Obviamente, no es así como funcionan la visión ni las cámaras: en realidad, la luz sale de los objetos, rebota en el entorno y, finalmente, puede terminar en un globo ocular o en el sensor de una cámara. Si se invierte la geometría para que siga la línea de visión, en lugar de la línea de luz, el renderizado de un entorno 3D es más eficaz. Solo se calculan las trayectorias de los fotones que sí llegan a la cámara, y el resto de la luz puede pasarse por alto.

Así es cómo los entornos de malla cuadrilateral (en realidad, malla triangular, pero bueno) que vimos antes convierten un objeto 3D matemático en un fotograma 2D de una película. El código comienza con todos los píxeles del sensor de la cámara virtual y emite un «rayo» de luz para cada uno de ellos. A medida que cada rayo se desplaza por el entorno creado por un ordenador, rebota en las superficies reflectantes hasta que termina llegando a un objeto sólido de algún color o textura. Cada superficie, color, textura y sustancia que el rayo haya alcanzado, atravesado o del que haya rebotado informa de qué color exacto debe ser el píxel de origen.

Y eso significa que al código no le importan los triángulos fuera del campo de visión de la cámara. Consulté al respecto a mi amiga Eugénie, la que hace efectos visuales, y me dijo que sí, que cualquier triángulo que no sea alcanzado por un rayo se ignora por completo. Además, las cosas que están muy lejos de la cámara, o que solo son alcanzadas por rayos que ya se han reflejado en algo, pueden renderizarse con una resolución mucho menor. Entonces, si bien un entorno de gran tamaño podría tener miles de millones o incluso billones de triángulos, gracias al trazado de rayos nunca se usan todos a la vez. Y, lo que es muy satisfactorio, Eugénie llama al conjunto de rayos emitidos por la cámara «tronco de la cámara». ¡Qué buen uso de «tronço»!

A diferencia de una pintura en la que el artista tiene que sacar una regla y alinear el punto de fuga, el trazado de rayos de los efectos visuales se hace automáticamente con el *software* de renderizado. Hizo falta un uso ingenioso de las matemáticas para programar el *software*, pero ahora que ya está hecho, imagino que los artistas de efectos especiales no necesitan entender el aspecto geométrico que hay detrás. Y eso es cierto hasta que se necesita hacer algo ligeramente distinto. Como le pasó a Eugénie cuando trabajaba en la película *Interestelar* de Christopher Nolan.

Un elemento central de la película es un agujero negro gigante llamado Gargantua. Su impresionante masa provoca una dilatación del tiempo (como vimos con los satélites GPS alrededor de la Tierra), pero otra consecuencia de la relatividad general de Einstein es que la masa distorsiona la forma misma de la realidad. Un agujero negro gigantesco con masa suficiente curvaría tanto el espacio-tiempo que la luz dejaría de viajar en línea recta de tal modo que sería evidente. Como sin duda eso era lo que ocurriría alrededor de Gargantua, Eugénie no podía usar un programa de trazado de rayos estándar.

Pero como estudió una carrera de ingeniería con un alto contenido matemático, Eugénie no tuvo ningún problema en levantar el capó e instalar su propio código. Trabajó en conjunto con Oliver James, científico en jefe de Double Negative, y el físico Kip Thorne, que fue su asesor científico. Kip, que pronto recibiría el Premio Nobel, les enviaba hojas de ecuaciones de relatividad general que describían cómo debían moverse los fotones en este entorno exótico. Más tarde, Eugénie y Oliver convertían esas ecuaciones en un código para hacer una versión a medida de trazado de rayos.

Creo que las imágenes espectaculares que se lograron son tan impresionantes en parte por lo precisas que son en términos físicos. En lugar de que una persona adivinara cómo sería un agujero negro visto de cerca, las matemáticas permitieron que la realidad misma guiara al equipo de efectos visuales. Eso no quita que haya sido un trabajo artístico. Pasar de la cinematografía de la película a una imagen bien definida de un agujero negro hipotético habría sido chocante a la vista. Así como la línea de primero y diez se distorsiona para que coincida con las lentes de las cámaras de televisión, Eugénie tuvo que distorsionar, colorear y añadir destellos en las imágenes para que pareciera que fueron captadas con una cámara IMAX suspendida en el espacio. Ninguna toma de efectos visuales existe aislada en un vacío (ni siquiera aquellas ambientadas en un vacío literal).

También hubo ocasiones en que tuvieron que sacrificar parte del rigor científico porque eso beneficiaba a la historia. Para Christopher Nolan, el aspecto científico podía ser lo más correcto posible siempre que contribuyera a la trama, pero si había que ceder en algo, se cedería en el aspecto científico y no en la historia. En las primeras imágenes de prueba, el equipo había incluido cálculos para crear un efecto Doppler que cambiaba el color de la luz proveniente de un agujero negro giratorio. El lado derecho del agujero negro (visto desde la cámara) se movía hacia el lado opuesto, por lo que debía cambiar a rojo y verse mucho más apagado, mientras que el lado izquierdo debía ser más azul y brillante.

El equipo de Double Negative intentó simular eso, pero las tomas de la nave espacial dirigiéndose al agujero negro no se veían bien. Para que las órbitas fueran correctas, la nave debía acercarse al agujero negro apuntando al lado más alejado de la derecha. Sin embargo, desde un punto de vista cinematográfico, resultaría extraño para el público si el personaje principal se dirigía a la parte sombría y no a la brillante, que en el lenguaje del cine viene a ser el lado importante. Así que desactivaron el efecto Doppler, lo que benefició a la película, aunque ya no era una recreación exacta de la realidad. Típico del mundo del arte.

Diez

CON TODA LA ONDA

Vivo en el Reino Unido, por lo que he aprendido a valorar todos y cada uno de los minutos en los que sale el sol. Aquí estoy a un ángulo de latitud mayor (51° del ecuador) que en el sitio donde me crie en Australia (apenas 32° del ecuador). Como la Tierra está inclinada, me toca una variación mucho más perceptible de la cantidad de horas de luz a lo largo del año. Y, en parte, eso me gusta porque me recuerda que estamos todos aferrados a una roca giratoria cubierta de atmósfera que va volando por el espacio alrededor de una estrella gigante.

Si la Tierra girara en una posición perfectamente recta, con una postura impecable (como esas personas que usan escritorios de pie y casi han trascendido su forma terrenal), no tendríamos tal variación. Salvo en los polos del planeta, todos tendríamos 12 horas exactas de luz solar por día; pasaríamos la misma cantidad de tiempo de cara al sol y en el otro lado.

Pero así no funciona la Tierra. Está echada en un ángulo de 23,5° (como el resto de los mortales, que nos desplomamos sobre una silla de escritorio todos los días). La dirección de esta inclinación no cambia a medida que la Tierra gira alrededor del Sol, por lo que a veces apuntamos al Sol (¡verano!) y a veces no (*brrr*, invierno). Justo a mitad de camino entre el verano y el invierno, la inclinación está en ángulos rectos respecto a la dirección del Sol y el hecho de que la Tierra esté inclinada no importa por poco, lo que produce un equinoccio, con 12 horas de luz solar.

Para ver cómo el grado de inclinación altera la duración de nuestro día, imaginemos que el eje de la Tierra está derecho: desde el punto de vista del Sol, nos moveríamos en línea recta todos los días. Si la Tierra fuera transparente, se vería que avanzas y retrocedes por la misma línea. En el terrible caso de que el eje de la Tierra apuntara directamente al Sol, es decir, con una inclinación de 90°, desde el punto de vista del astro nos moveríamos trazando un círculo. En todas las inclinaciones intermedias, nos moveríamos en una elipse, la proyección de un círculo desde la perspectiva del Sol.

Tratar de visualizar todos estos círculos en una Tierra 3D inclinada es un dolor de cabeza, pero después de un rato pude convencerme de que el componente de la inclinación efectiva hacia el Sol se basaba en el seno del ángulo entre la dirección Sol-Tierra y la dirección a la que apuntaba la inclinación. Convenientemente, una órbita de un año alrededor del Sol dura unos 365 días, muy cerca de los 360 grados de un círculo, por lo que la dirección hacia el Sol cambia 1° cada día. Después de algunos ajustes, conseguí hacer una ecuación para mi cantidad de horas de luz: luz diurna = 4,34 × sen(día) + 12 horas.

Bueno. Está muy bien tener una función que incluya el seno y sirva para tomar el día del año y convertirlo en la cantidad de horas de luz que habrá en mi patio, pero no es una forma precisamente rápida de saber cómo estará el tiempo. Lo ideal sería poder consultar un gráfico meteorológico sencillo. Así que hice un diagrama de la cantidad de luz que podía tener por día, lo imprimí y lo colgué en una pared de mi casa. Hay que tener en cuenta que esto solo funciona en la latitud 51° N; si se vive más cerca del ecuador, la onda será más plana.

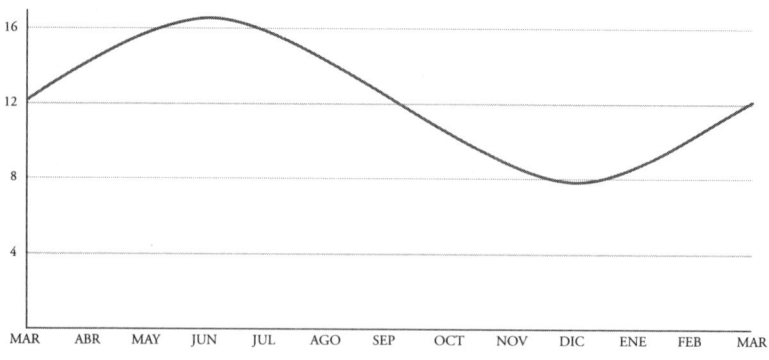

Esa luz sí que tiene onda.

En este momento unos cuantos lectores habrán gritado: «¡Al fin!». No porque les encante la decoración funcional matemática moderna, aunque también puede ser el caso, sino porque al fin aparece una onda sinusoidal en este libro. Si graficamos la cantidad de horas de luz del sitio donde vivo (y de casi todos los sitios de la Tierra), se forma lo que se llama «onda sinusoidal», y es una de las representaciones gráficas más icónicas de las matemáticas.

No voy a mentir: en realidad, grafiqué las horas de luz antes de saber qué aspecto tendría el diagrama. En cuanto las cargué en una hoja de cálculo y le di al botón para crear el gráfico, de inmediato reconocí la onda sinusoidal. Es toda una celebridad matemática. Fue por eso que me embarqué en la misión de analizar el aspecto geométrico y entender por qué era una onda sinusoidal.

A primera vista, es curioso que la representación con forma de onda de una función trigonométrica sea tan recurrente, pero aparece en muchísimas partes de las matemáticas, las ciencias y el mundo que nos rodea. Por ejemplo, hay verduras que pueden formar ondas sinusoidales.

Se puede probar con alguna fruta o verdura cilíndrica, como un calabacín o una zanahoria, y envolverla con un papel. En lugar de cortarla de la forma tradicional derecha, para que quede un extremo circular, se puede cortar en ángulo. Cuando se quite el papel, quedará una onda sinusoidal perfecta.

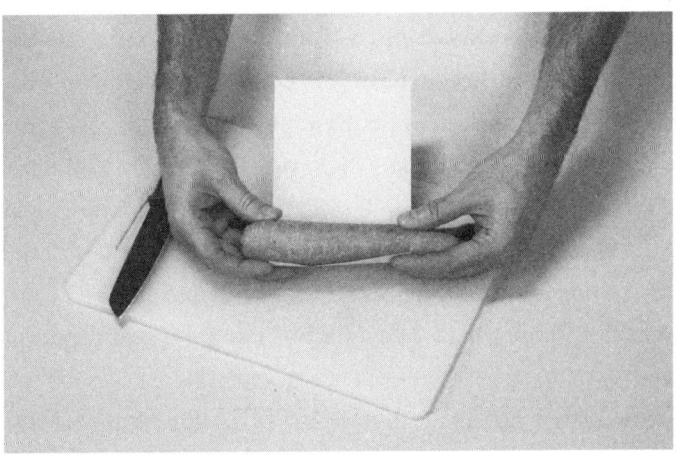

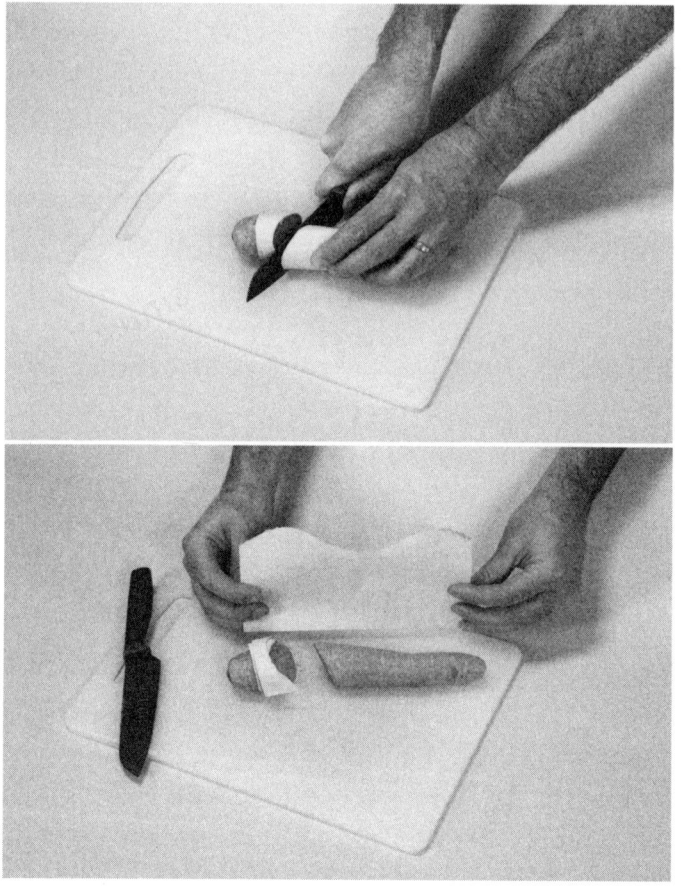

Es cierto que las zanahorias ayudan a ver mejor las ondas sinusoidales.

Tanto en el caso de la zanahoria como en el del gráfico de las horas de luz, el secreto reside en los círculos. Los círculos son la razón por la que el seno pasa de ser una propiedad de un ángulo en un triángulo rectángulo a algo que se forma al cortar una zanahoria. Para muchos matemáticos, el concepto del seno se asocia más a los círculos que a los triángulos. Cuando dije en la Introducción que Pitágoras era «conocido por su obsesión con los triángulos, no los círculos», me dolió escribirlo porque en el fondo sabía que, en realidad, no se puede entender los triángulos y la trigonometría sin los círculos.

Si tomamos un círculo y lo «estiramos en forma de espiral» (mejor dicho, una hélice), la proyección de la hélice desde una dirección es una onda sinusoidal y, desde otra dirección, es una onda cosenoidal (las ondas sinusoidales y cosenoidales tienen la misma forma, por lo que suele usarse «onda sinusoidal» para describir la forma en general).

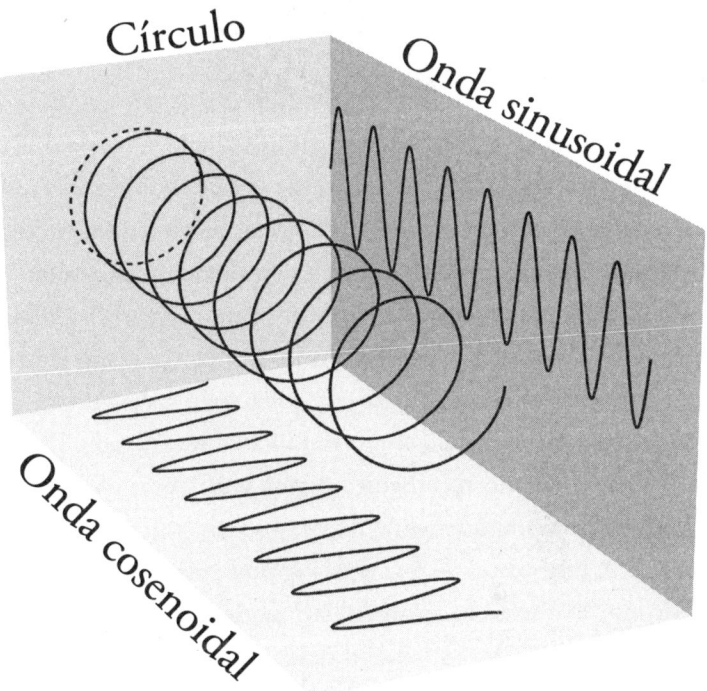

Esto ocurre porque todo punto de un círculo es un triángulo rectángulo encubierto. El radio que va desde el centro de un círculo hacia el exterior es como la hipotenusa de un triángulo rectángulo, y los otros dos lados aparecen cuando ese punto se conecta con los ejes horizontal y vertical que atraviesan el círculo. Si consideramos que la longitud de la hipotenusa es una sola unidad, entonces la longitud de los otros dos lados serán el seno y el coseno. Es decir, que las coordenadas de cualquier punto de un círculo no son más que los valores de seno y coseno del ángulo del centro. Hemos usado un radio unitario de 1, pero en general la ecuación de un círculo es $x^2 + y^2 = r^2$ para un radio «r», que es un poco del típico teorema de Pitágoras. En efecto, Pitágoras tenía mucho que ver con los círculos.

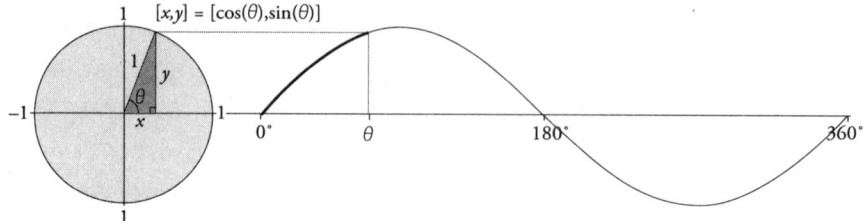

Si graficamos todos los valores de seno de todos los ángulos a lo largo de todo el círculo, de 0° a 360°, obtendremos la onda sinusoidal. Estas son las tres manifestaciones de lo que representa el seno: es una función de los ángulos de un triángulo, una coordenada de un punto en un círculo y una onda. En todos los casos, el valor de seno empieza en cero, aumenta con gracia hasta uno, luego desciende hasta menos uno, y vuelve a subir a cero para comenzar nuevamente con el recorrido sin fin. Esto también es lo que permite obtener valores de seno para cualquier ángulo de entre 0° y 360°.

Si nos hubiéramos quedado con la definición de seno como la razón de dos lados de un triángulo rectángulo, nunca podríamos obtener un valor para sen(90°) ni para ningún ángulo mayor que ese, porque a 90° dejaría de ser un triángulo. Justo antes de que el triángulo se rompa, tiene sentido que ese valor de sen(90°) se acerque mucho a 1 porque tanto el lado adyacente como la hipotenusa tienen un tamaño descomunal, lo que hace que su diferencia relativa sea proporcionalmente minúscula: tienen casi la misma longitud y, por lo tanto, la razón entre ellos se acerca a 1.

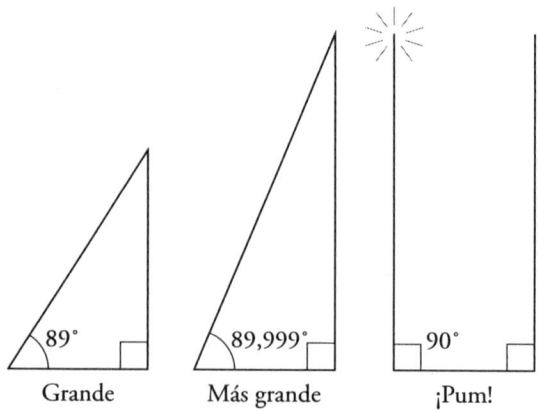

El escaleno no está a escala.

Cuando se rompe el triángulo, el valor de sen(90°) = 1 y, como ya no hay lado opuesto, cos(90°) = 0. Desde el punto de vista matemático, es bonito seguir la lógica de estos valores cuando el triángulo alcanza su límite, pero no estamos obligados a hacerlo. Para todo valor entre 0° y 360° se pueden calcular los valores de seno y coseno de dos maneras: ver cuáles son las coordenadas de ese punto en un círculo o bien las alturas de una onda sinusoidal (una onda cosenoidal tiene exactamente la misma forma que una onda sinusoidal, solo que corrida al costado).

Eso viene bien para las tantas aplicaciones de las funciones trigonométricas que ya hemos visto en este libro, pero hay un par de cosas sobre los valores de seno y coseno que toman a la gente por sorpresa. Por ejemplo, algunos de los valores son negativos. El seno dará un valor negativo para cualquier valor comprendido entre 180° y 270°, y el coseno es negativo desde 90° hasta 270°. Puede verse donde la onda sinusoidal desciende por debajo del eje.

Por otro lado, hay varios ángulos que dan el mismo valor de seno (o coseno). Por ejemplo, tanto 70° como 110° tienen exactamente el mismo valor de seno de 0,9397, lo que puede causar cierta confusión. Si te dijera que el seno de un ángulo es 0,7071, no sabrías con certeza si ese ángulo es de 45° o de 315°. O incluso de 405°. De hecho, hay infinitos ángulos que corresponden a cualquier valor dado de seno o coseno. En parte, eso se debe a que siempre hay dos puntos en un círculo para cualquier valor en uno de los ejes, y en parte a que se puede seguir girando alrededor de un círculo tantas veces como se quiera, pasando por los mismos puntos una y otra vez.

Pueden verse ambas propiedades en mi onda sinusoidal de las horas de luz. La cantidad de luz solar depende del seno del ángulo que representa la distancia de la órbita que ha recorrido la Tierra. Por eso, la órbita es como un círculo unitario gigante y la Tierra, un punto que corre a su alrededor, mientras que el valor de seno es la cantidad de luz solar.

Desde luego que no me tocan horas de luz negativas; más bien, los valores suben y bajan respecto de un promedio. En el caso de mis datos de horas de luz, la media es de 12 horas de luz (en realidad, 12 horas y 12 minutos si se tiene en cuenta la refracción y el tamaño del Sol) y, por lo tanto, la ecuación de luz diurna = 4,34 × sen(día) + 12 horas significa que a veces el seno es positivo, y da más horas de luz que la media, y a veces es negativo, y hay menos luz diurna. El valor de 4,34 sirve para aumentar el rango normal del seno, que va de −1 a 1, para que coincida con la variabilidad de la luz solar en la latitud donde vivo.

Para una determinada cantidad de luz solar, tendré dos días así al año. Por ejemplo, 10 horas en un día apenas entrado el verano y en un día cerca del comienzo del otoño. Todo el patrón de valores de luz diurna se repite, año tras año, a medida que la Tierra da vueltas al Sol.

Parte de la virtud de las ondas sinusoidales radica en su adaptabilidad. Se las puede mover, aumentar o reducir de tamaño, y desplazar. Hasta ahora, hemos movido la onda sinusoidal hacia arriba y la hemos aumentado de tamaño. También podemos correr una onda sinusoidal de un lado a otro, que fue justo lo que hice en mi diagrama de horas de luz. Quería que el «comienzo» de la onda coincidiera con el equinoccio, que ocurre el 21 de marzo, ochenta días después de iniciado el año. Así que, en rigor, mi ecuación es luz diurna = 4,34 × sen(día − 80) + 12 horas.

Dato curioso: hasta 1752, Inglaterra celebró el Año Nuevo el 25 de marzo, que la verdad estaba bastante bien. Para mí, comenzar el año en el equinoccio de primavera (en el hemisferio norte) tiene mucho más sentido que en pleno invierno. Pero no, al final lo cambiaron a enero. Podríamos haber tenido un año con una onda sinusoidal perfectamente alineada si el «año calendario» se hubiera dejado donde estaba.

Los territorios británicos en América del Norte también empezaban el año el 25 de marzo hasta 1752, solo veintitrés años antes de que comenzara la guerra de Independencia estadounidense en 1775. Los EE. UU. y el Reino Unido compartían muchas cosas antes de la «gran ruptura», que han cambiado en el Reino Unido pero se han fosilizado en los EE. UU., como una cápsula del tiempo gigante. Una de ellas es el sistema métrico. Si la guerra de Independencia hubiera ocurrido apenas un cuarto de siglo antes, o si el cambio de calendario se hubiera hecho más tarde, los patriotas estadounidenses estarían defendiendo el 25 de marzo como fecha de comienzo del año con la misma vehemencia que insisten en usar el sistema imperial de unidades.

¿Y qué pasa con las demás ondas?

Las ondas sinusoidales pueden producirse a partir de situaciones geométricas en las que intervienen círculos, pero existen muchas otras ondas.

Hay ondas sonoras, ondas lumínicas y ondas en el mar. ¿Son también ondas sinusoidales o no? Sería práctico que lo fueran, porque podríamos usar todas las herramientas matemáticas de la trigonometría y aplicarlas a estas otras áreas. Empezaremos con las ondas sonoras, a ver qué nos pueden revelar.

Vamos a comenzar con un aspecto de un único dispositivo que produce ruido: una cuerda de guitarra. ¿Por qué hace ruido? Porque vibra. ¿Por qué vibra? Porque tiene una fuerza restauradora proporcional a su desplazamiento. Hay que desmenuzar un poco todo eso. No voy a explicar por qué la vibración de las moléculas de aire que llegan al tímpano se percibe como sonido, ya que eso entraría en el ámbito de la biología y la psicología, territorios que están bastante fuera de mi jurisdicción.

Una «fuerza restauradora» es un empujón corrector. Imaginemos que un niño se está cayendo. Podemos empujarlo para enderezarlo de nuevo o podemos ayudar a la gravedad y empujarlo para que termine de caer. Cualquiera de las dos opciones presenta problemas, dependiendo de a quién pertenezca el niño, pero en una de ellas ejercemos una fuerza restauradora para volver a poner al niño derecho y en la otra, corremos el riesgo de que nos demanden. Algunas situaciones de la vida real vienen con su propia fuerza restauradora gratis. Un buen ejemplo es una hamaca en el área de juegos de un parque: si se la mueve del punto en el que cuelga directo hacia abajo, vuelve a su sitio.

Lo mismo ocurre con una cuerda de guitarra: si se la rasga y se la quita de su sitio de reposo natural, la tensión de la cuerda hará que vuelva a su posición. Y eso no es todo: es una fuerza restauradora proporcional, por lo que cuanto más se estire la cuerda, más intensa será la fuerza que intente devolverla a su sitio. Si movemos una cuerda de guitarra levemente, observaremos que se mueve con bastante facilidad. Pero cuanto más se estira, más difícil es moverla.

Cuando se suelte la cuerda, volverá a su sitio, pero como tiene impulso, se disparará en la dirección opuesta hasta que la fuerza restauradora la arrastre de nuevo al centro, para volver a dispararse en la dirección opuesta. En un paraíso sin fricción, esta secuencia continuaría hasta el infinito. Por desgracia, habría que tocar la guitarra en un vacío, que es un pésimo ambiente para dar un concierto. En el mundo real, la fricción y la resistencia del aire hacen que la cuerda vibre de un lado a otro durante un tiempo hasta que ese movimiento desaparece y la cuerda vuelve a quedar inmóvil. Parte de esa energía se pierde en forma de las ondas sonoras que oímos, por lo que no es malo que la cuerda experimente esa resistencia. A menos que la persona toque *Wonderwall*.

Ahora bien, ¿qué quiere decir que la onda sonora resultante de la cuerda que vibra sea justamente una onda sinusoidal? ¡La onda podría tener cualquier forma disparatada! El *rock and roll* no se rige por ninguna regla. Aunque sí. El *rock and roll* se rige por muchas reglas, tanto musicales como matemáticas.

El «proporcional» de «fuerza restauradora proporcional» se refiere a que cuanto más se mueve algo, más va a intentar volver a su sitio, y eso cambia en perfecta proporción con la distancia. Si se mueve algo dos veces más lejos, la fuerza que intenta devolverlo es dos veces más grande; el triple de lejos, el triple de fuerza. Para describir este tipo de vibración necesitamos una función en la que la aceleración sea proporcional a la posición, pero en la dirección contraria.

El remate va a ser que una onda sinusoidal coincide a la perfección con cualquier onda producida por una fuerza restauradora proporcional. Para entender el porqué, tenemos que ver la velocidad con la que cambia una onda sinusoidal. Los valores de seno oscilan entre 1 y −1, pero no a una tasa constante. Si observamos una onda sinusoidal, veremos que las partes superiores e inferiores son planas, lo que insinúa un grácil cambio de dirección.

De hecho, los amigos del municipio de Lambeth que querían reducir la velocidad de los coches, usaron la forma de una onda sinusoidal como otra manera de apaciguar el tráfico. En 2020 instalaron varios badenes en Brixton que tenían forma de onda sinusoidal (una sola curva, no una onda sinusoidal repetida). Señalaron que la forma suponía una «menor elevación inicial, lo que es más cómodo y seguro para los ciclistas», pero que la altura total era suficiente para resultar «incómoda de sobrepasar a velocidad en un vehículo».

Pero ¿cómo podemos describir la manera en que una onda sinusoidal comienza con una pendiente suave pero después se hace más empinada hasta que vuelve a aplanarse en la parte superior? Convenientemente, gracias a la maravilla de las matemáticas, la velocidad a la que cambia una onda sinusoidal es igual al valor del coseno en la misma posición. He intentado representarlo en un diagrama. Se tarda un poco en seguir lo que ocurre, porque se está observando la velocidad a la que sube o baja la línea sinusoidal en comparación con el valor de coseno, pero en todo momento la velocidad del seno es igual al valor de coseno.

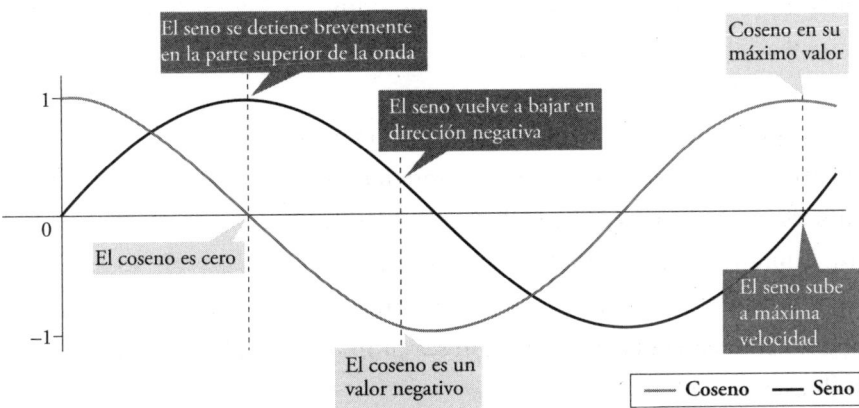

La operación inversa es casi verdadera. Casi. La tasa de cambio de una onda cosenoidal es igual al negativo del valor de seno en el mismo sitio. Estoy usando la «velocidad» como una analogía práctica tomada de nuestras experiencias humanas normales porque es más intuitivo pensar en términos de posición, velocidad y aceleración. Pero matemáticamente nos interesan los valores, la tasa a la que esos valores cambian, y la tasa a la que esas tasas están cambiando. Suelen recibir el nombre de «derivadas», pero no necesitamos detenernos en eso.

Velocidad del sen(θ) = cos(θ)
Velocidad del cos(θ) = −sen(θ)
Aceleración del sen(θ) = −sen(θ)

Si se combinan las tasas, se desprende que la aceleración de una onda sinusoidal es igual al seno negativo (y lo mismo ocurre con el coseno). Esta es precisamente la fuerza restauradora proporcional necesaria para las ondas sonoras. Una onda sonora pura es precisamente una onda sinusoidal.

En mi demostración de que una cuerda de guitarra que vibra es una onda sinusoidal he dejado fuera muchos detalles, pero garantizo que hay muchos más cálculos que la respaldan. Hay muy pocas partes de este libro que no abran una puerta a muchas más matemáticas, pero en algún punto tenía que poner un límite. La cuestión es que las cuerdas de guitarra producen ondas sinusoidales. Esto también ocurre con las teclas de un piano, la vara de un trombón y el todopoderoso triángulo (el instrumento, no la figura). Si algo vibra y produce ondas, lo que oímos son senos.

Las ondas luminosas también son ondas sinusoidales. Se suele llamar a la luz «radiación electromagnética» porque, en realidad, un fotón es un par oscilante de ondas eléctricas y magnéticas. El aspecto físico que explica esta oscilación es un poco más complejo que el de la cuerda de guitarra, pero el resultado es el mismo. Las ondas luminosas son ondas sinusoidales.

Ojo, que incluí un dato engañoso. Las ondas del mar (las olas, vamos) no son ondas sinusoidales. Las fuerzas que mueven las moléculas de agua en las olas no son fuerzas restauradoras proporcionales. En lugar de subir y bajar, como resultado de un montón de fluidodinámica, las moléculas de agua se mueven en círculos pequeños a medida que avanza la ola. Eso produce una forma de onda llamada «trocoide».

Ahora que lo pienso, la música tampoco es puras ondas (bueno, al menos hasta que mi nuevo género de «metal seno» se ponga de moda), sino una compleja serie de ondas con profundidad y timbre. Pero no se preocupen. Eso también podemos explicarlo con matemáticas.

Ajá, ¿y qué pasa con las demás ondas?

Iré directo al grano: cualquier onda, por compleja y poco sinusoidal que sea, puede representarse con una combinación de senos puros. Incluso la onda sonora combinada de una canción entera. Una canción está hecha de muchas ondas sinusoidales que se combinan y forman algo más intrincado. Pero es posible, aunque no sencillo, hacer lo inverso.

Imaginemos que tenemos una pieza musical de piano única en dos formatos: la partitura y una grabación de la canción. ¿Cuál lamentaríamos más si la perdiéramos? Si se borrara la grabación por error, sería posible tocarla y grabarla de nuevo (suponiendo que todas las grabaciones son creadas por igual). Pero si se perdiera la partitura, tendríamos que escuchar la grabación e intentar descifrar los acordes para identificar cada nota que se va tocando: un proceso largo y tedioso.

¿Y qué tal una versión extrema de esto? Imaginemos que la grabación es una canción mucho más compleja con una variedad de sonidos más amplia. ¿Es posible reducir una canción, con varios instrumentos y voces diferentes, a una partitura para tocarla en piano? Para empezar, para siquiera intentar algo semejante, vamos a necesitar un piano bastante estrafalario.

En teoría, es totalmente posible. Los matemáticos han demostrado que cualquier audio, por más complejo que sea, puede dividirse en ondas sinusoidales separadas, es decir, notas. Y si esas notas se tocan juntas, recrean el sonido original a la perfección. Todo sonido no es más que una combinación de senos.

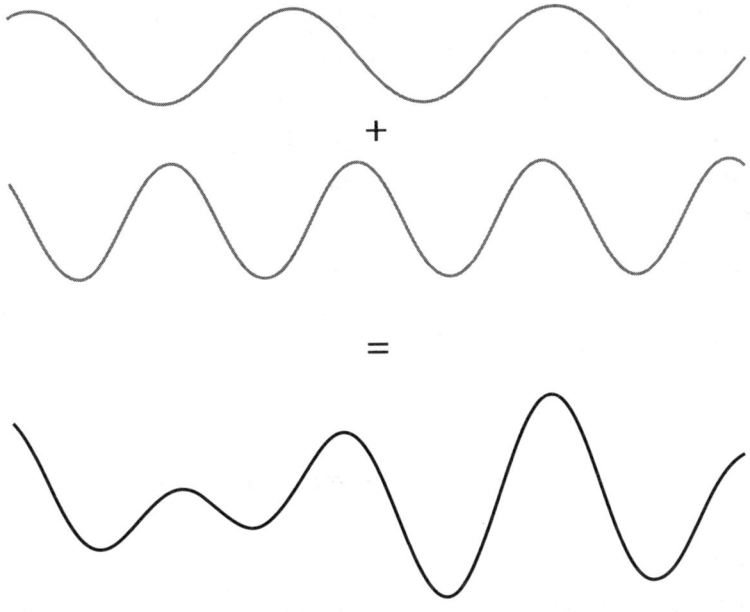

Ondas sinusoidales: fáciles de sumar, difíciles de invertir.

Ahora tenemos un leve problema práctico: para una recreación perfecta necesitaríamos un piano casi infinito con un montón de teclas; como si un piano normal no fuera ya bastante difícil de subir y bajar por las escaleras. Al reducir la cantidad de teclas y, por lo tanto, la cantidad de frecuencias, obtendremos una recreación menos exacta de la grabación original. El do central tiene una frecuencia de 261,626 hercios y a su lado hay una tecla negra a 277,183 hercios (do sostenido), sin nada en el medio. No hay ninguna tecla con una frecuencia de alrededor de 270 hercios, por ejemplo. Pero si un piano tiene las teclas suficientes, podría tocarse la grabación completa de una canción: la guitarra, la batería, las voces, todo.

Los pianos de verdad pueden acercarse bastante. La «ilusión del piano» recrea canciones completas, con letras y todo, en un piano estándar, pero de una manera imposible de igualar por una persona. Pueden encontrarse ejemplos en internet, y parece que se pueden oír las voces y otros instrumentos a pesar de que, en rigor, no son más que una mezcla de notas de piano. La sugestión humana contribuye, ya que nuestro cerebro completa los espacios en blanco de las canciones que ya conocemos, pero es innegable que el piano logra una muy buena aproximación (lamentablemente, en todos los ejemplos que he visto se usa una versión de *software* de un ordenador. Mi sueño es alquilar algún día un piano que se toque solo y ver si esto funcionaría de verdad).

La conversión de señales de audio complejas a frecuencias individuales no la hace un maestro transcriptor, por suerte. Hay una forma matemática de hacerla. El proceso de pasar de una onda compleja a un conjunto equivalente de ondas sinusoidales se denomina «transformada de Fourier». El análisis de Fourier es algo así como el mejor transcriptor de música que se pueda imaginar. Puede escuchar cualquier sonido y dividirlo en las frecuencias que lo componen. Creo que es el concepto matemático más increíble que la mayoría de nosotros hemos escuchado.

Todo comenzó con un matemático francés del siglo XVIII que se preguntaba cuánto tiempo podría sostener una vara de metal sobre el fuego sin quemarse la mano. Ese juego que todos hemos jugado alguna vez. Pero Joseph Fourier aprovechó el tiempo que el metal tardaba en calentarse hasta un punto insoportable para pensar en matemáticas. A medida que el metal se calienta, los átomos en su interior vibran cada vez más energéticamente. La energía calórica puede desplazarse por el metal porque esos átomos que vibran hacen que las ondas de calor se muevan por la sustancia. En efecto, son ondas sinusoidales de calor que suben y bajan por la vara de metal y, para calcular cuánto tiempo tardaría el calor en ser insoportable, era necesario comprender cómo interactuaban esas ondas.

Al final, Fourier quitó la vara del fuego, pero no soltó la idea. Su nueva obsesión culminó en una teoría conforme la cual toda función podía «expandirse» a una serie de funciones trigonométricas que, al sumarse, reproducirían la original. Fourier buscaba poder convertir las ecuaciones que describían el movimiento del calor en ecuaciones trigonométricas más manejables, pero la teoría acabó teniendo una gran variedad de otras aplicaciones. El matemático no lo sabía, pero su obsesión con el hierro caliente cambiaría el mundo.

En 1807 Fourier publicó un estudio sobre la propagación del calor en los cuerpos sólidos, que recibió un tibio reconocimiento; según una crítica, «todavía deja que desear en cuanto a generalidad e incluso rigor». La obra no se tradujo al inglés hasta 1878. Pero a pesar de esa mala acogida inicial, se ha convertido en un clásico de todos los tiempos, como una especie de *El Trig Lebowski* matemático. En verdad unió las matemáticas y la ciencia para siempre. Ahora, el nombre de Joseph Fourier está grabado en la Torre Eiffel en honor a sus logros, entre ellos, haber sentado las bases del análisis de Fourier. Dato curioso: Fourier también descubrió el efecto invernadero. Muy actual (y, pronto, tropical).

Ese sí que es un gran elogio.

A medida que las ondas cobraban importancia para nuestra civilización moderna, y nos permitían hacer de todo, desde comprender mejor las ondas luminosas y la física hasta editar y transmitir señales de audio, la teoría del análisis de Fourier se topó con la fría y práctica realidad de hacer de verdad análisis de Fourier. Una cosa fue mostrar que toda onda podía dividirse en ondas sinusoidales, pero eso suscitó la pregunta de cómo hacerlo en realidad. Resulta que hay un montón de métodos distintos, algunos más prácticos que otros.

En un mundo donde aún no había ordenadores, el físico Albert Michelson, de la Universidad de Chicago, construyó un instrumento análogo que podía hacer una transformación de Fourier con palancas y resortes. El analizador de Fourier de Michelson se puso a la venta en 1904, y venía en veintiocho ondas sinusoidales distintas. El único que queda en funcionamiento se encuentra en el Departamento de Matemáticas de la Universidad de Illinois en Urbana-Champaign. Fui allí como parte de mi peregrinación de Fourier, y fueron muy amables de sacar de la vitrina la enorme máquina de metal para poder jugar un poco.

De la época en que las ondas sinusoidales
se hacían a manivela con amor.

La máquina puede hacer Fourier hacia delante y hacia atrás. Hacia delante es más fácil. En la parte inferior hay veinte engranajes de distinto tamaño, que mueven veinte palancas hacia arriba y abajo en un movimiento de seno. Las palancas mueven unas varas de metal que tiran de una barra superior mediante resortes, de modo que la barra se mueve por la suma de los movimientos de cada palanca. Pude elegir las palancas que quería mover y cuánto quería moverlas. Cada una representaba una onda sinusoidal y, cuando giré la manivela, un bolígrafo sujetado a la barra superior trazó una onda formada por la suma de esos senos.

Parece complicado de entender y puedo asegurar que es complicado de hacer. Pero más complicado es hacerlo a la inversa. Mediante un ingenioso proceso por el cual se deslizan barras de metal para que coincidan con una onda de entrada, la máquina dibuja la disposición necesaria para recrear la onda a partir de senos individuales. Debido a mi enorme falta de experiencia para operar la máquina, no logré mucho. En manos capacitadas, este aparato mecánico podría dividir cualquier señal en una suma de hasta veinte ondas sinusoidales.

En la era posterior a los tiempos precomputacionales, existen numerosos algoritmos que pueden hacer este proceso con el nivel de precisión deseado, entre ellos una familia de métodos denominados «transformadas rápidas de Fourier». En todos los casos se compara la señal de entrada con una variedad de ondas sinusoidales puras. Ver cuánto «coincide» cada onda sinusoidal con la original (estoy ocultando muchas matemáticas en la palabra «coincide») indica cuánto de esa onda debe añadirse a la mezcla.

Pero ¿cuántas veces podemos tener la necesidad de dividir una señal en sus frecuencias? No dejo de decir que esto es la base del mundo moderno pero, para que así sea, tiene que haber muchas situaciones que dependan de la descomposición de ondas.

Espectr-0-Grama

Puede que parezca algo superficial, pero el análisis de Fourier permite crear esos increíbles ecualizadores gráficos (las lucecitas que se mueven en los equipos de sonido). La idea es que muestren cuán fuerte suena una canción, no en general, sino dentro de distintas bandas de frecuencia. Esto no es más que análisis de Fourier de baja resolución.

Los ecualizadores pueden resultar prácticos. Cuando los ingenieros de sonido se preparan para un concierto o un espectáculo, hacen mucha EQ (la abreviatura de «ecualización»): reducen o aumentan diferentes rangos de frecuencia. Desde luego, el procesamiento de música es una aplicación muy común de Fourier. Es posible dividir una señal musical en frecuencias individuales, moverlas o quitarlas y luego rearmar la señal.

Pero el ecualizador gráfico en sí puede resultar útil y ser algo más que una bonita visualización de las frecuencias. Una canción es una fuente de audio que cambia constantemente. Por eso, si se quiere tocar una melodía en un piano, hay que ir cambiando las teclas que se tocan. Podemos transformar esta idea en algo denominado «espectrograma», que es una especie de partitura muy densa. El tiempo avanza de izquierda a derecha, como en la música, y las frecuencias se elevan a medida que se sube por la página. A diferencia de las partituras, que son más que nada binarias (una nota está o no), en un espectrograma puede usarse sombreados o colores para indicar cuán fuerte necesita ser cada frecuencia.

Esto transforma el sonido en una imagen que permite entender mejor sus detalles. Se usa mucho en las ciencias. Una vez pasé un tiempo en la selva amazónica con unos investigadores que se dedican a rastrear, contar y documentar diversas especies para detectar y comprender el impacto del desarrollo humano. Fui para grabar unos vídeos acerca de las matemáticas que usan en su trabajo. En algunos casos, aplicaban matemáticas bastante básicas, como encender una luz en la selva por la noche y contar los diferentes tipos de mariposas nocturnas que aparecían (y puedo confirmar que la respuesta era un montón, ay, Dios mío, se me metieron por debajo de la camiseta). Pero en otros, aplicaban matemáticas un poco más avanzadas.

Uno de los investigadores, Mark Bowler, es especialista en primates. Nos mostró a mi equipo de rodaje y a mí cómo hacía con su equipo para localizar distintos grupos de monos y seguir sus actividades. Era común que los investigadores pasaran un día entero siguiendo a un mismo grupo de monos, no solo para contar cuántos eran, sino también para registrar hasta dónde se desplazaban. El problema era que para eso debían soportar un tedioso día en el que los picaban insectos mientras miraban hacia arriba. Y, en ocasiones, también había que esquivar deshechos de mono, como descubrimos mi productora Nicole y yo. Al parecer, pocos aguantan mucho tiempo en la localización de monos.

Sería conveniente para todos, tanto primates humanos como monos, si eso pudiera automatizarse. Los investigadores planean instalar grabadoras automáticas en la selva que escuchen los sonidos que emiten los monos y puedan llevar un registro correcto de cuántos monos de cada especie hay en cada sitio de manera constante. Cuando los visité en 2023 aún estaban recopilando grabaciones de las llamadas de los monos e identificando manualmente qué especie era cuál, con el objetivo de obtener un conjunto suficiente de datos para entrenar un algoritmo de aprendizaje automático que pudiera asumir la tarea.

Me fascinó saber que cuando Mark registra manualmente a qué mono pertenece cada llamada, no necesita escuchar cada grabación. Puede consultar un espectrograma e identificar con precisión la fuente del sonido. De forma similar a la que un pianista ejecuta una pieza al tiempo que lee la partitura, Mark puede observar los cambios de frecuencia durante un período e identificar de qué mono es la llamada. Incluso quienes no somos especialistas podemos distinguir entre las características sónicas de la llamada en el espectrograma de Fourier. Las líneas que bajan indican tonos descendentes y las que suben indican tonos ascendentes. Las líneas que serpentean por todos lados indican los cambios en el tono con mayor complejidad.

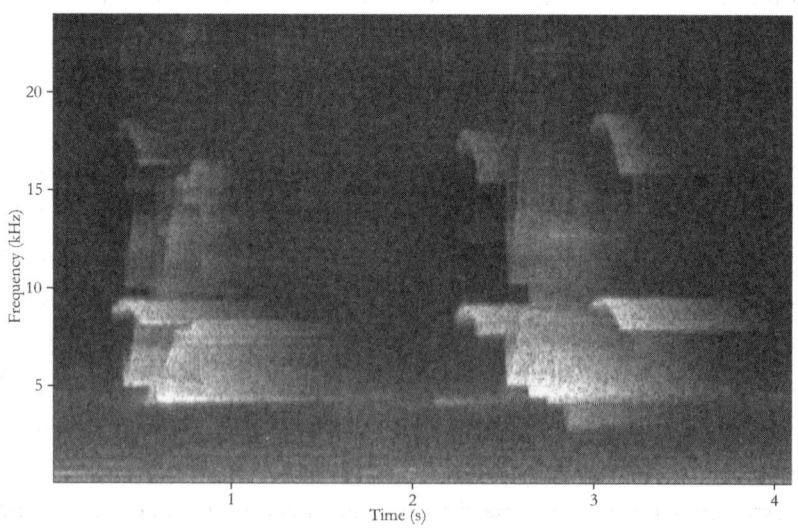

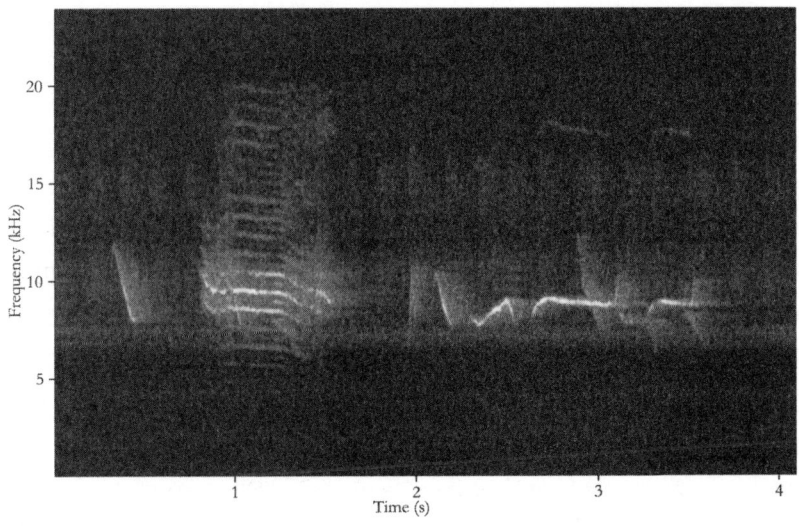

El primer espectrograma es de un pichico común. Buena parte es un solo tono que va variando, pero también puede observarse un conjunto de líneas paralelas. Corresponden a un sonido mucho más complejo con varios armónicos superpuestos, una llamada muy distintiva que resuena en la selva tropical. El segundo es de un mono ardilla, y se pueden ver algunas líneas definidas en la parte superior del diagrama. Eso se debe a que la llamada del mono ardilla es muy aguda. Con ayuda de estos diagramas, los científicos pueden llevar un mejor registro de los monos para su trabajo de conservación.

Los espectrogramas también nos han permitido explorar el universo a una escala impensada. Mediante ellos, podemos detectar fenómenos llamados «ondas gravitatorias», por ejemplo, a una escala de verdad galáctica. Como ocurre con los satélites GPS, una gran masa como la Tierra distorsiona la forma del espacio-tiempo, lo que le hace cosas raras al paso del tiempo. Pero si la gran masa también se mueve, entonces la distorsión del espacio-tiempo puede expandirse en forma de ondas a través del propio tejido de la realidad. La primera vez que se detectó este tipo de ondas gravitatorias en la Tierra fue el 14 de septiembre de 2015, y nos dimos cuenta gracias al análisis de Fourier.

Este tema me es muy querido porque, hace varias décadas, cuando estudiaba mi carrera de grado en la Universidad de Australia Occidental, ayudé en los comienzos del Observatorio Gravitatorio Internacional Australiano. Por aquel entonces, no nos quedaba más que imaginar cómo sería una onda gravitatoria real y escuchar versiones simuladas de lo que podríamos llegar a detectar. Muchos años después de terminar esa carrera y pasar a lo que sea que es mi carrera actual, al fin pasó. También me había casado con una investigadora en física, así que me llegó el rumor en un festival de astronomía de que estaba a punto de anunciarse algo importante. Bueno, dos cosas importantes: las ondas gravitatorias producidas por el choque entre dos agujeros negros. La débil señal de la colisión entre dos agujeros negros había surcado la galaxia durante más de mil millones de años hasta que finalmente llegó a la Tierra e hizo que dos detectores distintos, en el estado de Washington y en Luisiana, fluctuaran en una medida casi imperceptible.

Se requería una enorme cantidad de procesamiento de señales, que es en parte la razón por la que se necesitaban dos detectores, para confirmar que se trataba de una señal real oculta en el ruido: los dos detectores debían tener diferente ruido pero la misma señal, para separarlos con más facilidad. Ambos detectores generaron espectrogramas en los que se veía con claridad la línea ascendente característica del ruido de una colisión entre agujeros negros. Esas dos marcas representan cantidades colosales de materia chocando con una energía inimaginable a una distancia incalculable de nosotros. Aquí en la Tierra, hicieron que el espacio-tiempo se moviera menos que el ancho de un átomo, pero con una ingeniería fenomenal, un montón de láseres y cálculos matemáticos ingeniosos, pudimos detectar esa señal en particular.

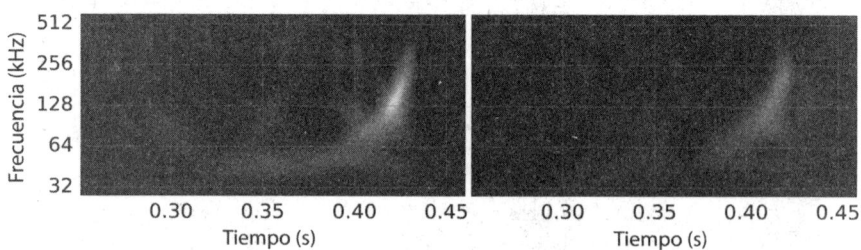

Señales detectadas en Washington y Luisiana, desfasadas por la distancia exacta que las separa, medida a la velocidad de la luz.

Al igual que con las llamadas de los monos, al mirar los espectrogramas de ondas gravitatorias podemos imaginar cómo sería el sonido. Las señales ascendentes se llaman «*chirp*» (que en inglés significa «chirrido»). La frecuencia de esa señal de *chirp* está por debajo del rango auditivo humano, por lo que en realidad sería un ruido sísmico muy profundo, propio de algunos de los objetos más espectaculares y masivos del universo.

Los científicos, que nunca se dan por satisfechos, ahora planean poner un interferómetro en el espacio para detectar ondas gravitatorias mucho más débiles. La Antena Espacial con Interferómetro Láser (LISA, por sus siglas en inglés), cuyo lanzamiento está previsto para 2035, constará de tres sondas situadas a 2.500.000 kilómetros la una de la otra. ¡Formarán el triángulo más grande que hayan construido los humanos! Los lados serán 200 veces más grandes que la Tierra y estarán hechos de láseres espaciales.

Y como broche de oro, aquí muestro un espectrograma de mí diciendo mi nombre, «Matt Parker». Al parecer, termino diciendo «Matt» como si tuviera dos sílabas, lo que me resulta bastante gracioso. Y los armónicos de más que aparecen cada vez que digo la vocal «a» son evidentes, salvo que pronuncio la «a» de «Matt» con una entonación ascendente, mientras que la «a» de «Parker» es descendente. Si pudiera memorizar este espectrograma, tendría una manera tediosa pero «senosacional» de firmar.

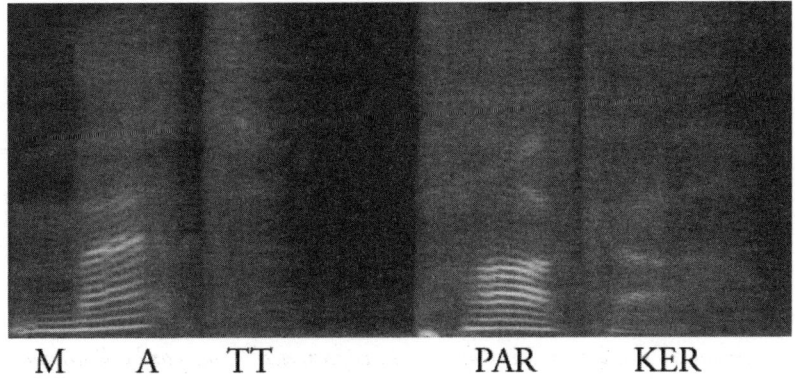

M   A   TT   PAR   KER

A poner el físico

El análisis de Fourier no solo sirve para analizar señales de audio: puede ayudarnos a explorar la naturaleza misma de la materia. La cristalografía es un método de estudio de la disposición de los átomos dentro de una sustancia para determinar la geometría de estructuras moleculares tan minúsculas que son inconcebibles. Cuando la cristalógrafa Kathleen Lonsdale se presentó en 1922 para iniciar su proyecto de máster con el estimado científico William Henry Bragg, hubo un período de unos tres meses durante el cual su equipo experimental aún estaba organizándose. Bragg le dio un ejemplar de *Cristalografía matemática* para leer mientras tanto.

El libro contenía los conceptos matemáticos más avanzados en materia de cristalografía, pero si se busca en él la palabra «Fourier» (y lo he hecho), el resultado es «cero». Aparecen un montón las palabras «simetría» y «retícula», y hay infinidad de funciones trigonométricas. Pero Fourier no está. Para quienes se dedican a la cristalografía hoy en día, esto parecería absurdo: a nadie se le ocurriría estudiar la estructura de los cristales sin Fourier. Pero ese libro se publicó tiempo después del trabajo de Fourier y antes de que Lonsdale les mostrara a todos que este era clave para desentrañar la cristalografía.

El libro, por entonces de vanguardia, da una idea de los conceptos matemáticos que se aplicaban antes de que interviniera Lonsdale. En el libro se explica que una retícula atómica 3D tiene 230 patrones de simetría posibles. Estos arreglos atómicos son demasiado pequeños para iluminarlos con luz normal, pero si se los bombardea con rayos X de longitud de onda corta, estos se refractan en la retícula y producen un patrón al alcanzar una pantalla. El patrón no será una silueta exacta de la retícula cristalina, sino más bien una serie de figuras generadas por las diversas alineaciones dentro de la retícula. En el libro se indicaba a los cristalógrafos que debían buscar alineaciones de simetría en el patrón proyectado y, a continuación, descifrar cuál podría ser la estructura cristalina.

Ese sistema no funcionaba. Los científicos descubrieron que la estructura de elementos como el cloruro de sodio (la sal de mesa) era una retícula cúbica con los átomos dispuestos en una cuadrícula perfectamente regular, en la que cada átomo de sodio está igual de cerca de todos los átomos de cloro cercanos a él. Los químicos ya sabían que la sal estaba formada por cantidades iguales de sodio y cloruro, pero suponían que los átomos de sodio y cloruro estaban emparejados en «moléculas» de sal. William Henry Bragg descubrió que no existe tal cosa como una molécula de sal porque, para un átomo de sodio dado, no había ningún átomo de cloruro con el que tuviera una relación especial. La sal era más bien una razón de los dos tipos de átomos. Bragg contó más tarde que los químicos le rogaron que buscara un ligero favorecimiento del sodio hacia alguno de sus vecinos clorados «para poder conservar la idea molecular», pero él se negó.

Lonsdale tuvo algunos buenos resultados con el método anterior tomando las placas fotográficas que habían sido expuestas a los rayos X difractados por un cristal y observando los patrones con mucha atención. En 1929 fue la primera en descubrir que el corazón de las moléculas de benceno es un hexágono de átomos de carbono. En concreto, un hexágono plano y regular; y me atrevería a decir: el hexágono regular físico más pequeño de nuestro universo. Después, en 1931, Lonsdale cambió por completo el paradigma.

Estaba tratando de descifrar la estructura de un compuesto llamado «hexaclorobenceno». Este venía resultando mucho más complicado que el cloruro de sodio, o incluso que el benceno con corazón de hexágono. Al observar los patrones generados por los rayos X, vio que la forma en que estos interactuaban con la retícula atómica estaba ejecutando un análisis de Fourier de forma física. La regularidad de la retícula ocupaba el lugar de una frecuencia de onda repetida. Lonsdale tomó el patrón, lo sometió a un análisis de Fourier y obtuvo un mapa de la ubicación de los átomos dentro del compuesto.

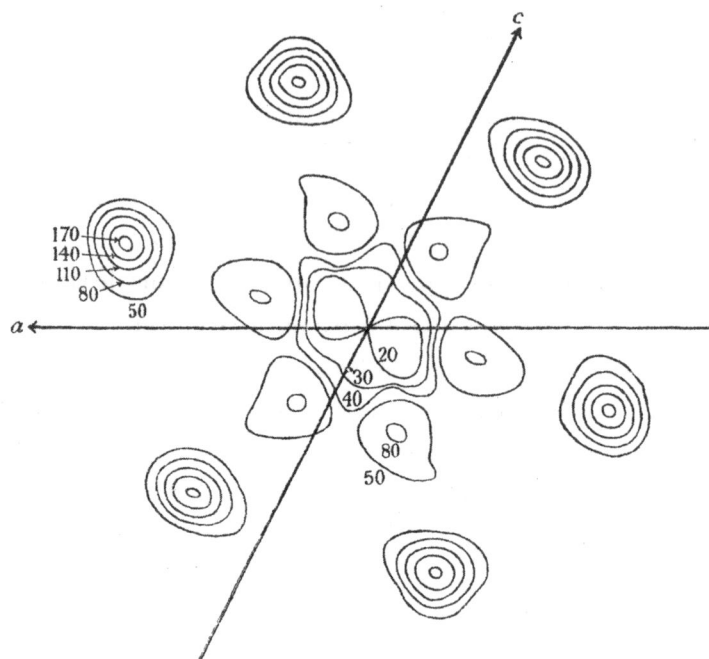

Fig. 7. Proyección de la molécula $C_5 Cl_6$.

Los contornos de densidad electrónica que encontró Lonsdale mediante Fourier. Aquí es donde están los electrones.

El 1 de octubre de 1931, la Royal Society publicó el artículo de Lonsdale «An X-ray Analysis of the Structure of Hexachlorobenzene, Using the Fourier Method». El título en inglés lo dice todo: buscaba la estructura del hexaclorobenceno y usó el método de Fourier. Esa fue la primera vez que se usó el análisis de Fourier para determinar la estructura de un compuesto químico.

Lamentablemente, era un componente bastante inadecuado para tamaño honor. En la década de 1940, comenzó a usarse el hexaclorobenceno como pesticida. Fue prohibido por el Convenio de Estocolmo sobre Contaminantes Orgánicos Persistentes a principios de la década del 2000, pero no antes de que este compuesto tóxico y cancerígeno hubiera causado mucho sufrimiento indebido. Ahora esto predomina en toda la información sobre el compuesto químico disponible en internet y, aunque su uso no tiene relación con el conocimiento de su estructura geométrica, ha opacado el mérito de haber sido la primera molécula estudiada con análisis de Fourier.

Lonsdale tuvo una carrera científica extensa e impresionante. También fue pacifista, promotora de la reforma penitenciaria y nombrada primera mujer miembro de la Royal Society (en 1945, año vergonzosamente reciente). Su intuición de que el análisis de Fourier podía invertir la interacción de las ondas de rayos X para estudiar la naturaleza misma de la materia que nos rodea supuso un avance increíble para la humanidad.

Muchos años después, cuando Rosalind Franklin tomaba las imágenes de difracción de rayos X de ADN que permitieron descifrar la estructura de doble hélice, usó las mismas técnicas de Fourier de las que fue pionera Kathleen Lonsdale para aplicar ingeniería inversa a las imágenes. Aunque es correcto que gran parte de la atención se dirija a Franklin, considero que también deberíamos reconocer los progresos logrados por Lonsdale décadas antes. Gracias a la increíble perspicacia de estas dos científicas, ahora comprendemos la naturaleza del ADN que hace posible toda la vida.

Y es muy satisfactorio que las ondas sinusoidales necesarias para comprender el ADN sean igualitas a la forma que hace una hélice vista de costado.

Conclusión

En conclusión, todo está hecho de triángulos. Con razón el símbolo de los Illuminati es un ojo que todo lo ve dentro de un triángulo. Todo objeto puede representarse y simularse con una malla triangular (o retícula), y toda señal puede crearse a partir de ondas sinusoidales. No hay nada que los triángulos no puedan hacer.

Me gustaría pedir disculpas a todos aquellos cuyo concepto matemático preferido de triángulos no haya aparecido en este libro. ¡Incluido yo! Habrán estado esperando a que apareciera, y ahora llegamos a la conclusión y eso nunca pasó. *Sorry*. Había demasiados candidatos matemáticos. Tuve que elegir un solo recorrido entre todas las opciones y, lamentablemente, la extensión del libro es limitada. Los fractales y las curvas de relleno del espacio son un tema importante que me habría encantado tratar, pero no había espacio.

Cuando faltaba poco para terminar el libro, uno de mis verificadores de datos (Adam Atkinson, que ha revisado todos mis libros con lupa), me preguntó si iba a hablar de la prostaféresis en la sección sobre trigonometría. ¡Sin dudas me tentó! La prostaféresis fue una técnica usada entre 1590 y 1614, aproximadamente. Si se quería multiplicar dos números grandes y engorrosos, se buscaban ángulos en los que el coseno de cada uno fuera igual a uno de los números (ajustados a un rango entre 0 y 1) y luego se usaba una identidad trigonométrica para convertir la multiplicación en suma.

Pero si incluía eso en el libro, debía cubrir muchos otros conceptos solo para explicar cómo funcionaba. Al final, terminó en la pila de «temas que me encantan pero no puedo meter». No sé cuál será el ángulo de reposo de esa pila.

También pido disculpas por lo que no terminé de desarrollar. Las matemáticas están tan interrelacionadas que es imposible extraer un solo recorrido lógico sin arrancar algunas partes. En el segundo capítulo, mencioné que la estela que dejan los patos mide 39°, que en realidad se aplica a cualquier objeto que se desplace por agua de suficiente profundidad. Escribí que eso «nos indica algo acerca de cómo se mueven las ondas en el agua», y después pasé a otra cosa y jamás nadé de nuevo a ese concepto.

Bueno, ahora ya hemos hablado de las ondas y de cómo interactúan, se combinan y se cancelan, así que, en rigor, podríamos abordar la hidrodinámica patística, pero nos quedamos sin espacio. Tendrás que creerme cuando digo que el hecho de que las ondas se interfieren y suman de manera constructiva en un único ángulo máximo en forma de V se explica con el mismo concepto matemático por el que la luz que sale de una gota de agua se suma y genera un único ángulo máximo de brillo. Tanto las estelas de los patos como los arcoíris son el resultado del mismo concepto matemático. Los humanos llevamos viendo arcoíris y patos desde la prehistoria, y solo en los últimos siglos hemos tenido los conocimientos matemáticos necesarios para comprender que son una misma cosa.

Seguí el recorrido de triángulos → geometría → trigonometría → ondas sinusoidales porque quería llegar a las ondas y el análisis de Fourier. Espero haberte convencido de que no podemos entender matemáticamente las ondas sin antes entender los triángulos, justificando así el orden que sigue este libro.

No creo que haga falta mucho argumento para convencer a nadie de que nuestro mundo moderno y conectado digitalmente es posible gracias a lo que sabemos sobre el funcionamiento de las ondas. Las señales vuelan a la velocidad de la luz entre los teléfonos móviles y las torres de comunicación, así como por los cables de fibra óptica entre continentes. Todo eso sería imposible si no hubiéramos tenido los conocimientos de Fourier para desentrañar varias ondas sinusoidales combinadas.

Comprender el funcionamiento de las ondas también puede ser útil en la vida cotidiana. El sonido distintivo de Queen, uno de los grupos musicales más exitosos de la historia, se debió en parte a la guitarra de Brian May, que él mismo fabricó. Seis años antes de Queen, cuando era adolescente,

Brian fabricó la guitarra con la ayuda de su padre. Usaron algunos componentes improvisados, como madera recuperada de una vieja chimenea y resortes de válvulas de moto. Brian, que ya era un poco *nerd*, cableó los tres micrófonos de una forma inusual, con perillas adicionales que le permitían invertir el cableado de cualquiera de ellos. Eso cambiaba la «fase» de la señal de la onda sonora procedente de ese micrófono, lo que daba vuelta la onda. Los agudos se vuelven graves y los graves se vuelven agudos.

El cambio modifica la interacción de las señales de los micrófonos y altera las partes del sonido que se suman de manera constructiva y también las que se cancelan. Cada disposición de las perillas aportaba una característica distinta al sonido resultante, y Brian las cambiaba según la canción. Por ejemplo, si uno de los micrófonos del medio y del mástil se cambian de modo que queden fuera de fase entre sí, algo imposible con una guitarra normal, se produce el sonido icónico del solo de guitarra de *Bohemian Rapsody*. Esa canción no habría sido posible si un joven Brian May no hubiera entendido cómo interactúan las ondas matemáticamente.

Estaba tan fascinado con el hecho de que la guitarra de Brian May, llamada «Red Special», modificara las ondas sinusoidales que (a pesar de mi ya conocida falta de sensibilidad musical) quise ver si podía simularlo. Junto con Ben Sparks, especialista en matemáticas y música, creamos una pantalla interactiva de formas de onda con tres interruptores digitales para demostrar exactamente lo que el cableado de Brian hacía a la señal de audio. Todo funcionaba en un iPad. Brian May es conocido por ser un *nerd* de la astronomía (y por tener un doctorado en la materia) y asiste al festival de astronomía que mi esposa ayuda a organizar. El mismo año en que circulaban los rumores de las ondas gravitatorias, estaba hablando con Brian y aproveché para mostrarle la simulación. Quedó muy impresionado y se refirió al proyecto como «estupendo de verdad»; además, sospecho que fue el *fan art* más matemático que habrá recibido.

No sé si eso cuenta como ejemplo de la utilidad de las matemáticas en la carrera de una persona o como ejemplo de limitarse a aplicar la geometría porque es divertido. No cabe duda de que las matemáticas beneficiaron la carrera de Brian May y ayudaron a crear algunas de las canciones más características del siglo pasado, pero él también hace cosas de *nerd* como pasatiempo. No cabe duda de que yo simulé la interacción de las ondas nada más porque era divertido, pero ahora lo escribo en un libro que, en rigor, cuenta como trabajo (al menos para mi gestor). Todo se superpone e interactúa de manera constructiva.

La última onda viene de la mano de la mecánica cuántica. Ya hemos echado un vistazo a la rama hermana de la física moderna, la relatividad general, que explica el comportamiento de los objetos cuando son muy grandes o se desplazan muy rápido. La mecánica cuántica aborda el otro extremo del espectro: lo muy muy pequeño. Si hacemos *zoom* lo suficiente, la realidad intuitiva que nos rodea se desvanece y es reemplazada por puras matemáticas. Vivimos en un universo hecho de matemáticas. Lo que pensamos que es materia sólida es, en realidad, funciones de onda.

Estamos hechos de ondas sinusoidales, literalmente. Estamos hechos de triángulos. La realidad es de triángulos.

Los triángulos son todo y todo está hecho de triángulos.

Y ahora que hemos aclarado eso: no se preocupen, que mientras escribía este libro, corrigieron la caja de galletas.

AGRADECIMIENTOS:
un triángulo de gracias

Agentes, editores y productores:
Courtney Young, Laura Stickney, Nicole Jacobus, PJ Mark, Richard Atkinson, Sarah Cooper, Will Francis y todos en Penguin Random House, Janklow & Nesbit y toda la maquinaria de Stand-up Maths.

Personas que trabajaron en el libro:
Imágenes y fotos de Alex Genn-Bash, Jennie Vallis, Sam Hartburn, Simon Kallas, Truman Hanks. Verificación de datos por Adam Atkinson, Charlie Turner, Colin Beveridge y otros errores identificados por Jack Craig, Jean-Philippe Belmont. Y estas personas que ayudaron más allá de lo razonable: Eugénie von Tunzelmann, Laura Taalman, Paul Shepard.

Aquellos que aportaron su tiempo, su experiencia y sus ideas:
Adam Savage, Alex James, Allison Wheatley, Andrew Pontzen, Ben Sparks, Beth Crane, Bill Gosper, Bill Hammack, Bill Hedges, Chaim Goodman-Strauss, Chris, Chris Fewster, Clara Grima, Darren Morgan, David Grace, David McCabe, David Smith, Em Bell, Flic Luxmoore, Garrett Ryan, Geoff Lindsey, Grant Sanderson, Hannah Fry, Hanyu Alice Zhang, Helen Arney, Henry Segerman, James Bull, James Grime, Jennifer Barretta, Jon Harvey, Jon-Paul Wheatley, Katie Steckles, Kevin Armstrong, Lucie Green, Maddie Moate, Maggi Grace, Mark Bowler, Matt Pritchard, Nick Harris, Oliver Kirkpatrick, Phil Green, Randy Linden, Rob Eastaway, Robert Austin, Robin Houston, Rollie Williams, Sabina Raducan, Sara Morawetz, Seb

Lee-Delisle, Steve Mould, Tim Chartier, Tim Waskett, Timon Gutleb, Trent Burton, Vincent Gallo y todas las demás personas que me han ayudado pero que olvidé mencionar por error.

Créditos de imágenes

Además de las fotos procedentes de mi colección personal, las fotos profesionales de este libro fueron tomadas por Simon Kallas, Alex Genn-Bash y Truman Hanks.

Ilustraciones hechas por Jennie Vallis y Sam Hartburn; los demás diagramas horribles son míos.

Gracias a todas las personas que me dejaron usar fotos tomadas por ellas: Colin Leonhardt por el arcoíris doble, Enric Florit por el bar ovni de Barcelona, Laura Taalman por los brazaletes matemáticos y los escutoides, Vincent Austin Gallo por las abejas haciendo cosas (pero no matemáticas), el pastel de boda de Timon Gutleb, las ilusiones de Matt Pritchard, Kristen Lomasney por tomarme una foto junto a Adam Savage, y Phil McIver por su gran foto del nombre de Fourier en la Torre Eiffel.

Imágenes de archivo de Shutterstock, Wikimedia Commons, Alamy y Pixabay. Todas las ediciones feas con Photoshop las hice yo.

La Luna frente a la Tierra, las imágenes de paralaje de Próxima Centauri y Wolf 359, Saturno con un sombrero hexagonal, las fotos del telescopio espacial JW y las imágenes de campo profundo son todas gracias a la muy generosa política de dominio público de la NASA.

Las fotos del papiro las tomé yo, pero bajo la atenta y permisiva mirada del Museo Británico.

El crédito de las fotos mías en la moto del MotoGP es de Bonnie Lane. El uso de las imágenes es por cortesía de Two Wheels for Life y un generoso acuerdo con The Cosmic Shambles Network y Dorna Sports, S. L.

El modelo del ovni en 3D es de TurboSquid, y Eugénie von Tunzelmann ayudó a renderizar ese modelo y mi cara de pocos triángulos. Paul

Shepherd aportó algunos gráficos 3D de cosas de ingeniería. Los espectrogramas de llamadas de monos son gracias a Mark Bowler, que pasó infinidad de horas en la selva.

Las imágenes del impacto del asteroide son de «After DART: Using the First Full-scale Test of a Kinetic Impactor to Inform a Future Planetary Defense Mission» de Thomas Statler, Sabina Raducan *et. al.* (*The Planetary Science Journal*, 2022) y de «Physical Properties of Asteroid Dimorphos as Derived from the DART Impact» de Sabina Raducan *et. al.* (*Nature*, 2024).

El modelo de la figura de Donald Grace se tomó de «Search for the Largest Polyhedra» de Donald Grace (*Mathematics of Computation*, The American Mathematical Society, 1962).

Las líneas de perspectiva trazadas en un cuadro se tomaron de «Perspective as a Geometric tool That Launched the Renaissance» de Christopher Tyler (*Proceedings of SPIE*, The International Society for Optical Engineering, 2000).

El espectrograma de ondas gravitatorias se tomó de «Observation of Gravitational Waves from a Binary Black Hole Merger», de B. P. Abbott *et. al.* (LIGO Scientific Collaboration y Virgo Collaboration) publicado en *Physical Review Letters*, 2016.

Diagrama atómico de «An X-ray Analysis of the Structure of Hexachlorobenzene, Using the Fourier Method» de Kathleen Lonsdale *(Proceedings of the Royal Society A*, 1931).